제3판

항공기용 왕복엔진

이병은 지음

KM 경문사

머리말(제3판)

Preface

저자가 초판을 집필할 당시에는 항공기용 왕복엔진에 특성화된 교재가 별로 없었다. 저자는 왕복엔진 강의를 진행하면서 자료의 부족함을 많이 느꼈으며, 그로 인해 짧은 기간에 부족한지 알면서도 보다 충실한 강의를 목적으로 초판을 집필하였다. 그런데 촉박하게 집필한 탓에 초판 교재를 이용하여 강의를 진행하면서 부끄러운 생각이 자주 들었던 것이 사실이다. 그래서 저자는 개정판 집필을 결심하게 되었다.

개정판에서는 각 장에서 부족했던 부분을 집중적으로 보완하였다. 특히 초판에서 가장 부실했던 연료계통에 대해서는 많은 보완이 이루어졌다. 사실 연료계통은 제작사가 두 곳이며, 각각 다른 형태의 연료계통을 사용하기 때문에 약간의 어려움이 있었다. 아울러 기화기에 대해서는 많은 고민이 있었다. 현재 사용하지도 않는 기화기를 굳이 정리하여 개정판에 포함시킬 필요가 있는가 하는 의구심을 떨쳐버릴 수 없었기 때문이다. 그러나 국가고시에 대비하는 학생들을 위해 개정판에서는 부자식 기화기도 보완을 하였으며, 새로이 압력식 기화기에 대한 내용도 추가하였다.

본 제3판에서는 항공기용 왕복엔진의 성능에 관련된 열역학 부분을 간략하게 처리하여 많은 독자들이 항공기 왕복엔진에 쉽게 접근할 수 있도록 하였다. 점화계통과 프로펠러 부분은 내용을 보완하여 체계적으로 이해할 수 있도록 하였다. 아울러 내용 전체를 최대한 간단명료하게 처리하려고 노력하였다. 따라서 저자는 본 제3판이 항공 종사자들의 항공기용 왕복엔진에 대한 기술적 이해에 많은 기여를 할 것으로 확신한다. 마지막으로 저자는 제3판의 출판에 깊은 관심을 가져주신 경문사 관계자 모든 분들께 깊은 감사를 드린다.

이 병 은

머리말

Preface

항공기를 추진하는 엔진에는 왕복엔진과 가스터빈엔진이 있다. 이 가운데 왕복엔진은 경항공기에만 사용되고 있기 때문에 대부분의 항공 종사자는 접하기가 힘든 실정이다. 따라서 이에 대한 관련서적도 매우 제한적인 상황이다.

최초의 항공기용 왕복엔진은 자동차용 엔진을 개조하여 만든 것이었다. 그러나 항공기용 왕복엔진은 고고도에서의 성능향상, 무게 감소, 및 신뢰성 향상을 위한 기술개발을 통하여 자동차용 왕복엔진과는 다른 형태로 개발되어 왔다. 한편 항공기용 왕복엔진에서 개발된 기술들은 대부분 자동차용 왕복엔진에 접목되어 개발이 지속되고 있다. 본 교재에서는 항공기용 왕복엔진에 대한 이해를 증진시키기 위하여 자동차용 엔진에 대해서도 일부 내용을 소개하였다.

본 교재는 저자가 항공기용 왕복엔진에 대한 강의를 통하여 축적된 자료를 알기 쉽게 정리하여 기술하였다. 특히 많은 사람들이 어려워하는 왕복엔진의 성능 부분을 쉽게 설명하려고 많은 노력을 기울였다.

특히 본 교재에서는 항공기용 프로펠러에 대한 내용을 추가하여 항공기에 대한 이해를 넓힐 수 있도록 하였다. 실질적으로 항공기용 왕복엔진의 목적은 프로펠러를 구동시키는 것이다. 따라서 항공기용 프로펠러는 왕복엔진과 연계시켜 이해할 필요가 있다.

마지막으로 본 교재 편찬에 관심을 가져주신 경문사 관계자 분들께 깊은 감사를 드린다.

차례

Contents

제 1 장 ▸ 항공용 왕복엔진 일반사항

제 2 장 ▸ 왕복엔진 구조

제 3 장 ▸ 흡배기 및 냉각계통

제 4 장 ▶ 성능

제 5 장 ▶ 연료 및 연소

제 9 장 ▸ 프로펠러

제 1 장

항공용 왕복엔진 일반사항

1.1 내연기관 일반사항

1.2 내연기관 발달

1.3 항공기용 왕복엔진 구비조건

1.4 왕복엔진 분류

1.5 가솔린엔진

1.6 디젤엔진

1.1 • 내연기관 일반사항

자연계에는 여러 가지 형태의 에너지가 존재하고 있다. 가장 대표적인 에너지로는 석탄, 석유, 천연가스, 원자력, 지열, 수력, 풍력, 바이오매스 등이 있다. 이들 에너지를 이용하여 인류가 유익하게 사용할 수 있는 동력을 발생시키는 기계를 원동기(prime mover)라 한다. 한편, 원동기 가운데 열에너지를 이용하는 것을 열기관(heat engine)이라 하며, 열기관은 항공기 및 자동차를 포함한 대부분의 운송기계에 가장 많이 사용되고 있다.

열기관은 크게 내연기관과 외연기관으로 구분한다. 내연기관은 그림 1.1에 나타나 있는 것처럼 엔진 내부에 있는 연소실에서 연료를 직접 연소시켜서 얻어지는 열에너지를 기계적인 일로 변환시킨다. 이에 반해 외연기관은 일차적으로 엔진 밖에서 연료를 연소시켜서 발생하는 열에너지를 그 엔진에 사용하는 작동유체로 전달하고, 이차적으로 엔진에서 작동유체가 가지고 있는 열에너지를 이용하여 기계적인 일로 변환시킨다.

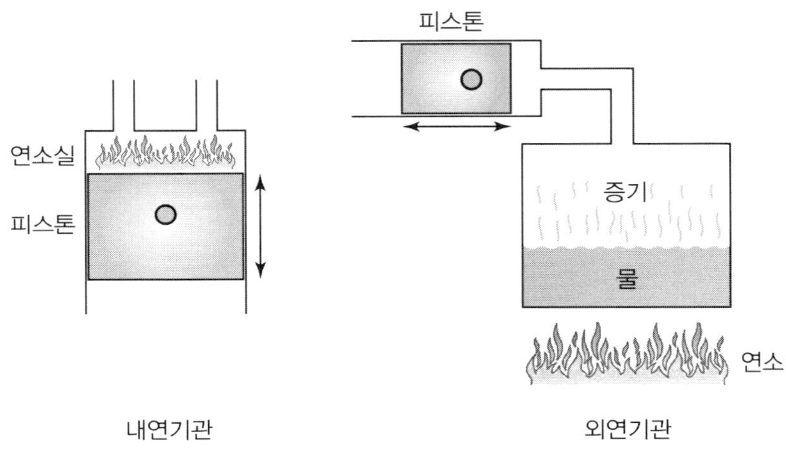

그림 1.1 • 열기관 분류

그림 1.2에 현재 사용하고 있는 열기관을 분류하여 정리하였다. 내연기관은 왕복엔진, 회전제트엔진, 무회전제트엔진으로 분류할 수 있다. 이 가운데 왕복엔진은 가솔린엔진과 디젤엔진으로 구분한다. 현재 항공기용 왕복엔진으로 사용하고 있는 엔진은 모두 가솔린엔진이다. 아울러 가솔린엔진은 자동차용 엔진으로 가장 많이 사용하고 있다. 가솔린엔진에 비해 무거운 디젤엔진은 대형 선박용 엔진으로 많이 사용하고 있다. 이런 대형 디젤엔진은 1000 rpm 이하로 회전하는 저속엔진이다. 그러나 그림 1.2에는 나타내지 않았지만

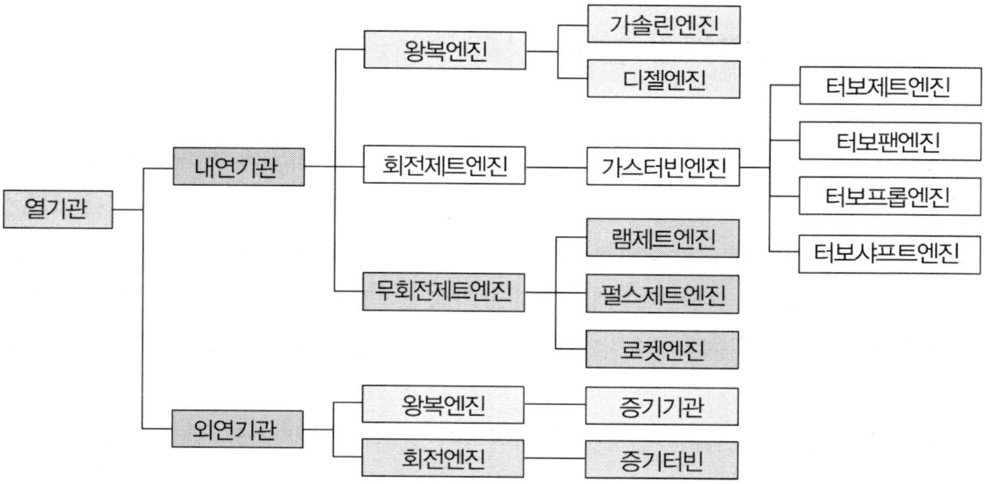

그림 1.2 · 열기관 분류

최근에는 사바테사이클로 운전되는 소형 고속디젤엔진을 승용차에 많이 사용하고 있다. 한편, 최근 강화되고 있는 공해물질 배출규제와 관련하여 공해물질이 적은 천연가스를 사용하는 왕복엔진을 개발하여 사용하고 있는데, 승용차뿐만 아니라 도심에 이용하는 버스의 엔진 등에 가스엔진을 많이 사용하고 있다.

증기기관은 영국의 뉴코먼(Thomas Newcoman)에 의해 1712년 최초로 상용화되었다. 그러나 열효율이 0.5%로서 매우 낮은 편이었다. 그 후에 증기기관은 1756년 영국의 와트(James Watt)에 의하여 증기를 응축시키기 위한 복수기가 부착된 형태의 근대식 증기기관으로 개량되었으며, 열효율도 2%까지 향상되었다. 증기기관이 왕복엔진인데 반해 증기터빈은 회전엔진이다. 증기터빈은 증기발생기를 이용하여 만들어진 고온고압의 증기가 가지고 있는 압력에너지와 열에너지를 회전축에 부착되어 있는 블레이드를 통해 기계적인 에너지로 변환시킨다. 이렇게 변환된 기계적인 에너지는 발전기로 보내져 전기를 생산한다. 이것이 현재 가장 많은 전기를 생산하고 있는 기력발전시스템이다. 한편, 증기터빈에서 만들어진 기계적인 일은 선박용 스크루로 보내져 선박을 추진하는 데 사용하기도 한다. 이런 추진방식은 특히 핵잠수함 및 LNG 운반선 등에 많이 적용하고 있다.

1.2 • 내연기관 발달

왕복엔진은 19세기 중반 급속하게 발달하였다. 1876년 독일의 오토(August Otto)와 랑겐(Eugen Langen)은 가스를 연료로 사용하는 4행정엔진을 최초로 개발하였다. 1883년 독일의 다임러(Gottlieb Daimler)는 가솔린을 연료로 사용하는 4행정엔진을 제작하였으며, 벤츠(Karl Benz)도 유사한 형태의 4행정 가솔린엔진을 제작하였다. 다임러와 벤츠가 개발한 4행정 가솔린엔진은 급속한 발전을 거듭하여 자동차와 항공기에 성공적으로 적용되었다.

19세기에 다양한 엔진들을 항공기에 장착하여 동력비행을 시도하였으나 성공하지 못했다. 1903년 12월 17일 미국의 라이트 형제는 자동차용 가솔린엔진을 개조해서 항공기에 장착하여 인류 최초로 동력비행에 성공하였다.

1910년대는 항공기에 적용하기 위한 공랭식 성형엔진이 개발되어 활성화되었다. 이 엔진은 항공기가 점차 대형화되고 고속화되는 데 대응하기 위하여 개발하였다. 성형엔진의 중요한 특징으로는 공랭식이며, 엔진 경량화를 위해서 경합금을 사용하여 엔진을 제작하였으며, 실린더 배열방식은 무게를 최소화시킬 수 있는 성형으로 하였다는 것이다. 성형엔진은 현재 러시아, 폴란드, 체코 등 일부 동유럽 국가들과 호주에서 생산하고 있다.

현재 왕복엔진은 소형 항공기에 주로 사용하고 있다. 따라서 항공기용 왕복엔진은 그림

그림 1.3 ‣ 공랭식 수평대향형 왕복엔진

그림 1.4 ‣ 자동차용 가솔린엔진

1.3에 나타나 있는 수평대향형 엔진을 많이 사용하고 있다. 이 엔진은 그림 1.4에 나타나 있는 자동차용 가솔린엔진에 비해 매우 간단한 편이다.

1.3 • 항공기용 왕복엔진 구비조건

(1) 낮은 마력당 중량비

항공기용 엔진은 마력(출력)당 중량이 작아야 한다. 항공기 설계에서 가장 중요한 요소 가운데 하나는 항공기 무게를 줄이는 것이다. 항공기 엔진이 무거우면 항공기 비행성능이 저하되기 때문에 항공기용 엔진은 가벼우면서 큰 출력을 생산할 수 있어야 한다. 또한

표 1.1 ‣ 엔진 종류에 따른 마력당 중량 비교

분류	엔진 형태	마력당 중량 (kg/PS)
전동기	경량 전동기	5∼7
선박용 엔진	증기기관	80∼200
	디젤엔진	5∼30
자동차용 엔진	가솔린엔진	2.0∼2.5
	디젤엔진 (사바테사이클)	3.0∼3.5
항공기용 엔진	가솔린엔진 (공랭식)	0.5∼1.2
	가스터빈엔진	0.1∼0.3

항공기 엔진이 무거우면 유상하중(payload)이 작아지기 때문에 항공기 용도가 제한될 수 있다. 항공기 주요 구성품 가운데 엔진이 차지하는 비중은 큰 편이다. 따라서 엔진은 가벼우면서도 큰 출력을 생산해야 한다. 각종 엔진의 마력당 중량을 표 1.1에 비교하여 나타냈다. 이 표에서 항공기용 엔진은 다른 엔진에 비해 마력당 중량이 매우 낮다는 것을 확인할 수 있다.

(2) 높은 열효율

항공기기용 왕복엔진은 높은 열효율이 필수적으로 요구된다. 엔진의 열효율이 높다는 것은 엔진의 연료소모율이 낮다는 것을 의미한다. 엔진의 연료소모율이 낮으면 동일 거리를 비행하는 경우에 더 적은 양의 연료가 필요할 것이므로 유상하중을 늘릴 수 있다. 또한 동일 연료량을 이용하여 비행하는 경우 비행거리를 늘릴 수 있는 장점이 있다. 항공기의 운항비용 가운데 연료비가 차지하는 비중은 매우 크다. 따라서 항공기용 왕복엔진의 경우 경제적인 측면에서 높은 열효율이 필수적으로 요구된다.

(3) 높은 신뢰성 및 내구성

항공기 엔진은 다양한 비행조건 및 대기조건에서 고장 없이 규정된 출력을 생산할 수 있어야 한다. 항공기 사고의 대부분은 엔진결함에 의한 것으로서 항공기 엔진의 신뢰성은 모든 설계조건 가운데 가장 중요하게 취급해야 한다. 항공기 엔진에 대한 신뢰성 기준은 정부 감독기관, 엔진 제작사 및 항공기 제작사에 의해 결정되며, 특히 엔진 제작사는 신뢰성을 확보하기 위한 노력을 최대한 기울여야 한다.

항공기 엔진의 내구성이란 엔진수명을 말한다. 즉 엔진의 내구성이란 "엔진이 신뢰성을 유지하면서 규정된 출력을 생산할 수 있는 시간"이라 정의한다. 항공기 엔진은 모두 정부의 감독기관에서 정한 규칙에 따라서 150시간 동안 최대출력으로 운전시켜 합격해야만 한다. 이런 내구성 시험을 시간시험이라 하는데, 이렇게 최대출력에서의 150시간 운전은 보통 운항조건에서의 1000시간 운전에 해당한다. 엔진의 오버홀간격(TBO; Time Between Overhaul)은 엔진 제작사의 권고에 따른다. 일반적으로 엔진의 TBO는 엔진의 사용 온도 및 최대출력 운전시간 등을 고려하여 결정한다.

(4) 소형화

항공기용 엔진은 작을수록 좋다. 엔진 크기가 작으면 항공기 전면면적이 작아지기 때문에 항력이 작아진다. 아울러 엔진이 작아지면 엔진 무게가 감소하여 항공기 성능이 향상되는 부가적인 장점이 있게 된다. 결과적으로 항공기 엔진은 최대한 콤팩트해야 한다.

(5) 우수한 진동특성

진동은 항공기 엔진을 구성하는 각종 구성품을 손상시키는 가장 큰 원인이다. 결과적으로 엔진 진동은 엔진의 신뢰성 및 내구성에 큰 영향을 미친다. 아울러 엔진 진동은 각종 튜브와 배선뿐만 아니라 프로펠러까지도 손상을 입히기 때문에 비행안정성에도 큰 영향을 미친다. 따라서 엔진 진동은 최대한 발생하지 않도록 해야 한다.

(6) 정비성

고도의 신뢰성이 요구되는 항공기 엔진은 정비성이 우수해야 한다. 정비성이 우수하면 엔진 오버홀 시에 작업공정 및 작업시간이 줄어들어 항공기 운항에 큰 장점이 된다. 아울러 정비성이 우수하면 항공기 운항에도 경제적으로 유리하다.

(7) 운전 유연성

운전 유연성이란 엔진이 완속(아이들링)으로부터 최대출력까지 모든 회전수에서 요구되는 성능을 유지하면서 규정 출력을 생산하는 것을 말한다. 일반적으로 항공기는 비행조건(고도 및 속도)이 다양하며, 기상조건도 다양하게 변화한다. 아울러 항공기 자세 또한 다양하게 변화하기 때문에 항공기 엔진은 이런 모든 비행조건에서 안전하게 작동하면서 최고의 성능으로 규정된 출력을 생산해야 한다.

1.4 • 왕복엔진 분류

1.4.1 실린더 배치방식에 의한 분류

(1) 직렬형 엔진

그림 1.5(a)에 나타나 있는 것처럼 직렬형 엔진은 실린더를 크랭크축과 평행하게 일렬로 배치한 형태이다. 직렬형 엔진의 실린더 수는 마력당 중량비 및 효율적인 냉각을 위하여 6개 이내로 제한하며, 진동제어를 위하여 짝수로 되어 있다. 직렬형 엔진은 전면면적이 작기 때문에 항력을 최소화시킬 수 있는 장점이 있다. 한편, 크랭크축 아래에 실린더가 배치된 도립식 직렬형 엔진을 사용하면 조종사의 시야 확보가 용이해진다.

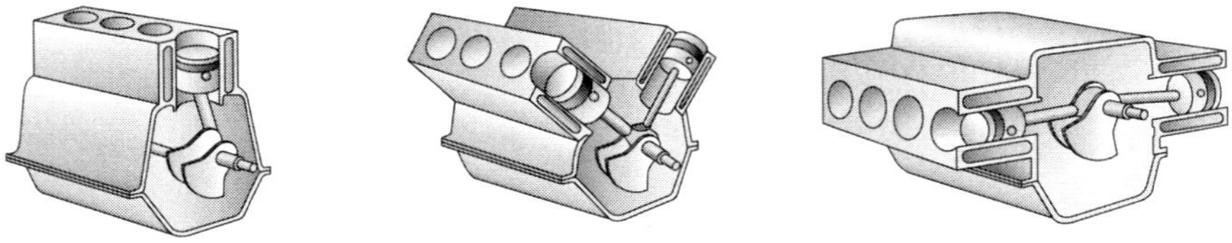

(a) 직렬형　　(b) V형　　(c) 수평대향형

그림 1.5 ‣ 실린더 배열방식에 따른 왕복엔진 분류

(2) V형 엔진

V형 엔진은 그림 1.5(b)에 나타나 있는 것처럼 실린더가 V자 형태로 배치되어 있다. 이 엔진은 2조의 커넥팅로드로 1개의 크랭크 핀을 구동시키기 때문에 마력당 중량비가 직렬형 엔진에 비해 낮기 때문에 항공기용 엔진으로 적합하다. 그러나 V형 엔진은 직렬형에 비해 전면면적이 커진다는 단점도 가지고 있다. 과거에는 고출력을 위하여 수랭식 V형 엔진을 일부 항공기에 사용하였으나 현재는 거의 사용하지 않고 있다.

(3) 수평대향형 엔진

수평대향형 엔진은 그림 1.5(c)에 나타나 있는 것처럼 1개의 크랭크축 양쪽에 실린더를 배치한 형태로서 진동제어 및 균형을 위해서 실린더 수는 4, 6 또는 8개이다. 이 엔진의 출력은 100 ~ 400마력이며, 효율성, 신뢰성, 경제성이 우수하여 소형 항공기 및 경헬리콥터에 가장 많이 사용하고 있다. 이 엔진의 장점을 정리하면 다음과 같다.

① 실린더를 좌우에 대칭 형태로 배치시켜 진동특성이 우수하다.
② 구조적으로 크랭크축 길이가 짧아서 크랭크축 및 크랭크케이스의 강성을 높일 수 있다.
③ 직렬형 엔진에 비해 전면면적이 커지지만 병렬좌석을 가지는 기체에 적합하다.

그림 1.6 ‣ 수평대향형 엔진을 장착한 소형 항공기

④ 상하 폭이 작아서 그림 1.6에서와 같이 엔진을 날개에 장착하는 경우 나셀(nacelle) 형상을 유선형으로 제작할 수 있다.

⑤ 마력당 중량비가 작은 편이다.

(4) 성형 엔진

성형 엔진은 그림 1.7과 1.8에서 볼 수 있듯이 크랭크축을 중심으로 홀수 개(일반적으로 3, 5, 7, 9개)의 실린더를 방사형(radial type)으로 배치시킨 엔진이다. 1열의 실린더 수를 홀수 개로 하는 이유는 진동을 제어하기 위함이다. 성형 엔진의 가장 큰 특징은 그림 1.7에서 볼 수 있듯이 다수의 커넥팅로드가 한 개의 크랭크 핀을 공유하기 때문에 왕복엔진 가운데 가장 낮은 마력당 중량비를 가진다는 점이다. 성형 엔진은 1열뿐만 아니라, 2열(그림 1.8) 또는 4열(그림 1.9)로 구성할 수 있다. 이렇게 복열로 성형 엔진을 구성하는 경우 각 열의 실린더는 냉각공기의 원활한 유입을 위해 서로 엇갈림 배치 구조로 되어 있다. 그림 1.9에 나타나 있는 4열형 성형 엔진은 P&W사의 R-4360엔진으로서 4열에 모두 28개의 실린더가 장착되어 있으며, 출력은 4,000마력이다. 이와 같은 고출력 성형 엔진은 1920년대 이래 그림 1.10에 나타나 있는 것과 같은 군용기와 상업용 대형 항공기에 널리 사용되었다.

성형 엔진의 단점은 전면면적이 상대적으로 크기 때문에 항력이 증가하며, 엔진 냉각

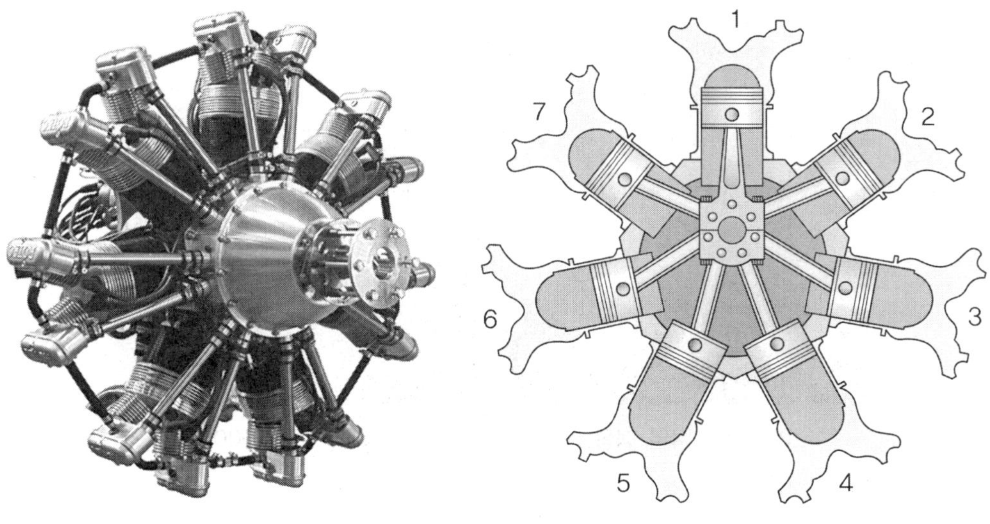

(a) R2800, 2800cc, 110HP (b) 성형 엔진 커넥팅로드와 크랭크 핀 연결

그림 1.7 ‣ 1열 성형 엔진

도 약간 불리하다는 점이다. 성형 엔진의 특징을 정리하면 다음과 같다.

① 엔진 진동을 제어하기 위해 각 열의 실린더 수를 홀수로 한다.
② 항공기용 왕복엔진 실린더 배치방식 가운데 마력당 중량비가 가장 작다.
③ 복열 엔진의 경우 고출력을 생산할 수 있어서 상업용 대형 항공기에 사용하였다.
④ 전면면적이 크기 때문에 항력이 증가한다.

그림 1.8 ‣ 2열 성형 엔진

그림 1.9 ‣ 4열 성형 엔진 (R-4360, 28 cylinders, 4,000HP)

그림 1.10 ‣ 성형 엔진 적용 대형 항공기

1.4.2 행정에 의한 분류

(1) 4행정 왕복엔진

4행정 왕복엔진은 그림 1.11에 나타나 있는 것처럼 흡입-압축-동력-배기행정 등 4개의 행정이 차례로 일어나서 한 사이클을 이룬다. 한편, 동력행정은 팽창행정 또는 폭발행정이라고도 불린다. 행정(stroke)이란 그림 1.12에서 볼 수 있듯이 왕복엔진에서 상사점(TDC; Top Dead Center)과 하사점(BDC; Bottom Dead Center) 사이의 거리를 의미한다. 과정(process)이란 열역학적으로 상태가 연속적으로 변해가는 경로(path)를 의미한다.

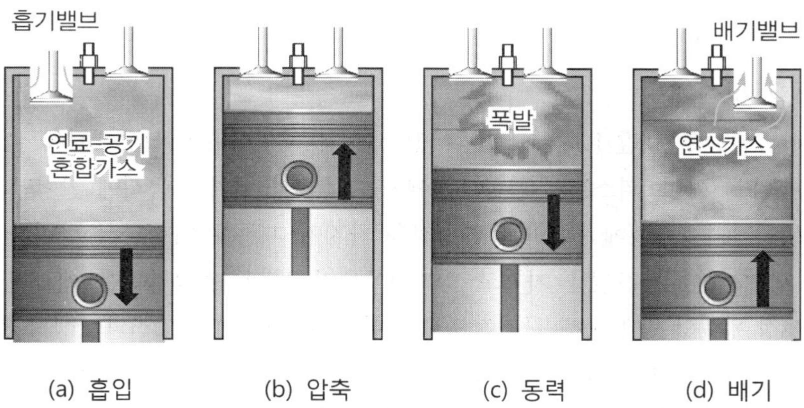

그림 1.11 ‣ 4행정 왕복엔진

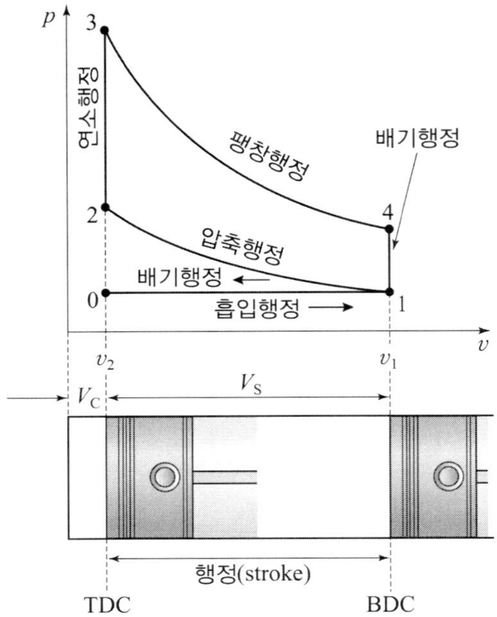

그림 1.12 ▸ 4행정 왕복엔진 사이클

하나의 행정이 진행되는 동안 하나의 열역학적 과정이 일어나기 때문에 행정과 과정은 같은 의미로 사용되기도 한다. 예를 들어 압축행정은 흔히 압축과정이라고 한다. 사이클이란 어떤 상태점에서 출발하여 일련의 열역학적 과정을 거친 후 최초의 상태로 다시 되돌아 왔을 때 한 사이클을 이루었다고 한다. 4행정 왕복엔진이란 4개의 행정이 한 사이클을 이루는 왕복엔진을 지칭하는 것이다. 4행정 왕복엔진은 피스톤이 2회 왕복하여 한 사이클을 이룬다. 즉 4행정에 1회의 동력행정을 가진다. 한편, 그림 1.12에서 V_s는 행정체적, V_c는 연소실체적을 나타낸다.

(2) 2행정 왕복엔진

2행정 왕복엔진은 그림 1.13에 나타나 있는 것처럼 피스톤의 상향행정에서 흡입과 압축이 동시에 일어나며, 피스톤의 하향행정에서는 폭발과 배기가 동시에 일어난다. 따라서 2행정 왕복엔진은 2행정에 1회의 동력행정을 가지기 때문에 마력당 중량비가 4행정 왕복엔진에 비해 작다는 장점을 가지고 있다. 아울러 2행정 왕복엔진은 밸브기구가 없기 때문에 4행정 왕복엔진에 비해 구조적으로 간단하여 경량이다. 그러나 2행정 왕복엔진은 연소가스의 배출이 완벽하지 못하고 효율도 낮기 때문에 항공기용 엔진으로 사용하지 않으며, 오토바이용 엔진 및 일부 RC 항공기용 왕복엔진으로 일부 사용하고 있다.

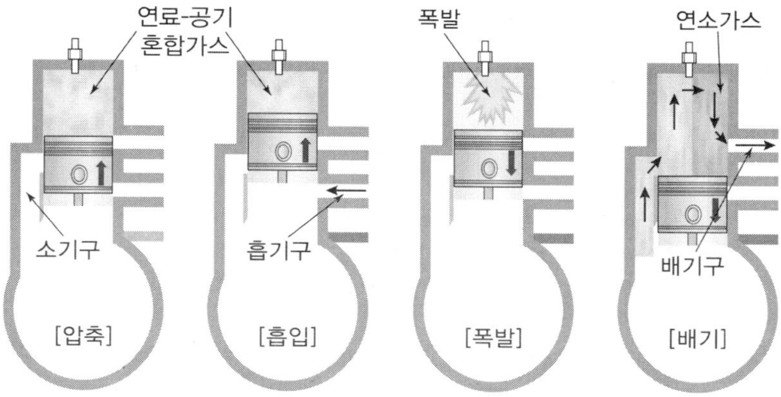

그림 1.13 · 2행정 왕복엔진

1.4.3 연소방식에 의한 분류

(1) 정적사이클

정적사이클은 그림 1.14(a)에 나타나 있는 것처럼 체적이 일정한 상태에서 연소가 일어나는 사이클을 의미한다. 즉 정적사이클은 오토사이클을 다르게 부르는 명칭이다.

(2) 정압사이클

정압사이클은 그림 1.14(b)에 나타나 있는 것처럼 압력이 일정한 상태에서 연소가 일

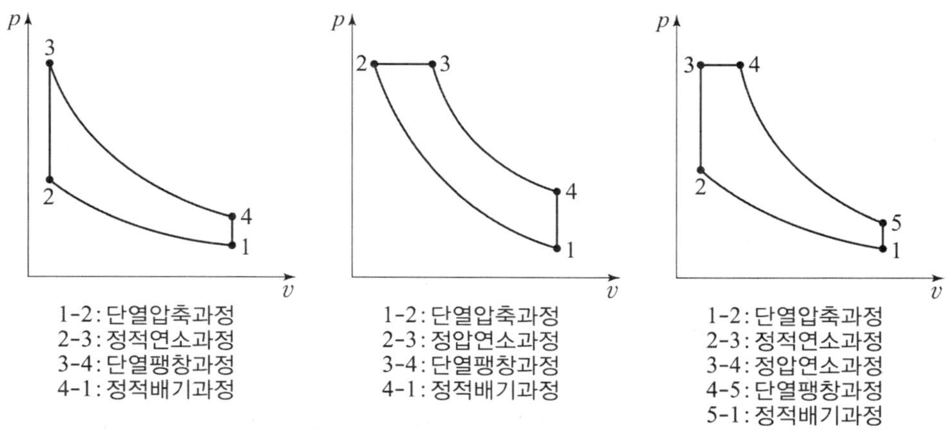

(a) 정적(오토)사이클 (b) 정압(디젤)사이클 (c) 합성(사바테)사이클

그림 1.14 · 연소방식에 의한 사이클 비교

어나는 사이클이다. 즉 정압사이클은 디젤사이클을 다르게 부르는 명칭이다. 디젤엔진의 rpm은 1,000 이하로서 주로 대형 선박용 엔진으로 사용하고 있다.

(3) 합성사이클

합성사이클은 그림 1.14(c)에 나타나 있는 것처럼 일차적으로 체적이 일정한 상태에서 연소가 일어난 후 연속해서 이차적으로 압력이 일정한 상태에서 연소가 일어나는 사이클을 말한다. 이런 이유로 이 사이클을 합성사이클이라 부르며, 복합사이클이라고도 한다. 이 사이클은 자동차에 쓰이는 고속디젤엔진을 대표하는 열역학적 사이클이다.

1.4.4 점화방식에 의한 분류

왕복엔진은 연료를 연소시키는 방법에 따라 스파크 점화식과 압축착화식으로 구분한다. 스파크 점화식은 연료-공기 혼합기를 압축시킨 후 전기 스파크를 이용하여 압축된 혼합기를 연소시키는 방법이다. 가솔린엔진이 이에 해당한다.

압축착화식은 압축과정에서 공기만을 압축시켜 고온상태가 되면 여기에 연료를 분사시켜 자연착화시키는 연소방식이다. 디젤엔진이 이에 해당한다. 이 경우 공기만을 압축시키기 때문에 압축과정에서 자연발화가 일어나지 않는다. 따라서 디젤엔진은 가솔린엔진보다 더욱 높은 압축비를 이용하여 고온고압으로 압축시킬 수 있으며, 일반적으로 압축 후의 공기 온도는 약 500 ~ 550°C에 달한다.

1.4.5 연료분사방식에 의한 분류

연료분사방식에 의한 분류는 항공기용으로 사용하는 가솔린엔진에 대한 추가적인 분류이다. 가솔린엔진은 연료분사방식에 따라 기화기식과 전자식으로 구분한다. 기화기식은 엔진으로 유입되는 공기가 기화기 벤츄리를 지나는 동안 공기의 속도 증가로 인한 압력 저하를 이용하여 연료가 유입되어 분무되도록 하는 연료분사방식이다. 기화기식은 전자식에 비해 연료효율이 떨어지기 때문에 현재는 거의 사용하지 않는다.

최근에는 전자식 연료분사장치를 많이 사용하고 있다. 전자식은 엔진입구에서 계량된 유입공기량을 기준으로 분사될 연료량을 계산하여 정확한 양의 연료를 연료분사장치를 이용하여 분사하는 장치이다. 따라서 전자식 연료분사장치를 사용하면 엔진성능이 향상된다.

1.4.6 피스톤 운동방식에 의한 분류

내연기관은 피스톤 운동방식에 의하여 왕복피스톤 엔진과 회전피스톤 엔진으로 구분한다. 여기서는 회전피스톤 엔진인 로터리엔진에 대해서 간단히 살펴보기로 한다.

로터리엔진은 그림 1.15에 나타나 있는 것처럼 밸브와 캠기구 없이 간단한 구조로 되어 있다. 이 엔진은 삼각형 형태의 피스톤이 누에고치 형상의 로터하우징 속을 회전하면서 연료-공기 혼합기를 흡입하여 압축시킨다. 전기 스파크를 이용하여 압축된 혼합기를 점화시키면 연소에 의한 팽창가스 압력을 통해 출력을 발생시킨다. 로터는 3개의 모서리가 하우징 내면을 접촉하면서 회전할 때 발생하는 체적변화를 통해 흡입-압축-폭발-배기 과정을 행하지만 이들 각각의 과정은 왕복운동에 의한 것이 아니라 회전운동에 의한 것이다. 이 엔진의 장점은 로터가 1회전하는 동안에 3회의 폭발이 일어나므로 다른 엔진에 비해 높은 출력을 생산한다는 것이다. 아울러 왕복운동하는 부품이 없기 때문에 왕복운동하는 부품의 관성력에 의한 충격이 없어 진동이 적다. 단점은 연료소모율이 높으며, 일반 엔진에 비해 내구성이 떨어진다는 점이다.

로터리엔진은 왕복엔진과 비교했을 경우 우열성을 판단하기는 어렵다. 그러나 내구성과 효율을 보완하면 장차 널리 보급될 수 있을 것으로 판단된다. 이 엔진은 일본의 마츠다사가 자동차에 적용한 사례가 있다.

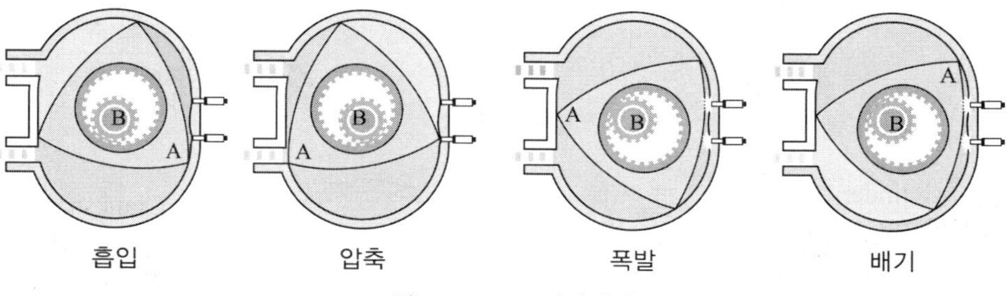

그림 1.15 · 로터리엔진

1.5 • 가솔린엔진

1.5.1 가솔린엔진 기본 구성품

가솔린엔진은 그림 1.16에 나타나 있는 것처럼 기본적으로 실린더와 그 내부를 왕복운동하는 피스톤으로 구성된다. 실린더는 연소실의 일부를 형성하기 때문에 고온에 노출된다. 따라서 실린더에 냉각핀을 설치하여 신속히 냉각되도록 해준다. 피스톤은 실린더 내부를 왕복운동하며, 피스톤에 설치된 피스톤링은 피스톤과 실린더 사이에 기밀을 유지하여 동력손실을 방지한다. 커넥팅로드는 팽창과정에서는 피스톤으로부터 크랭크축으로 동력을 전달하며, 그 외의 과정에서는 크랭크축으로부터 피스톤으로 동력을 전달한다. 커넥팅로드를 통해 피스톤으로부터 크랭크축에 전달된 동력은 회전동력으로 전환된다.

실린더에는 흡기밸브와 배기밸브가 장착된다. 흡기밸브는 흡기과정이 일어나는 동안 열려서 연료-공기 혼합기가 실린더 내부로 유입될 수 있도록 해준다. 배기밸브는 배기과정이 일어나는 동안 열려서 연소가스가 외부로 배출될 수 있도록 해준다. 그러나 압축과정과 팽창과정에서 두 밸브 모두 닫혀있게 된다.

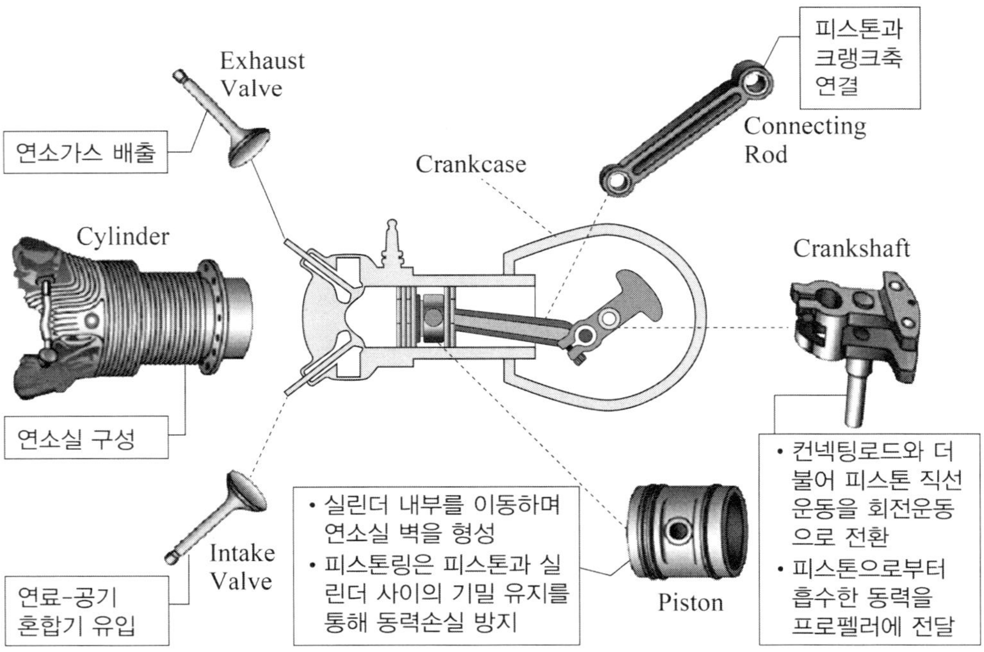

그림 1.16 • 가솔린엔진 기본 구성품

1.5.2 가솔린엔진 기본 용어

상사점이란 그림 1.12에서 볼 수 있듯이 피스톤이 실린더헤드 방향으로 최대한 도달할 수 있는 지점을 말한다. 피스톤이 상사점에 도달하는 경우 크랭크축과 커넥팅로드 및 피스톤은 일직선상에 위치하게 된다. 상사점에서 피스톤과 실린더 사이에 형성되는 체적이 연소실체적이다. 피스톤이 상사점에 도달하는 순간 속도는 0이다. 따라서 피스톤이 상사점에 도달할 때는 급격한 감속운동이 일어나며, 하사점을 향해 출발할 때는 다시 급격한 가속운동이 일어난다.

하사점이란 그림 1.12에서 볼 수 있듯이 피스톤이 크랭크축 방향으로 최대한 도달할 수 있는 지점을 말한다. 피스톤이 하사점에 도달하는 경우에도 크랭크축과 커넥팅로드 및 피스톤은 일직선상에 위치하게 된다. 그러나 이 경우 상사점에 도달하는 경우와는 달리 크랭크축과 커넥팅로드는 서로 접혀 있는 상태가 된다. 이 지점에서 피스톤과 실린더 사이에 형성되는 체적이 실린더체적이다. 피스톤이 하사점에 도달하는 순간 속도는 0이다. 따라서 피스톤은 하사점 근처에서도 급격한 가·감속운동을 하게 된다.

행정이란 그림 1.12에서 볼 수 있듯이 상사점과 하사점 사이의 거리로써 피스톤이 왕복운동하는 거리이다.

행정체적이란 피스톤이 한 행정을 이루면서 흡입할 수 있는 연료-공기 혼합기량이나 배출시킬 수 있는 연소가스량을 말한다. 행정체적은 이론적으로 피스톤 단면적에 행정을 곱한 값으로 표시하며, 배기량과 동일하다.

$$V_s = \frac{\pi}{4} d^2 \times S \tag{1.1}$$

여기서 V_s는 행정체적, d는 피스톤 직경, S는 행정을 의미한다. 일반적으로 왕복엔진은 다수의 실린더로 구성되어 있다. 따라서 총 행정체적(총 배기량)은 행정체적에 실린더 수를 곱해준 값이다.

압축비란 실린더 내부로 유입된 공기나 연료-공기 혼합기가 압축되는 비율을 나타낸다. 따라서 압축비는 실린더체적(행정체적+연소실체적)을 연소실체적으로 나누어준 값으로 정의한다.

$$CR = \frac{V_s + V_c}{V_c}, \quad \text{or} \quad CR = \frac{v_1}{v_2} \tag{1.2}$$

여기서, CR은 압축비, V_s는 행정체적, V_c는 연소실체적을 의미한다. 그리고 v_1은 하사점에서의 비체적, v_2는 상사점에서의 비체적이며, 그림 1.12에 표시되어 있다. 가솔린엔진에서 압축비가 높아질수록 열효율이 향상되지만 너무 높으면 연소가 완료되기 전에 연소실 말단부에서 미연소가스가 자연폭발을 일으키는 데토네이션이 발생하기 때문에 엔진 출력이 줄어들며, 극단적인 경우에는 엔진이 정지하고 손상이 발생하므로 압축비 선정에 주의를 기울여야 한다.

1.5.3 가솔린엔진 작동원리

가솔린엔진의 작동원리는 두 가지 측면에서 살펴볼 수 있다. 하나는 열역학적으로 살펴보기 위한 이상적 사이클이며, 다른 하나는 손실을 고려한 실제적인 사이클이다. 여기서는 우선적으로 이상적인 사이클에 대한 내용을 중심으로 작동원리를 살펴보기로 한다.

(1) 흡입과정

흡입과정에서 흡기밸브는 열려 있고, 배기밸브는 닫혀 있다. 이 상태에서 피스톤을 상사점으로부터 하사점으로 끌어당기면 그림 1.11에 나타나 있는 것처럼 실린더 체적변화로 인하여 연료-공기 혼합기가 실린더 내부로 유입된다. 따라서 피스톤이 행정만큼 이동하기 때문에 흡입과정을 흡입행정이라고도 한다. 흡입과정이 그림 1.12에 나타나 있는 과정 $0 \rightarrow 1$이다.

(2) 압축과정

흡입과정이 종료된 후 그림 1.11(b)에 나타나 있는 것처럼 흡기밸브와 배기밸브가 모두 닫힌 상태에서 피스톤을 하사점으로부터 상사점으로 밀어 올리면 연료-공기 혼합기가 압축된다. 압축과정은 열역학적으로 단열과정이다. 단열과정이란 과정이 일어나면서 계 내·외부로 열의 출입이 없는 과정을 말한다. 여기서의 계는 실린더 내부의 작동유체(여기서는 연료-공기 혼합기가 작동유체)를 의미한다. 그림 1.17에서 볼 수 있는 것처럼 압축과정(과정 $1 \rightarrow 2$)이 진행되면서 실린더 내부의 압력과 온도 모두 올라간다. 압축과정이 진행되는 동안 실린더 내부 온도가 증가하는 것은 작동유체의 압축에 따른 자연스러운 현상이다. 압축과정에서 실린더 내부의 자연스러운 온도증가를 통해 실린더 내부와 외부 사이에는 온도차가 발생하기 때문에 열은 자연스럽게 실린더 외부로 빠져나간다. 따라서 엄밀하게 살펴보면 압축과정은 단열과정이 아니다. 그러나 압축과정이 진행되는 시간이 극히 짧아서 미처 열이 외부로 빠져나가지 못한다고 가정하면 압축과정은 열역학적으로 단열과정이다.

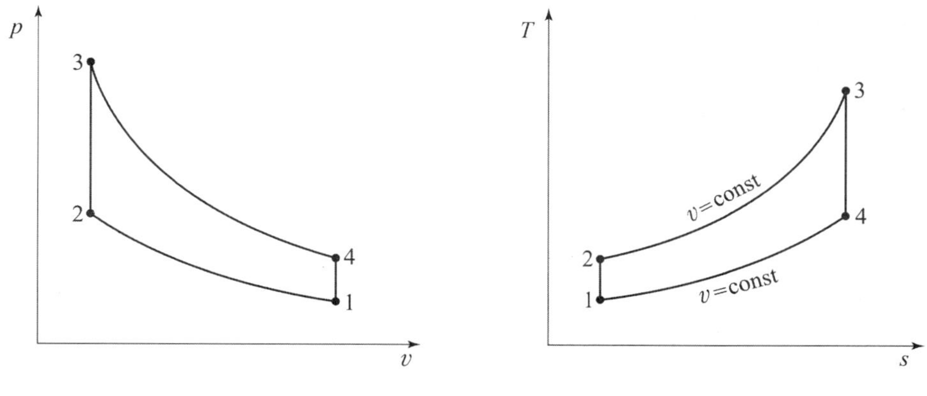

(a) p-v 선도 (b) T-s 선도

그림 1.17 · 가솔린엔진 열역학적 선도

압축과정에서 피스톤이 하사점에서 상사점으로 이동하면서 실린더 벽면에서는 마찰이 존재하여 손실이 발생한다. 마찰손실은 마찰열 및 소음의 형태로 나타난다. 그러나 마찰손실이 작다고 가정하여 무시하면 압축과정은 가역과정이 되기 때문에 등엔트로피과정이 된다. 참고로, 단열과정이면서 동시에 가역과정이 성립하는 경우 등엔트로피과정이라 한다. 따라서 압축과정은 열역학적으로 단열압축과정 또는 등엔트로피압축과정이다.

그림 1.12 및 1.17에서 압축비는 v_1/v_2의 값으로 정의한다. 가솔린엔진의 압축비는 약 8이며, 8 : 1로 표기한다. 한편, 압축과정에서 자연적으로 발생하는 온도증가는 액적상태로 실린더로 유입된 연료를 기화시켜 연소되기 쉬운 기체상태로 만들어 준다. 압축비가 너무 작으면 연료-공기 혼합기가 미처 기화되지 못하기 때문에 불완전연소가 일어날 수 있으며, 압축비가 너무 높으면 데토네이션이 발생하기 때문에 엔진출력이 저하되며, 심한 경우 엔진이 정지한다.

(3) 팽창과정

팽창과정은 동력과정 또는 폭발과정이라고도 한다. 피스톤이 상사점에 도달하면 점화플러그에서 발생하는 전기 불꽃에 의해 압축된 연료-공기 혼합기가 연소된다. 제한된 공간에서의 연소를 통해 실린더 내부 압력은 급격히 증가하며, 이 증가된 압력이 피스톤에 작용하여 피스톤을 아래로 밀어 내린다. 따라서 연료-공기 혼합기의 폭발압력에 의하여 피스톤이 아래로 밀리는 과정이 팽창과정이다. 한편, 피스톤이 상사점으로부터 하사점으로 내려오면서 실린더 내부 체적이 증가하며, 이로 인해 작동유체의 비체적이 급격하게 팽창하면서 압력과 온도가 낮아진다. 이런 이유로 이 과정을 팽창과정이라고 한다.

피스톤을 밀어내리는 힘은 커넥팅로드를 통해 크랭크축으로 전달된다. 가솔린엔진에서는 4개의 과정 가운데 유일하게 팽창과정만이 엔진에서 동력을 생산하며, 이로 인해 팽창과정을 동력과정이라고도 한다.

팽창과정은 압축과정과 마찬가지 이유로 인해 열역학적으로 단열과정이다. 즉 팽창과정 또한 압축과정과 마찬가지로 순식간에 과정이 종료되기 때문에 과정이 진행되는 동안 미처 열이 외부로 빠져나가지 못했다고 가정할 수 있다.

엄밀하게 살펴보면, 팽창과정은 두 개의 열역학적 과정으로 구성되어 있다. 하나는 정적연소과정으로서 그림 1.17에 있는 과정 2 → 3이며, 다른 하나는 등엔트로피팽창과정으로서 과정 3 → 4이다. 정적연소과정에서 연료가 가지고 있는 화학에너지는 연소에 의해서 열에너지로 변환되어 그림 1.17(b)에 나타나 있는 과정 2 → 3에서와 같이 실린더 내부 온도가 증가한다. 연소과정이 일어나는 동안 실린더 체적은 일정한 상태이므로 그림 1.17(a)에서와 같이 실린더 내부 압력도 동시에 증가한다. 이는 이상기체 상태방정식을 통해서 쉽게 이해할 수 있다. 따라서 연소가 진행되는 동안 온도와 압력이 동시에 증가한다. 실린더 내부의 압력증가로 인해 피스톤이 하강(과정 3 → 4)하는데, 이 과정에서 실린더 벽면에서의 마찰을 무시할 수 있다면 가역과정이 되며, 결과적으로 팽창과정은 등엔트로피팽창과정이 된다. 따라서 엄밀하게 살펴보면 팽창과정은 열역학적으로 정적가열과정과 등엔트로피팽창과정 두 개의 과정으로 구성되어 있다.

(4) 배기과정

팽창과정에서 연료-공기 혼합기가 연소되어 연소가스가 된다. 팽창과정이 종료되는 시점에 연소가스의 온도와 압력은 크게 낮아진다. 배기과정은 새로운 연료-공기 혼합기를 받아들이기 위해서 이 연소가스를 실린더 외부로 배출시키는 과정이다. 배기과정에서 그림 1.11(d)에 나타나 있는 것처럼 배기밸브를 열고 피스톤을 하사점으로부터 상사점으로 밀어 올리면 자연스럽게 연소가스가 실린더 외부로 배출된다.

배기과정은 피스톤이 하사점에서 상사점으로 이동하기 때문에 그림 1.12에 배기과정을 정확하게 표시한다면 과정 4 → 0이 된다. 그러나 배기과정은 열역학적 해석을 위해 과정 4 → 1을 따라 일어난다고 가정한다.

이상의 내용을 정리하면 가솔린엔진의 사이클은 그림 1.11에서와 같이 흡입-압축-팽창-배기 4개의 과정(행정)으로 이루어지며, 열역학적으로는 그림 1.17에서와 같이 압축-연소-팽창-배기 4개의 과정으로 구성된다. 따라서 기구학적으로 구분하는 과정(행정)과 열역학적으로 구분하는 과정에는 차이가 있다는 것을 알 수 있다.

1.6 • 디젤엔진

디젤엔진은 흡기밸브를 통해 공기만을 흡입한 후 압축시키고 압축이 완료되면 실린더 내부 고온으로 압축된 공기에 연료를 분사시켜 자기착화시킨다. 따라서 디젤엔진은 기화기와 전기점화장치가 없으며, 연료분사를 위한 연료분사펌프와 연료분사노즐을 가지고 있다. 연료가 자기착화되기 위해서는 실린더 내부 온도가 충분히 높아야 한다. 따라서 디젤엔진의 압축비는 약 16 ~ 23 : 1로서 압축이 종료되는 시점에서 압축공기 온도는 약 500 ~ 550°C 정도이다. 참고로, 디젤엔진에서는 공기만을 압축시키기 때문에 압축비를 충분히 높이더라도 압축과정 중에 조기점화나 데토네이션이 일어나지 않는다.

디젤엔진은 저속엔진과 고속엔진으로 구분한다. 저속디젤엔진은 1000 rpm 이하의 엔진으로서 그림 1.18에 있는 것처럼 대형 선박용 엔진으로 널리 사용하고 있다. 저속 디젤엔진은 정압상태에서 연소가 일어나기 때문에 열역학적으로 정압사이클이라고도 불리는 디젤사이클로 운전된다. 이에 반해 3000 rpm 정도로 회전하는 고속 디젤엔진은 일차적으로 정적과정으로 연소가 일어나며, 이차적으로 정압과정으로 연소가 일어난다. 따라서 고속 디젤엔진은 열역학적으로 합성사이클이라고 불리는 사바테사이클로 운전된다. 고속 디젤엔진은 버스, 트럭 및 승용차를 포함한 자동차에 많이 사용하고 있으며, 산업기계 및

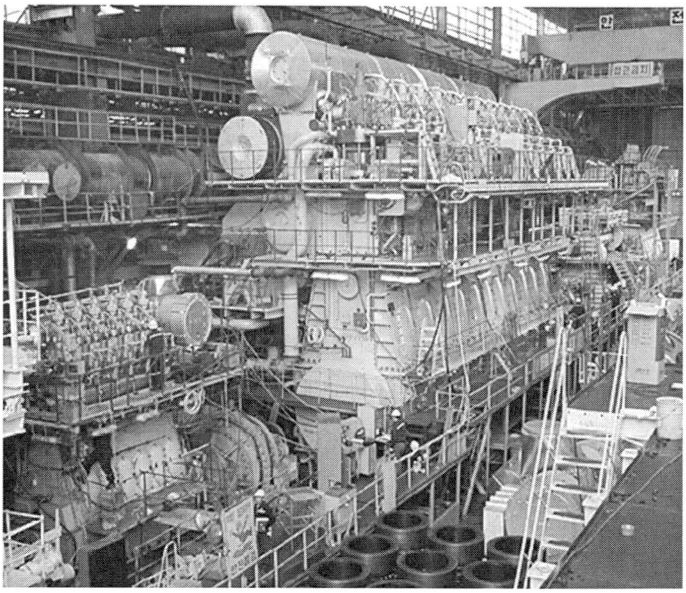

그림 1.18 • 선박용 대형 저속디젤엔진 (국내업체)

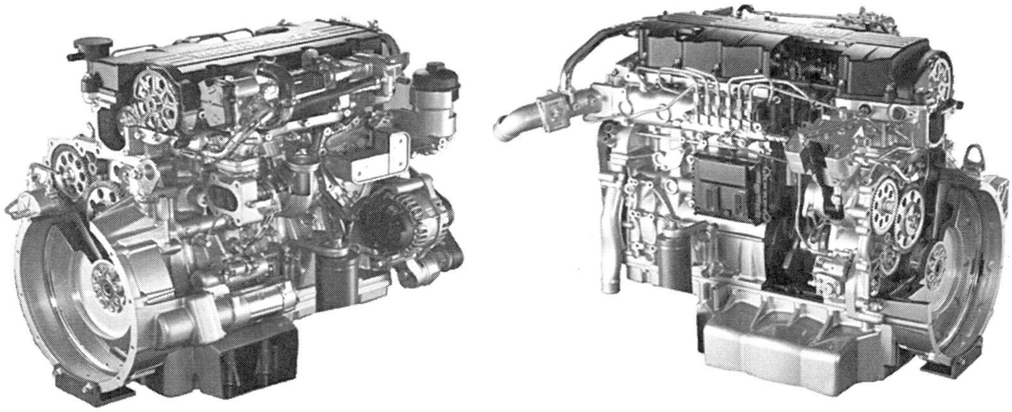

그림 1.19 · 자동차용 고속디젤엔진 (현대자동차)

소형 선박 등에도 널리 사용하고 있다. 고속 디젤엔진의 경우 엔진의 성능을 향상시키기 위하여 터보차저와 인터쿨러를 많이 사용하고 있다. 그림 1.19에 국내업체가 자동차용으로 개발한 고속디젤엔진이 나타나 있다.

디젤엔진은 경유를 연료로 사용한다. 최근 들어 고속 디젤엔진은 등유를 사용하기도 한다. 연료를 분사하는 방법에는 두 가지가 있다. 하나는 연료를 압축공기와 함께 분사시키는 공기분사식이며, 다른 하나는 연료만을 압축시켜 분사시키는 무기분사식이다. 이 두 가지 방법 모두 연료를 미세하게 무화시켜 실린더 내부로 공급한다는 점은 동일하다. 그러나 공기분사식은 고압의 공기압축기가 필요하며, 출력 및 회전속도의 정확한 제어가 어렵다는 이유로 최근에는 거의 사용하지 않는다. 무기분사식은 공기압축기가 필요 없기 때문에 상대적으로 경량이며, 연료분사량 제어가 쉽기 때문에 엔진성능이 우수한 편이다. 따라서 최신 디젤엔진의 연료분사장치로는 무기분사식을 주로 사용하고 있다.

1.6.1 디젤엔진 작동원리

디젤엔진의 작동원리는 가솔린엔진의 작동원리와 매우 유사하다. 다만 디젤엔진은 정압상태에서 연소가 일어나기 때문에 정적상태에서 연소가 일어나는 가솔린엔진과 차이가 발생한다. 여기서는 이 두 엔진의 차이점을 중심으로 디젤엔진의 작동원리를 살펴보기로 한다.

(1) 흡입과정

흡입과정에서 밸브의 개폐상태는 가솔린엔진과 마찬가지로 흡기밸브는 열리고 배기밸브는 닫힌 상태이다. 그러나 가솔린엔진에서 실린더 내부로 유입되는 작동유체는 연료-공기 혼합기인 반면에 디젤엔진에서는 작동유체로서 공기만이 유입된다. 따라서 가솔린엔진에서는 흡입과정에서 연료가 실린더 내부로 공급되지만 디젤엔진에서는 연료가 공급되지 않는다.

(2) 압축과정

압축과정에서 가솔린엔진은 연료-공기 혼합기를 압축시키지만 디젤엔진은 공기만을 압축시킨다. 일반적으로 가솔린엔진의 압축비는 7 ~ 9 : 1인 반면에 디젤엔진의 경우 16 ~ 23 : 1이다. 따라서 압축이 종료된 후 압축공기 온도는 가솔린엔진이 120 ~ 140℃인데 비해 디젤엔진은 500 ~ 550℃이다.

(3) 팽창과정

압축과정이 종료됨과 동시에 연료분사노즐을 통해 연료가 실린더 내부로 분사된다. 분사된 연료는 고온의 압축공기와 혼합되면서 스스로 연소하는 팽창과정이 시작된다. 저속 디젤엔진의 경우 그림 1.14(b)에 나타나 있는 것처럼 정압연소과정이 일어나는 동안 팽창이 진행되기 때문에 초기의 팽창과정은 연소와 팽창이 동시에 진행되는 정압팽창과정이 일어나며, 이어서 압력과 온도가 동시에 낮아지는 단열팽창과정이 일어난다. 고속 디젤엔진의 경우 그림 1.14(c)에 나타나 있는 것처럼 정적연소가 일어난 후 연속해서 정압연소가 진행된다. 따라서 정적연소 이후의 과정은 열역학적으로 저속 디젤엔진과 동일하다.

(4) 배기과정

배기과정은 가솔린엔진과 동일하다. 그러나 디젤엔진은 압축비가 높기 때문에 가솔린엔진에 비해서 배기가스의 배출이 양호하여 잔류 배기가스가 훨씬 적은 편이다.

1.6.2 2행정 디젤엔진

2행정 디젤엔진은 2행정 가솔린엔진과 거의 같다. 그러나 2행정 엔진의 경우 가솔린엔진보다 디젤엔진이 유리하다. 그 이유는 가솔린엔진의 경우 소기과정에서 새로이 공급된 연료가 배기가스와 함께 빠져나가서 단락손실이 발생할 우려가 있는 반면에, 디젤엔진에서는 실린더 내부로 공기만을 공급하기 때문에 단락손실이 없어 연료효율이 높으며, 고속운전 시 역화의 우려가 없기 때문이다. 따라서 대부분의 2행정 엔진은 디젤엔진이다.

1.6.3 고속디젤엔진과 가솔린엔진 비교

고속 디젤엔진과 가솔린엔진의 중요한 특징을 표 1.2에 정리하여 비교하였다. 가솔린엔진과 비교하는 경우 디젤엔진의 장점을 정리하면 다음과 같다.

① 가솔린엔진에 비해 열효율이 높다. 이는 디젤엔진의 압축비가 가솔린엔진보다 높기 때문이다.
② 연료소모율이 낮다. 이는 디젤엔진의 열효율이 가솔린엔진보다 우수하기 때문이다.
③ 연료의 취급과 저장이 유리하다. 이는 디젤엔진은 인화점이 높은 연료인 경유를 사용하기 때문이다.
④ 디젤엔진은 대형으로 제작이 가능하다. 가솔린엔진은 데토네이션 때문에 피스톤 직경을 160 mm 이상으로 제작하기 곤란하다. 그러나 디젤엔진에서는 데토네이션 문제가 없기 때문에 피스톤 직경에 제한이 없다.
⑤ 배기가스의 유독성이 적다.
⑥ 전기점화장치가 없어 고장이 적다.

표 1.2 ‣ 가솔린엔진과 고속디젤엔진 비교

No.	비교항목	가솔린엔진	고속디젤엔진
1	열역학적 사이클	오토사이클	사바테사이클
2	압축비	7～10 : 1	16～23 : 1
3	압축온도, °C	120～140	500～550
4	연료 주입 시기	흡입행정	압축행정 종료 시점
5	점화방식	전기불꽃 점화	압축열에 의한 자기착화
6	연료공급 장치	인젝터 (또는 기화기)	연료분사펌프, 분사노즐
7	연료	가솔린	경유, 등유
8	열효율, %	25～32	32～38
9	연료소비율, g/PS-h	230～300	150～240
10	rpm	2,000～6,500 2,000～2,800 (항공용)	1,600～4,000
11	폭발압력, kg/cm^2	30～35	45～70
12	마력당 엔진 중량, kg/PS	2.0～2.5	3.0～3.5

그러나 디젤엔진은 가솔린엔진에 비해서 여러 가지 단점도 가지고 있다. 가솔린엔진과 비교하는 경우 디젤엔진의 단점을 정리하면 다음과 같다.

① 무겁다. 디젤엔진의 사이클 최고압력은 가솔린엔진에 비해서 약 2배 높기 때문에 엔진 구성품의 구조가 튼튼해야 하며, 이로 인해 디젤엔진은 가솔린엔진보다 무겁다. 이는 디젤엔진이 항공용 엔진으로 사용하는 데 있어서 최대의 장해요인으로 작용하고 있다. 한편 사이클 최고압력이 높은 관계로 엔진에서 발생하는 소음 또한 큰 편이다.

② 고가이다. 디젤엔진의 연료분사장치는 매우 정밀해야 한다. 이로 인해 디젤엔진은 고가이며, 정비도 전문 정비소에서만 해야 한다.

③ 진동이 심하다. 디젤엔진은 높은 압축압력 및 사이클 최고압력이 가솔린엔진에 비해 높기 때문에 진동이 심한 편이다.

실 • 전 • 문 • 제

1. 왕복엔진에서 흡입압력이 증가할 때 일어나는 현상으로 가장 올바른 것은?

가. 충진체적 증가　　나. 충진체적 감소

다. 충진밀도 증가　　라. 연료-공기 혼합기 무게 감소

2. 아래 그림은 어떤 사이클인가?

가. 카르노사이클　　나. 정적사이클

다. 정압사이클　　라. 합성사이클

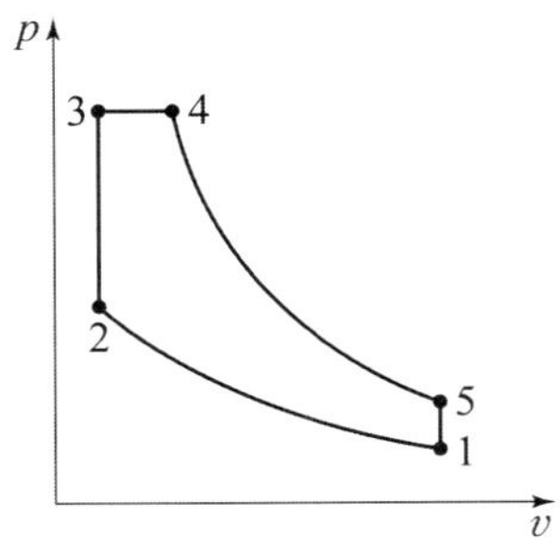

3. 다음 왕복기관 형식 가운데 중량당 마력비가 가장 높은 실린더 배열방식은?

가. 직렬형　　나. 수평대향형　　다. 성형　　라. V형

4. 다음 중 디젤엔진의 특징인 아닌 것은?

가. 무겁다　　나. 고가이다

다. 마력당 중량비가 낮다　　라. 진동이 심하다

5. 연소실체적이 10 cm^3, 행정체적이 70 cm^3이다. 압축비는 얼마인가?

가. 7　　나. 8　　다. 9　　라. 10

정답

1. 다　2. 라　3. 다　4. 다　5. 나

제2장

왕복엔진 구조

항공기용 왕복엔진의 설계와 운용에 있어서 가장 중요한 요소는 다른 열기관에서와 마찬가지로 성능과 신뢰도이다. 항공기용 왕복엔진은 가벼워야 하기 때문에 부품은 가벼우면서 충분한 강성을 보유한 소재를 이용하여 제작해야 한다. 아울러 움직이는 부품은 진동과 피로를 최소화할 수 있도록 정밀하게 가공해야 하며, 균형이 맞아야 한다.

본 장에서는 왕복엔진 구성품의 배치, 구조, 작동원리 등에 대해서 살펴보기로 한다. 대부분의 내용은 현재 항공기용 왕복엔진으로 가장 많이 사용하고 있는 수평대향형 6기통 왕복엔진을 중심으로 살펴볼 예정이다.

2.1 • 왕복엔진 주요 구성품 배치

그림 2.1에 수평대향형 6기통 왕복엔진의 주요 구성품의 배치와 작동유체 흐름도를 나타냈다. 과거에는 엔진 크랭크축과 프로펠러 사이에 감속기어를 설치하였으나 현대적인 엔진의 경우 무게를 줄이기 위하여 감속기어를 제거하였으며, 그 대신 엔진의 최대회전수를 약 2600 rpm 이하로 설정하여 프로펠러 팁에 유입되는 공기의 속도가 음속에 도달하지 않도록 하고 있다.

항공기용 왕복엔진은 대개의 경우 고고도에서 공기 밀도 저하에 따른 출력 감소를 보상하기 위해 엔진 뒤편에 터보차저를 설치하고 있다. 터보차저의 압축기에서 압축된 공

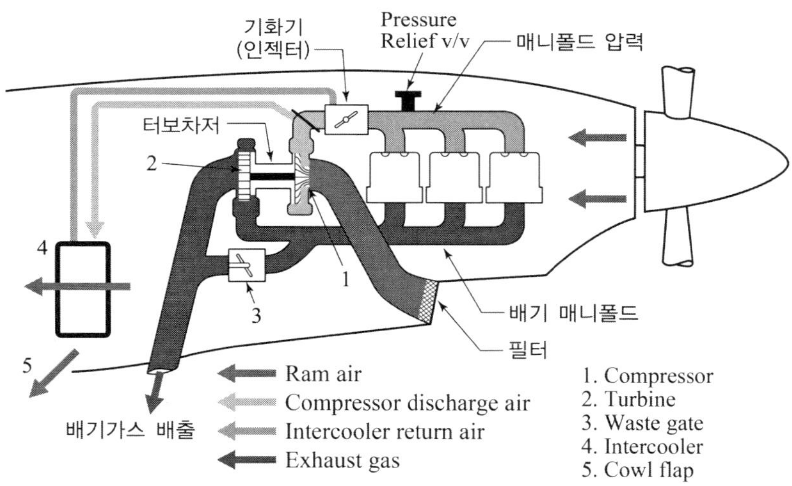

그림 2.1 • 왕복엔진 주요 구성품 배치 및 작동유체 흐름도

기의 온도가 높은 경우에는 데토네이션이 발생할 위험이 있기 때문에 압축공기를 실린더로 보내주기 전에 인터쿨러로 보내 냉각시킨다. 참고로, 고고도에서는 대기의 온도가 낮기 때문에 인터쿨러가 반드시 필요한 것은 아니다. 따라서 터보차저는 설치되어 있지만 인터쿨러가 없는 왕복엔진도 있다. 인터쿨러를 빠져나온 압축공기는 기화기에서 공급된 연료와 혼합되어 흡기매니폴드를 거쳐 실린더로 유입된다. 현대적인 엔진의 경우 연료-공기 혼합을 위하여 기화기는 더 이상 사용하지 않으며, 전자식 연료분사장치를 사용하고 있다. 전자식 분사장치를 사용하는 경우 연료는 흡기밸브 입구에 분사되어 공기와 혼합된다. 연소과정에서 생성된 배기가스는 엔진 하부에 설치되어 있는 배기 매니폴드에 모아져서 터보차저의 터빈을 회전시켜 압축기를 회전시키기 위한 동력을 발생시킨다. 터보차저의 터빈에서 발생하는 동력의 크기는 웨이스트게이트에 의해 조절된다. 터보차저를 빠져나온 배기가스는 항공기 외부로 배출된다.

그림 2.2에 실제 엔진인 TSIO-360 엔진에서의 주요 구성품 배치를 나타냈다. 이 엔진의 모델명인 TSIO-360에 대한 설명은 그림 2.3에 나타냈다. 즉 'TS'는 Turbosupercharged의 의미로서 흡기계통에 터보차저가 설치되어 있다는 것을 나타낸다. 한편, 이 자리에 아무런 표시가 없으면 터보차저를 사용하지 않은 자연흡기식 엔진이라는 의미이다. 'I'는 Injection을 의미하는 것으로서 기화기가 설치되어 있지 않고 대신에 전자식 연료분사장치가 설치되어 있다는 것을 나타낸다. 과거에는 연료-공기 혼합을 위해서 기화기를 사용하였으나 현재는 고장을 줄이는 동시에 엔진의 열효율을 향상시키기 위하여 전자식 연료분사장치를 주로 사용하고 있다. 이 자리에 아무런 표시가 없으면 기화기가 장착되

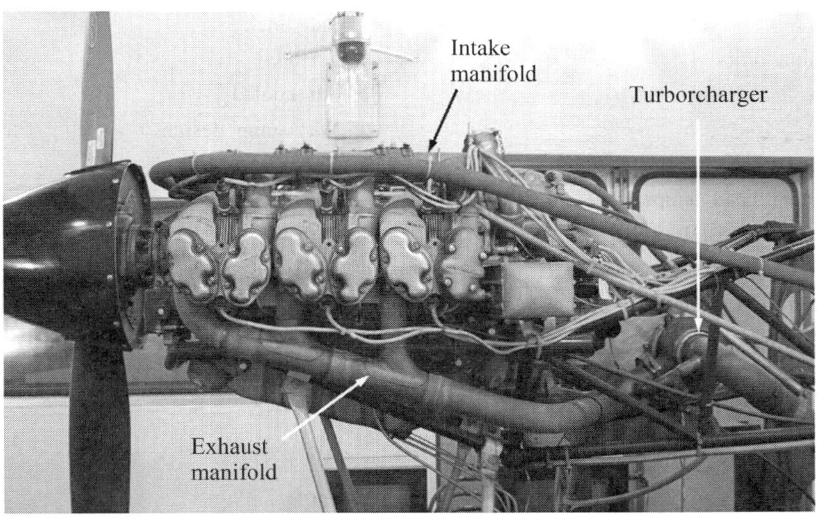

그림 2.2 ‣ 왕복엔진 주요 구성품 배치 (Model: TSIO-360)

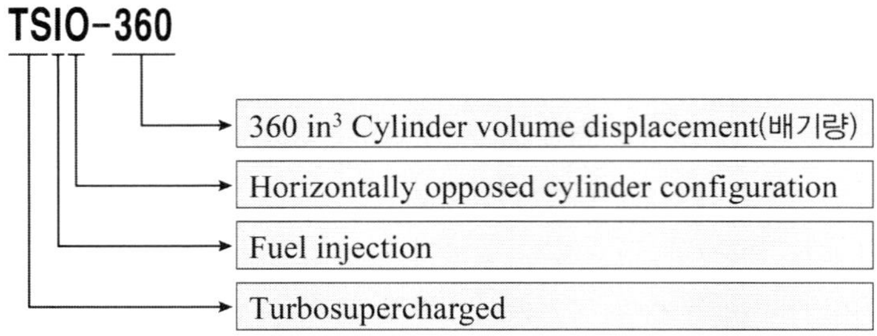

그림 2.3 ‣ 왕복엔진 모델 설명

어 있는 엔진이라는 의미이다. 그리고 'O'는 Opposed를 의미하는 것으로서 수평대향형 엔진이라는 의미이다. 이 자리에 'R'이 위치하는 경우 성형 엔진을 의미하며, 'V'가 위치하는 경우 V형 엔진을 의미한다. '360'은 엔진의 배기량으로서 단위로 [in^3]을 사용한다. 표 2.1에 TSIO-360 엔진의 중요한 특징을 정리하여 나타냈다.

TSIO-360 엔진은 여섯 개의 실린더를 가지고 있으며, 각각의 실린더 번호를 그림 2.4에 나타냈다. 실린더 번호는 연소 순서를 이해하는 데 필수적이다. 실린더 번호는 제작사에 따라 차이가 있기 때문에 주의해야 한다.

표 2.1 ‣ TSIO-360 엔진 특징

항목	내용
Model (detail)	TSIO-360-EB
Manufacturer	Teledyne Continental Motors
Cylinder bore diameter	4.44 inch
Stroke	3.88 inch
Compression ratio	7.5 : 1
Cooling	Air cooled
Oil tank	Wet sump design
Firing Order	1-6-3-2-5-4
Max cylinder head temperature	460°F (238°C)
Rated max cont. BHP	200
Rec. max cruise BHP	150
Crank shaft rpm (Rated Max. continuous operation)	2575
Ignition Timing	20° BTC (Before Top Center)
Magneto	Two TCM S6LN-25

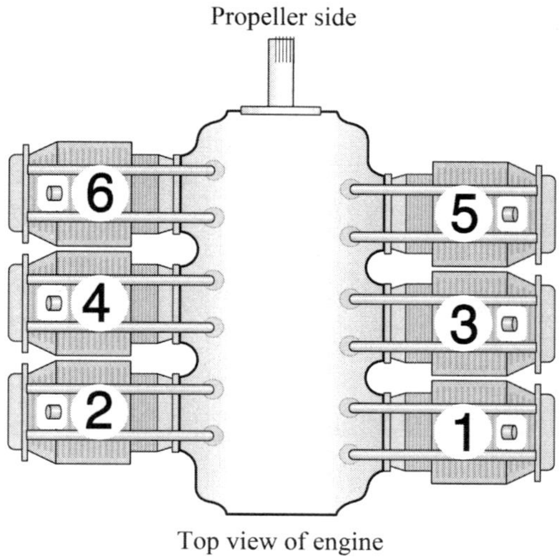

그림 2.4 ‣ 실린더 번호 (TSIO-360 엔진)

2.2 • 실린더

2.2.1 실린더 구비조건 및 주요 구성품

실린더는 연소실 일부를 형성하며, 연소과정에서 연료의 화학적 에너지가 열에너지로 변하면 이를 기계적 에너지로 변환될 수 있도록 피스톤으로 전달해주는 역할을 수행한다. 한편, 피스톤으로 전달된 에너지는 커넥팅로드를 거쳐서 회전하는 크랭크축으로 전달된다. 실린더는 연소에 의한 열의 일정 부분을 외부로 방출시키며, 내부에는 피스톤과 커넥팅로드가 있으며, 실린더헤드는 밸브 작동 기구의 일부와 점화플러그를 지지하고 있다. 실린더는 고온고압 상태에서 운전하기 때문에 다음과 같은 조건을 갖추어야 한다.

① 엔진 운전 중에 발생하는 내부 압력을 견딜 수 있는 강성을 지녀야 한다.
② 엔진 무게를 줄이기 위해 가벼운 금속으로 만들어야 한다.
③ 효율적인 냉각을 위해 열전도성이 우수한 재료로 제작해야 한다.
④ 제작, 검사 및 정비가 쉬워야 한다.
⑤ 가격이 저렴해야 한다.

실린더를 구성하는 주요 구성품으로는 실린더 배럴, 실린더 헤드, 밸브가이드, 로커암

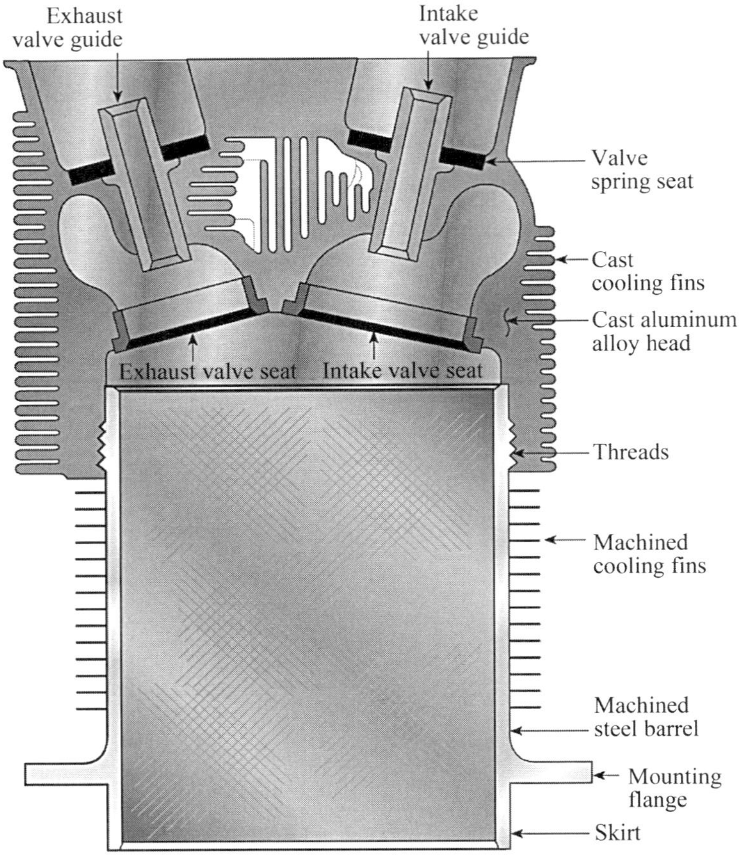

그림 2.5 ‣ 실린더 주요 구성품 (from Crane, 2001)

지지대, 밸브시트, 점화플러그 부싱, 냉각핀 등이 있다. 그림 2.5에 이들 주요 구성품을 나타냈다. 그림 2.6에는 TSIO-360 엔진의 실린더 및 피스톤을 구성하는 상세 구성품을 나타냈다.

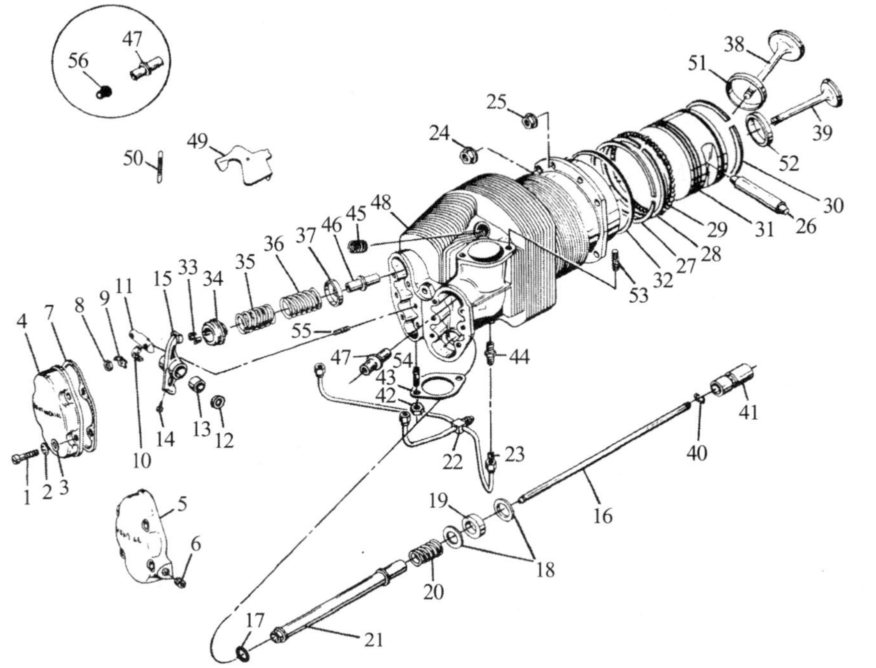

1. Screw
2. Lockwasher
3. Washer
4. Rocker cover
5. Rocker cover
6. Insert
7. Gasket
8. Nut
9. Tab washer
10. Retainer
11. Shaft
12. Thrust washer
13. Bushing
14. Plug
15. Rocker
16. Pushrod
17. O-ring
18. Washer
19. Packing
20. Spring
21. Housing
22. Tube assembly
23. Seal
24. Flanged nut
25. Flanged nut
26. Piston pin
27. Top piston ring
28. Second piston ring
29. Oil control ring
30. Scraper ring
31. Piston
32. Cylinder base packing
33. Keys
34. Roto coil
35. Inner spring
36. Outer spring
37. Retainer
38. Intake valve
39. Exhaust valve
40. Retaining ring
41. Lift body
42. Nut
43. Exhaust gasket
44. Nipple
45. Insert
46. Valve guide, exhaust
47. Valve guide, intake
48. Cylinder
49. Baffle
50. Spring
51. Insert intake
52. Insert exhaust
53. Stud, intake manifold
54. Stud, exhaust manifold
55. Stud, rocker box cover
56. Seal, valve guide, intake

그림 2.6 ‣ 실린더 및 피스톤 어셈블리(TSIO-360)

2.2.2 실린더 배럴

실린더 배럴은 피스톤이 운동하는 통로로서 마찰에 의한 손상이 발생하기 쉽다. 따라서 실린더 배럴은 내열성과 강성을 동시에 보유한 Cr-Mo강이나 Ni-Cr-Mo강을 사용하여 제작한다. 실린더 배럴 내면은 피스톤 링과의 마찰에 의한 손상을 줄이기 위하여 표면을 경화시킨다. 내마모성을 향상시키기 위한 표면경화 방법에는 질화처리와 크롬도금이 있다. 질화처리는 강으로 제작된 실린더 배럴을 고온 환경(523°C)에서 암모니아 또는 시안가스에 40시간 이상 노출시키는 방법이다. 이렇게 하면 강의 표면에 질소가 수천분의 1인치 두께로 흡수되어 표면이 질화강으로 변하면서 경도가 증가하여 내마모성이 향상된다. 크롬도금은 주로 실린더 배럴을 원형으로 재생하는 경우 사용한다. 실린더 배럴은 피스톤 링과의 마찰에 의해 마모가 발생하는데, 크롬도금을 통해 원래의 치수가 되게 한다. 크롬도금 실린더에는 주철링만을 사용해야 한다. 크롬도금은 질화처리에 비해 부식에 강하다.

실린더 배럴은 진원통이 아니라 상부 직경이 하부 직경보다 작게 제작한다. 이를 '초크보어(chokebored)'라고 부르는데, 이렇게 제작하는 이유는 엔진이 정상적으로 작동하면 연소실이 위치하는 상부는 하부에 비해 더욱 높은 고온에 노출되어 하부에 비해 상대적으로 더 많은 열팽창이 발생하기 때문이다. 따라서 엔진이 정상적으로 작동하면 실린더 배럴은 진원통이 된다.

2.2.3 실린더 헤드

실린더 헤드는 연소실을 둘러싸고 있으며, 흡기밸브, 배기밸브, 밸브 가이드, 밸브 시트를 포함하고 로커암이 장착되는 로커축을 포함하고 있다. 실린더 헤드에는 점화플러그를 장착하기 쉽도록 점화플러그 구멍에 나사 역할을 하는 강철로 된 헬리코일(heli-coil)이 끼워져 있다.

실린더 헤드는 높은 강도를 유지하면서 무게를 최소화하기 위하여 주물 알루미늄합금(AMS 4220)으로 제작한다. 알루미늄합금은 주조하기 쉬우며, 깊고 간격이 좁은 냉각핀을 기계가공하기에도 쉽다. 알루미늄합금은 가벼울 뿐만 아니라 양호한 열전도체이다. 실린더 헤드는 연료-공기 혼합기의 연소에 의한 고온에 직접 노출되기 때문에 빠르게 냉각시키기 위하여 열전도성이 우수한 금속으로 제작해야 한다. 이밖에도 알루미늄합금은 항공기용 왕복엔진 연료인 Avgas에 노킹방지를 위해 첨가하는 4에틸납의 부식작용에도 대부분의 금속보다 저항성이 우수하다. 그러나 실린더 헤드 재질로 알루미늄합금을 사용하는 데 있어서 한 가지 단점은 알루미늄의 열팽창계수가 강에 비해 상당히 크다는 점이다. 그러나 이 단점은 그림 2.5에 나타나 있는 것처럼 실린더 헤드를 실린더 배럴에 연결시키는 방법으로 극복할 수 있다. 냉각핀은 냉각효율이 가장 우수한 모양으로 실린더 헤드 외부에 주물로 제작하거나 기계로 가공한다. 그러나 흡입 통로와 흡기밸브 주위는 실린더로 유입되는 혼합기가 열을 흡수하기 때문에 그림 2.5에서 확인할 수 있는 것처럼 냉각핀이 설치되어 있지 않다.

실린더 헤드와 실린더 배럴을 접합하는 방법으로 다음과 같은 세 가지가 있다.

① 나사접합법(threaded joint fit)
② 수축접합법(shrinking fit)
③ 스터드와 너트 접합(stud and nut fit)

이 가운데 현대식 엔진에는 나사접합법을 가장 많이 사용하고 있다. 이 방법은 헤드 끝에 나사로 되어 있는 실린더 배럴을 냉각시키고, 주물로 된 실린더 헤드는 약 302°C로 가열시킨다. 그리고 나사면에는 압축 누설을 방지하기 위해 접착제를 발라준다. 그 후 실린더 배럴을 실린더 헤드에 나사로 끼워 넣는다.

2.2.4 연소실 형상

실린더는 피스톤과 함께 연소실을 구성한다. 연소실 형상으로는 그림 2.7에 나타나 있듯이 반구형과 원통형이 있다. 일반적으로 반구형 연소실을 많이 사용하고 있는데, 그 내

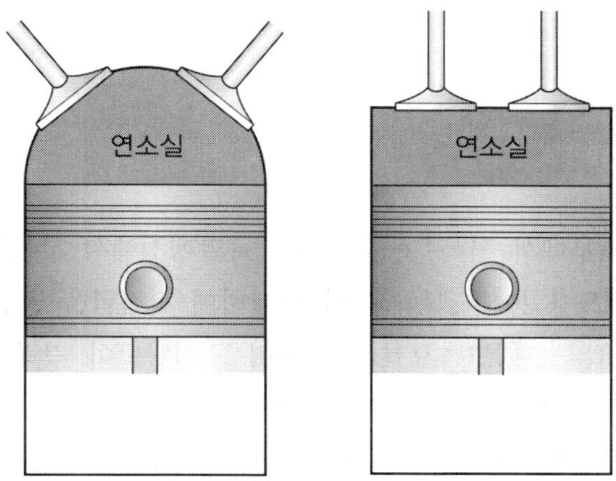

(a) 반구형 연소실 (b) 원통형 연소실

그림 2.7 • 연소실 형상

용과 이유를 정리하면 다음과 같다.

① 냉각효율이 우수하다. 그 이유는 연소실 체적이 동일한 경우 반구형 연소실의 표면적이 최소가 되어 냉각손실이 적기 때문이다.
② 연소효율이 우수하다. 이는 연소실 형상 측면에서 반구형 연소실의 화염전파 특성이 더욱 우수하기 때문이다.
③ 출력이 증가한다. 이는 반구형 연소실의 경우 원통형에 비해 체적효율이 우수하기 때문이다. 체적효율이 우수한 이유는 반구형 연소실이 연소실 형태상 더 큰 직경의 밸브를 사용할 수 있어서 교축손실(유동통로 면적 축소에 따른 압력강하)이 더 작게 나타나기 때문이다. 반구형 연소실을 사용하면 원통형 연소실을 사용하는 경우에 비해 약 20% 정도의 출력증강을 얻을 수 있다.

실린더로 유입되는 공기량은 이론적으로 배기량과 기관의 회전수를 이용하여 계산이 가능하다. 그러나 공기흡입 시에 발생하는 각종 유동손실 때문에 실제적으로 실린더로 유입되는 공기량이 적어지게 된다. 특히 밸브를 지나는 경우 유동통로가 마치 오리피스를 지나는 것처럼 되어 압력손실이 크게 발생할 수 있으며, 이로 인해 유입 공기량은 크게 줄어들 수 있다. 왕복엔진에서는 실제로 흡입할 수 있는 공기량에 따라 출력이 좌우되기 때문에 공기흡입 능력은 매우 중요하다. 공기흡입 능력은 기관의 구조, 운전조건 등에 따라 달라지며, 다음과 같이 체적효율로서 정의한다.

$$\eta_v = \frac{\text{흡입된 공기 중량}}{\text{총 배기량이 차지하는 대기상태의 공기 중량} \tag{2.1}$$

2.3 • 피스톤

피스톤은 실린더 내부에서 왕복운동을 하며, 폭발행정에서 고온고압의 가스압력에 의한 압력힘을 커넥팅로드를 통해 크랭크축에 전달하여 회전력을 발생시킨다. 아울러 흡입, 압축 및 배기행정에서는 크랭크축으로부터 동력을 전달받아 각각의 행정이 일어나도록 해준다. 그림 2.8에 피스톤 주요 구성품들을 나타냈다.

피스톤도 실린더와 마찬가지로 가혹한 운전 상태에 노출된다. 즉 피스톤 헤드는 2000°C 이상의 고온의 연소가스에 노출되며, 30 ~ 40 kg/cm^{2}의 압력을 충격적으로 받는다. 그리고 피스톤은 실린더 내부에서 고속으로 왕복운동한다. 따라서 피스톤은 상사점과

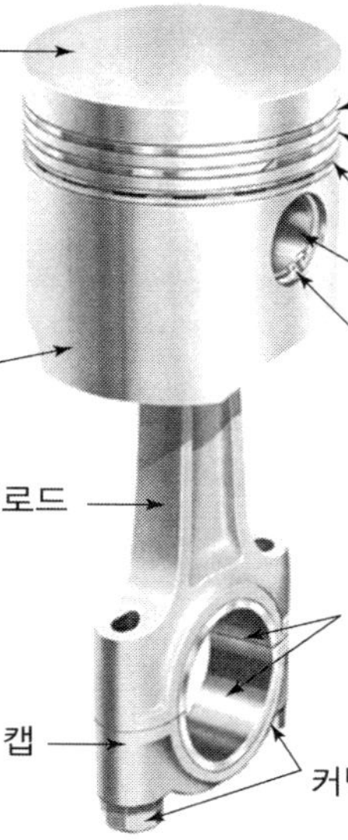

그림 2.8 · 피스톤 주요 구성품

하사점 근처에서 급격한 가·감속 운동을 한다. 이상과 같은 가혹한 운전 상태를 견디기 위해서 피스톤은 다음과 같은 조건을 갖추어야 한다.

① 피스톤은 가벼워야 한다. 이는 급격한 가·감속 운동에 의해 발생하는 관성력을 작게 하여 진동을 최소화시키기 위함이다.

② 열전도성이 우수해야 한다. 피스톤 헤드는 고온에 노출되기 때문에 열을 신속하게 실린더나 오일에 전달해야 한다.

③ 높은 강도를 지녀야 한다. 피스톤은 고온고압에 견디면서 높은 내구성을 확보하기 위하여 높은 강도를 지닌 소재로 제작되어야 한다.

④ 열팽창이 적어야 한다. 열팽창이 커지면 실린더와 접촉하여 마찰이 증대되고 실린더를 마멸시킬 수 있다.

일반적으로 피스톤 재질로는 알루미늄합금을 사용하며, 단조 또는 주조기법을 이용하여 제작한다. 알루미늄합금은 가벼우며, 강하고, 열전도성이 우수하기 때문에 일반적으로 피스톤 제작에 많이 사용한다.

피스톤 보스는 그림 2.9에 나타나 있는 것처럼 피스톤 핀을 장착하는 구멍으로서 비교적 두껍게 되어 있다. 피스톤 직경은 그림 2.10에 나타나 있는 것처럼 피스톤 핀 방향이 피스톤 핀 직각방향에 비해 약간 짧아지는 타원형으로 제작한다. 엔진이 정상적으로 작동되어 고온이 되면 피스톤 핀 길이방향으로 열팽창이 더 많이 일어나기 때문에 피스톤

그림 2.9 ‣ 피스톤 보스

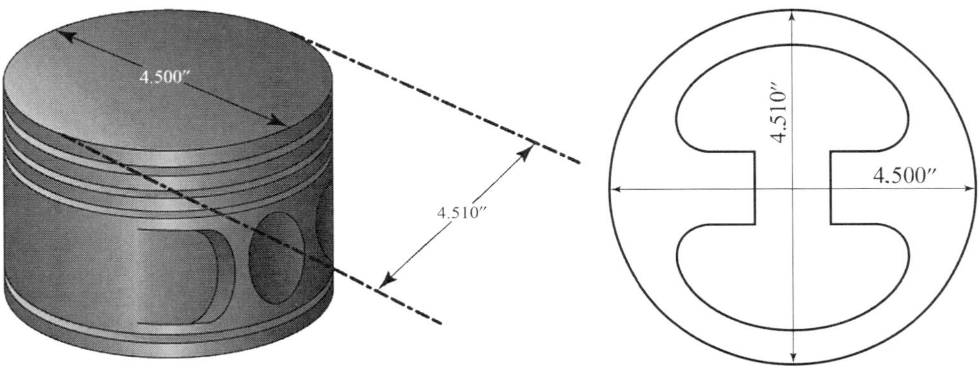

그림 2.10 ‣ 타원형 피스톤 단면

은 완전한 원형이 된다.

피스톤 스커트는 피스톤 왕복운동 시 가이드 역할을 수행한다. 이 부분은 피스톤 운동 시 측압을 받으며, 이 부분의 직경이 피스톤 직경이다.

피스톤은 피스톤 헤드 형상으로 분류할 수 있다. 피스톤 헤드 형상은 그림 2.11에서 볼 수 있듯이 다양한 편이다. 가장 많이 사용하는 피스톤 헤드 형상으로는 그림에 나타나 있지 않은 헤드 형상이 평편한 평형(flat)이다. 그러나 성형 엔진에는 반구형 연소실을 많이 사용하는 관계로 밸브가 원활하게 작동할 수 있는 밸브홈 평형(recessed)을 주로 사용한다. 실제의 밸브홈 평형 피스톤 헤드는 그림 1.8에서 확인할 수 있다.

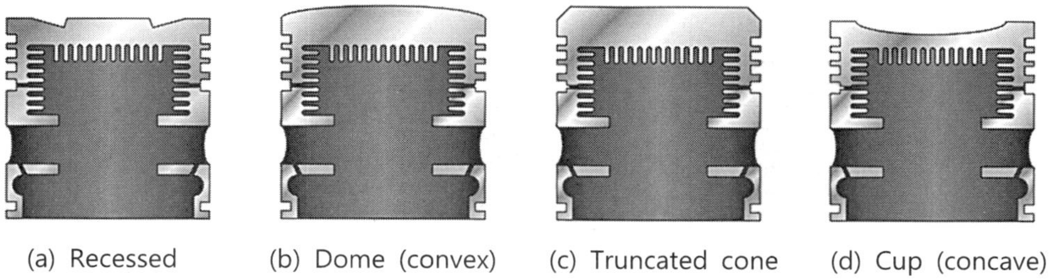

그림 2.11 ‣ 피스톤 헤드 형상

2.3.1 피스톤 링

피스톤 링은 세 개 또는 그 이상일 수 있으며, 그림 2.12에서 볼 수 있는 것처럼 피스톤에 있는 홈에 끼워져서 피스톤과 함께 실린더 내부를 왕복운동한다. 이들 링은 위로부터 제1압축링, 제2압축링, 오일링으로 구성된다. 압축링은 기밀작용과 열전도작용을 동시에 수행한다. 즉 압축링은 혼합기 및 연소가스의 누설을 방지하는 역할과 그림 2.13에 나타나 있는 것처럼 실린더 헤드의 열을 실린더로 전달하는 역할을 동시에 수행한다.

오일제어링이라고도 불리는 오일링은 오일이 연소실 내부로 침투되는 것을 최소화시켜 주며, 실린더 벽면에 유막 두께를 조절하는 작용을 동시에 수행한다. 피스톤이 상사점에 올라가 있는 동안 실린더 벽면에는 오일이 공급된다. 오일링은 피스톤 하강 시 실린더 벽에 있는 오일을 긁어내리면서 실린더 벽면에 형성되는 유막 두께를 조절하는 동시에 오

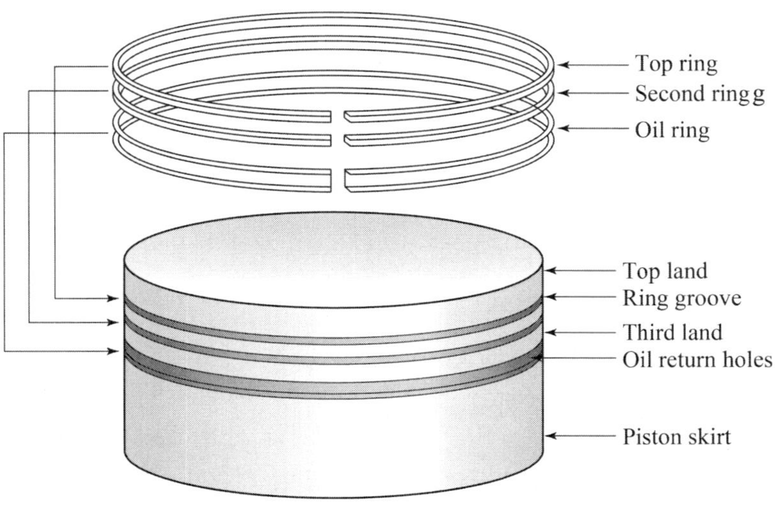

그림 2.12 ‣ 피스톤 링 구조 및 설치

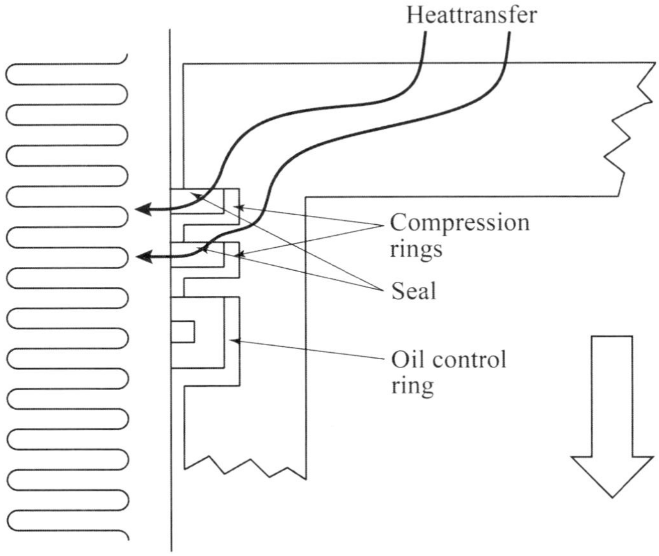

그림 2.13 ‣ 피스톤 링의 열전달 및 기밀작용

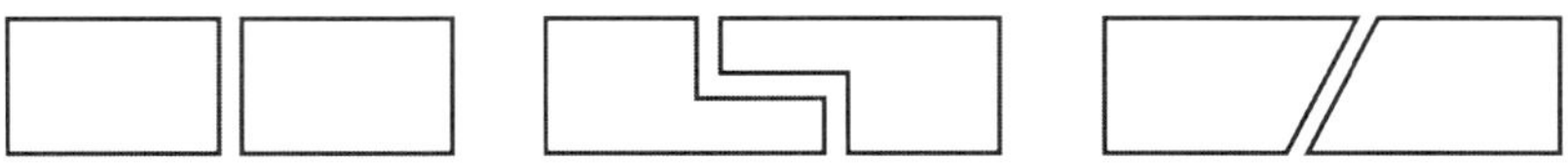

그림 2.14 ‣ 피스톤 링 조인트

일이 연소실로 들어가지 못하게 하는데, 이를 오일제어 작용이라 한다. 실린더 벽면에 형성된 유막은 압축링과 더불어 실린더 벽면과 기밀을 유지하게 만들며, 피스톤 헤드의 열이 피스톤 링을 거쳐서 실린더로 전달되는 열전달 통로 역할도 수행한다. 이들 작용을 모두 합쳐서 '피스톤 링 3대 작용'이라 한다. 따라서 피스톤 링 3대 작용이란 기밀작용, 열전도작용, 오일제어 작용을 말하는 것이다. 이들 작용을 다시 간단하게 요약하면, 기밀작용이란 연소실 압력을 유지하기 위하여 밀봉을 유지하는 것이다. 열전도작용이란 피스톤으로부터 실린더 벽으로 열을 전도하는 것이다. 오일제어 작용이란 실린더 벽면에 형성되는 유막 두께를 조절하고 연소실 내부로 오일이 과도하게 유입되는 것을 방지하는 것이다.

피스톤 링의 조인트 형상에는 그림 2.14에서 볼 수 있는 것처럼 직선형(정면이음), 계단형, 경사형(대각선이음)이 있다. 이 가운데 직선형을 가장 많이 사용한다.

피스톤 링 조인트는 서로 엇갈리게 배치시켜 기밀이 최대한 유지되도록 하여 블로바이 가스(blowby gas)가 최소가 되도록 해야 한다. 엇갈리게 배치시킨다는 의미는 제1압축링의 조인트가 정면에 위치하는 경우 제2압축링의 조인트는 180도 돌려서 뒤에 위치하도록 하는 것이다. 블로바이 가스란 연소실에 유입된 연료-공기 혼합기가 피스톤 링 틈새를 통과하여 크랭크실로 빠져나가는 혼합기를 말한다. 블로바이 가스가 생기면 유증기가 배출되고 오일이 연소실로 유입되어 연소되면서 발생하는 파란 연기가 연소가스 배출구를 통해서 배출된다. 한편, 피스톤 링이 마모되거나 손상되는 경우에도 동일한 현상이 발생하는데, 이 경우 오일이 연소실로 유입되어 연소되고 연소가스의 일부분이 크랭크실로 유입되기도 한다. 결과적으로 블로바이 가스가 발생하면 엔진출력 저하, 크랭크실 폭발 위험, 대기오염 등의 문제가 발생한다.

최근 수평대향형 왕복엔진에서 피스톤 링은 3개조, 4개조 또는 5개조로 구성되어 있다. 3개조의 경우 압축링 2개와 오일링 1개로 구성된다. 4개조인 경우에는 압축링 2개, 오일링 1개, 오일스크레이퍼링 1개로 구성된다. 5개조인 경우 그림 2.15에 나타나 있는 것처럼 압축링 3개, 오일링 1개, 오일스크레이퍼링 1개로 구성된다.

오일스크레이퍼링은 경사진 면을 가지고 있으며, 피스톤 스커트에 설치한다. 오일스크레이퍼링 경사면이 피스톤 헤드 반대쪽에 있으면, 피스톤 상향행정에서 링 위에 여분의 오일이 남아 있게 하며, 피스톤 하향행정에서 오일링에 의해서 크랭크 케이스로 되돌아가게 한다.

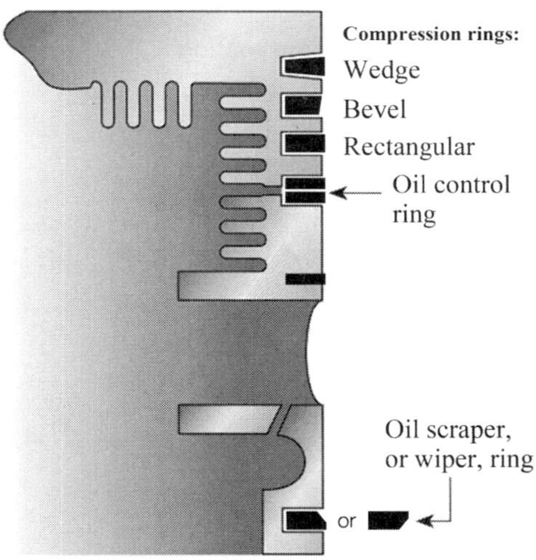

그림 2.15 • 5개조 피스톤 링

2.3.2 피스톤 핀

피스톤 핀은 피스톤 보스에 끼워져 피스톤과 커넥팅로드를 연결하는 핀으로서 피스톤 핀 중앙에 커넥팅로드가 결합되고 핀의 양쪽은 피스톤 보스에 의해 지지된다. 피스톤 핀은 피스톤에 작용하는 동력을 커넥팅로드를 거쳐서 크랭크축에 전달한다. 피스톤 핀은 피스톤과 마찬가지로 실린더 내부를 고속으로 왕복운동하기 때문에 가벼운 재료로 만들며, 중공으로 되어 있다. 따라서 피스톤 핀의 재료로는 내마모성이 우수한 Cr강, Ni-Cr강, 또는 Cr-Mo강을 주로 사용하며, 표면을 경화시켜 내마모성을 향상시키고 내부는 그대로 두어 높은 인성을 유지하도록 한다.

피스톤 핀을 설치하는 방법으로는 그림 2.16에 나타나 있는 것처럼 고정식, 반부동식,

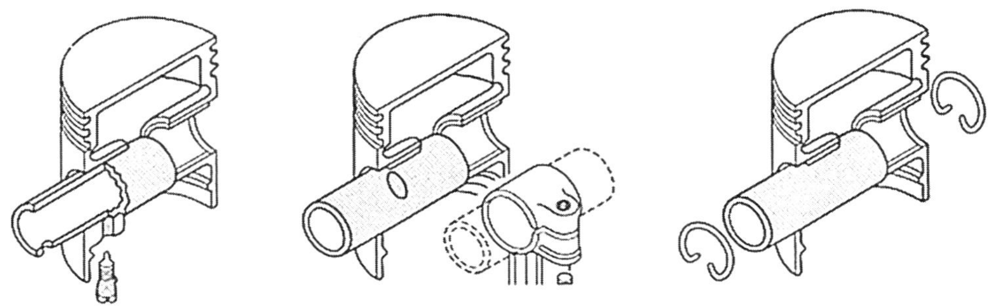

(a) 고정식(stationary) (b) 반부동식(semi-floating) (c) 전부동식(full floating)

그림 2.16 ‣ 피스톤 핀 설치 방법

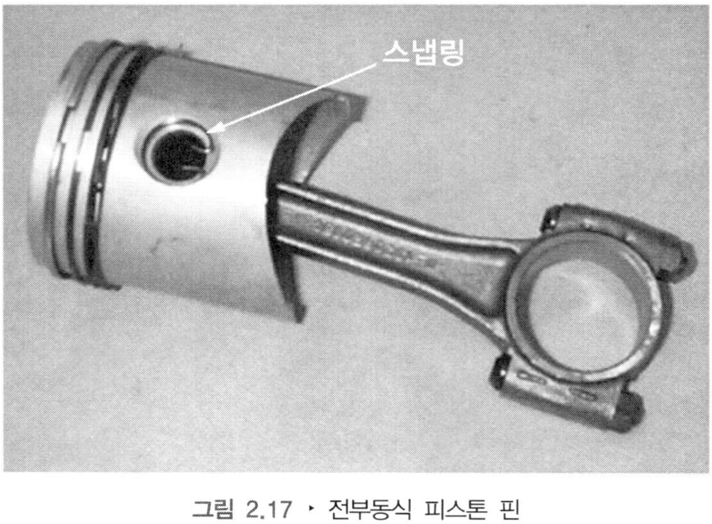

그림 2.17 ‣ 전부동식 피스톤 핀

전부동식이 있으며, 일반적으로 반부동식과 전부동식을 많이 사용하고 있다. 고정식은 피스톤 핀을 고정 볼트나 키를 이용하여 고정하는 방식이다. 반부동식은 피스톤 핀을 커넥팅로드에 끼우고 클램프 볼트로 고정한 것이다. 전부동식은 피스톤 핀을 피스톤과 커넥팅로드 어느 것에도 고정하지 않고 자유로이 회전할 수 있게 되어 있다. 이 경우 핀이 빠져나오지 못하도록 피스톤 보스 양쪽에 홈을 파고 스냅링이나 엔드 와셔(end washer)를 끼운다. 그림 2.17에 전부동식 피스톤 핀을 설치한 피스톤을 나타냈다. 현대식 항공기용 왕복엔진에는 전부동식을 많이 사용하고 있다.

2.4 • 커넥팅로드

커넥팅로드는 그림 2.18에 나타나 있는 것처럼 피스톤과 크랭크축을 연결하여 피스톤의 왕복운동을 크랭크축의 회전운동으로 변환시켜주는 동시에 피스톤과 크랭크축 사이에 힘을 전달시켜 주는 연결장치이다. 작은 끝은 피스톤 핀과 연결하고 큰 끝은 평베어링(plain bearing)을 거쳐 크랭크축에 연결된다. 생크는 무게를 줄이기 위해 'I'형 단면으로 제작한다. 커넥팅로드는 운전 중에 압축력, 인장력, 휨 등의 하중을 반복적으로 받기 때문에 이 힘들을 충분히 견딜 수 있는 강도와 강성을 갖춘 재료로 제작해야 한다. 커넥팅로드의 재료로는 Ni-Cr강, Cr-Mo강, 탄소강 등을 사용하며, 형단조법(drop forging)으로

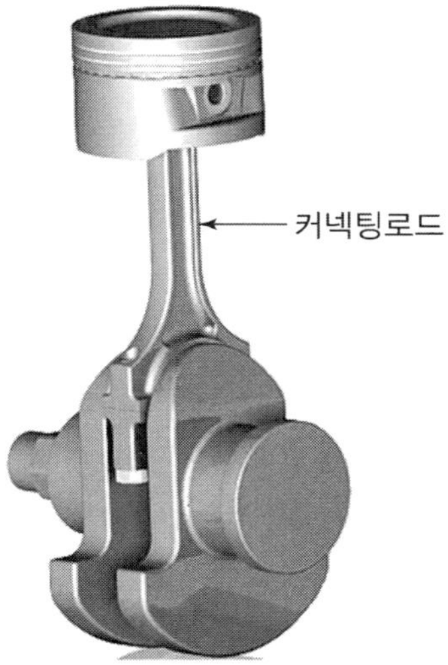

그림 2.18 • 커넥팅로드

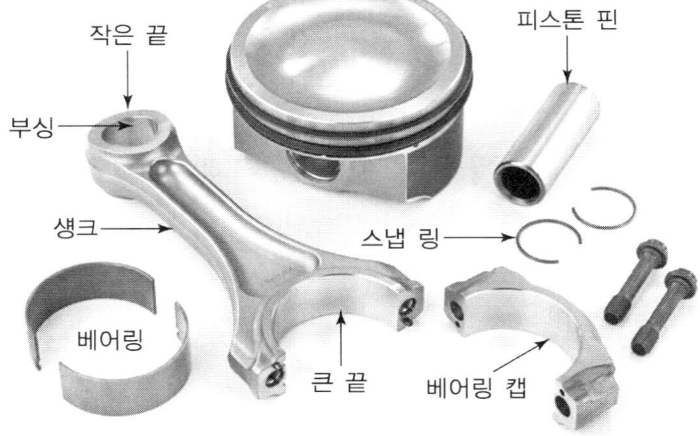

그림 2.19 · 커넥팅로드 명칭

제작한다. 그림 2.19에 커넥팅로드의 명칭을 나타냈다.

2.5 • 크랭크축

크랭크축은 각 실린더의 동력행정에서 발생한 피스톤 직선동력을 커넥팅로드를 통해 회전동력으로 변환시켜 프로펠러에 전달해주며, 반대로 다른 행정에서는 피스톤에 동력을 전달하여 연속운전이 가능하도록 해준다. 크랭크축은 크랭크케이스 내부에 설치된 메인베어링에 의해 지지된다. 그림 2.20에 나타나 있는 일반 그랭크축에서 볼 수 있는 것처럼 크랭크축의 주요부로는 메인베어링 저널, 커넥팅로드가 연결되는 크랭크핀, 크랭크 저

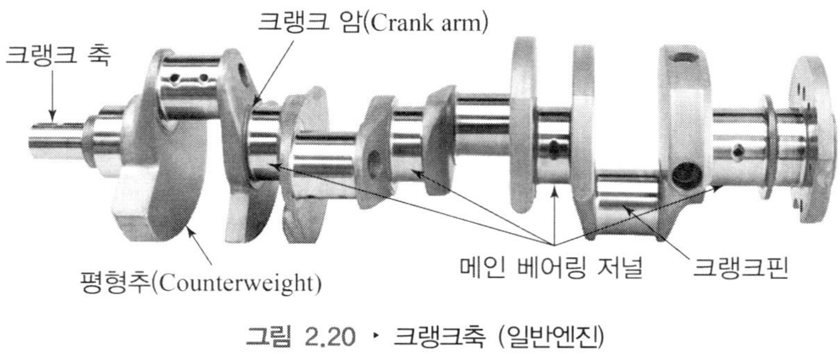

그림 2.20 · 크랭크축 (일반엔진)

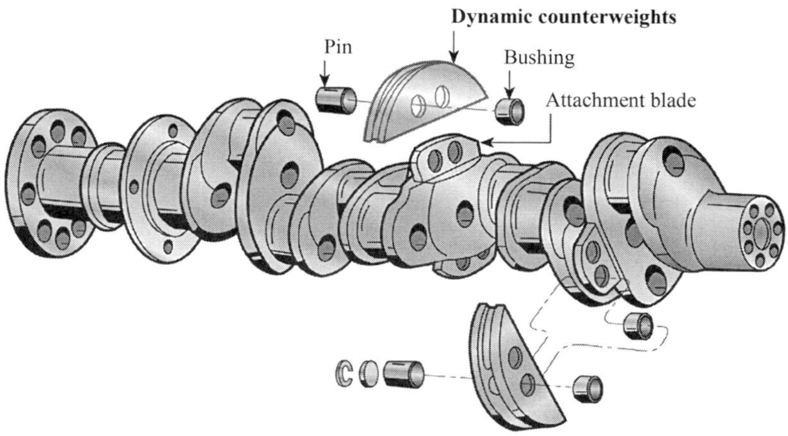

그림 2.21 ‣ 크랭크축 (항공용 엔진)

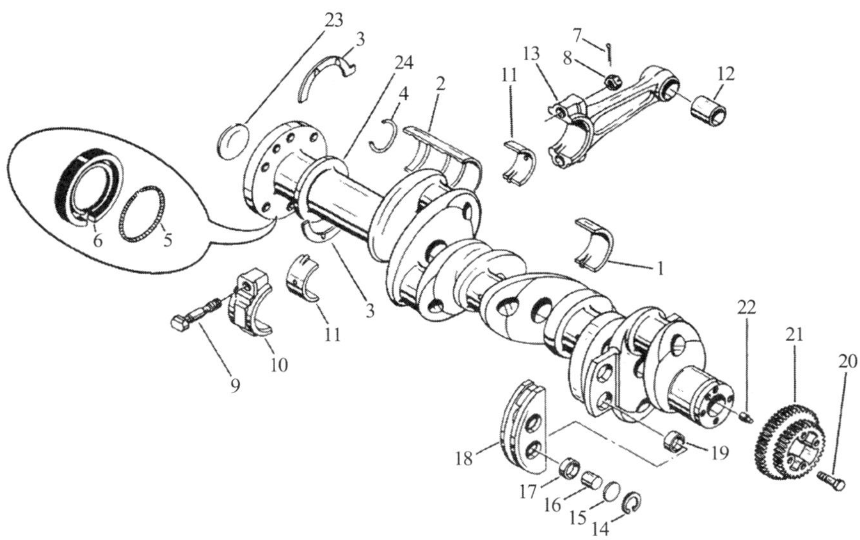

1. Intermediate and rear bearing
2. Front main bearing
3. Thrust washer
4. Packing crankshaft bearing
5. Oil seal spring
6. Oil seal
7. Cotter pin
8. Nut, castellated
9. Rod bolt
10. Rod cap
11. Rod bearing
12. Rod bushing
13. Connecting rod
14. Retaining ring
15. Retaining plate
16. Counterweight pin
17. Counterweight bushing
18. Counterweight
19. Bushing
20. Bolt
21. Crank shaft gear
22. Dowel
23. Plug
24. Crankshaft

그림 2.22 ‣ 크랭크축 어셈블리 (TSIO-360)

널과 크랭크핀을 연결하는 크랭크암(또는 crank cheek이라고도 함), 평형추(counterweight) 등이 있다. 평형추는 크랭크축이 회전하는 데 있어서 정적평형을 유지시켜 크랭크축 진동을 제어하는 중요한 요소이다. 따라서 평형추는 크랭크축 무게중심에 균형을 맞추기 위해 크랭크핀 반대방향에 설치한다. 한편, 크랭크축 내부에는 윤활을 위한 구멍이 저널에서 핀까지 가로질러 가공되어 있다.

수평대향형 엔진의 경우 실린더 수가 항상 짝수이며, 서로 마주보고 배치하기 때문에 크랭크 핀의 위치를 축을 기준으로 서로 반대방향에 배치시키기 때문에 그림 2.21에서 볼 수 있는 것처럼 평형추가 없어도 된다. 항공용 엔진의 경우 무게를 줄이는 것이 가장 중요한 요소 가운데 하나이기 때문에 평형추가 없다는 것은 큰 장점이다. 이 그림에서 동적평형추를 볼 수 있는데, 이는 크랭크축의 비틀림 진동을 제어하기 위한 것이다. 동적평형추는 흔히 다이나믹 댐퍼(dynamic damper)라고 불린다. 그림 2.22에 TSIO-360 엔진의 크랭크축을 나타냈다. 이 그림에서 다이나믹 댐퍼를 평형추라고 나타냈는데, 본 교재에서는 다이나믹 댐퍼로 부르기로 한다.

2.6 • 엔진 진동

엔진에서 발생하는 진동은 엔진구조와 밀접한 관계를 가지고 있다. 엔진에서 발생하는 진동의 종류는 다음과 같이 크게 세 가지로 분류할 수 있다.

① 연료-공기 혼합기가 폭발적으로 연소할 때 엔진 본체에 전달되는 진동
② 피스톤-커넥팅로드-크랭크축의 왕복 및 회전운동 관성력에 의한 진동
③ 동변계(기어, 체인 및 흡배기밸브 등)로부터 발생하는 진동

폭발행정에서 발생하는 엔진 진동은 피할 수 없는 진동이다. 일반적으로 압축비가 높은 고성능 엔진일수록 진동이 증가한다. 실제로 터보차저가 장착된 엔진은 자연흡기식 엔진에 비해 더 큰 출력을 내기 때문에 약 20 ~ 50% 더 큰 진동이 발생한다. 엔진의 점화순서는 폭발행정에서 발생하는 진동을 서로 상쇄시켜줄 수 있도록 정해진다. 그리고 실린더 수가 많아지면 진동감쇄 현상이 뚜렷해진다.

피스톤은 실린더 내부를 격렬하게 왕복운동하기 때문에 상사점과 하사점 근처에서 격렬한 가·감속운동을 하게 되며, 이로 인해 관성진동이 발생한다. 관성진동을 줄이기 위해서는 피스톤, 피스톤 핀, 커넥팅로드 등을 가볍게 만들어야 한다. 실린더 수가 증가하

면 관성진동을 쉽게 제어할 수 있기 때문에 진동이 줄어든다.

평형추(counterweight)는 크랭크축의 정적평형을 유지시켜 진동을 줄이는 장치이다. 이에 반해 다이나믹 댐퍼(dynamic damper)는 크랭크축의 비틀림 진동을 흡수하는 장치이다. 일반적으로 비틀림 진동은 엔진 출력(토크)에 변화가 발생하는 경우에 발생한다. 실제로 왕복엔진은 폭발행정에서만 단속적으로 출력이 발생하기 때문에 비틀림 진동이 발생한다. 또한 비틀림 진동은 각 실린더에서 생산되는 출력이 일정하지 않은 경우에도 발생한다. 수평대향형 엔진에 사용하는 다이나믹 댐퍼는 그림 2.21에 나타나 있으며, 다이나믹 댐퍼의 원리는 그림 2.23에 잘 나타나 있다. 이 그림을 통해서 알 수 있듯이 하나의 단진자에 힘을 가하면 단진자는 계속해서 큰 진폭의 단진자 고유운동을 계속하게 된다. 그러나 단진자 두 개를 그림에서와 같이 직렬로 연결하고 상부 단진자에 힘을 가하면 상부 단진자는 정지해 있고 하부 단진자만 작은 진폭의 단진자 고유운동을 하게 된다. 다이나믹 댐퍼는 이런 원리를 이용하여 비틀림 진동을 제어한다.

진동은 엔진수명에 큰 영향을 미친다. 이는 진동이 발생하면 엔진 각 활동부에 마모가 증가하며, 이로 인해 진동이 더욱 증가하여 궁극적으로는 엔진이 파손되기 때문이다. 진동이 증가하면 베어링에 큰 응력이 발생한다. 이 경우 윤활유 온도가 증가하여 점성이 떨어지고 유막이 끊기게 되어 베어링이 손상된다. 이 경우 항공기 전체적으로 진동이 증가한다. 한편, 진동이 증가하면 엔진출력도 저하되며, 전기계통 및 일반계통의 고장 원인이 될 수 있다. 항공기용 왕복엔진에서 진동을 감쇄시킬 수 있는 방법을 표 2.2에 정리하였다.

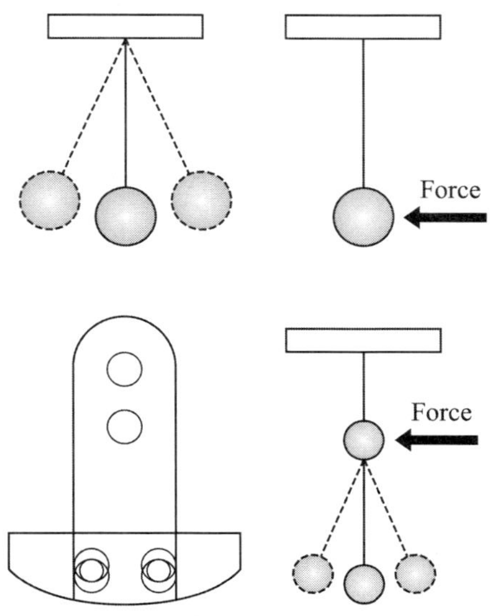

그림 2.23 · 다이나믹 댐퍼 원리

표 2.2 ‣ 항공기용 왕복엔진 진동감쇄 방법

진동 원인	진동저감 대책	근거
간헐적 폭발에 의한 토크(출력)의 변화	다기통엔진	충격적 하중 발생 주기 단축
	점화순서 설정	폭발에 따른 충격 하중 상쇄
	다이내믹댐퍼(dynamic damper) 사용	비틀림 진동 흡수
피스톤 상사점 및 하사점에서 급격한 가·감속	피스톤 경량화	상사점 및 하사점에서 피스톤 관성력 저하
	다기통엔진	관성진동 제어 용이
정적평형 불균형	평형추(counterweight) 사용	정적평형 유지

2.7 • 밸브 및 밸브기구

2.7.1 밸브

밸브는 연소실의 흡배기 구멍을 개폐하여 연료-공기 혼합기를 흡입하게 하고, 연소가스를 배출하는 기능을 수행한다. 따라서 밸브는 실린더와 외부 사이에 셔터 역할을 수행한다. 그림 2.24에 밸브를 나타냈다. 밸브헤드는 고온고압에 노출되기 때문에 열적 부하가 크게 작용한다. 흡기밸브는 신선한 연료-공기 혼합기가 유입되면서 자연스럽게 냉각되지만 배기밸브는 고온의 배기가스 통로역할을 하기 때문에 상대적으로 더 큰 열적 하중을 받는다. 따라서 냉각이 용이한 흡기밸브가 배기밸브보다 큰 편이다.

밸브면은 그림 2.25에 나타나 있는 것처럼 밸브시트에 밀착되어 연소실 내부에 기밀을 유지시킨다. 밸브면은 밸브시트에 충격적으로 접촉하기 때문에 내마모성을 향상시키기 위하여 표면경화처리를 해준다. 밸브면이 밸브시트에 접촉하면 열전달 통로가 형성되어 밸브헤드의 열이 실린더 헤드로 전달된다. 밸브면의 수평선에 대한 각도를 밸브면 각도라 하는데, 30°, 45°, 60°의 것이 있으나 일반적으로 45°를 많이 사용한다.

밸브스템은 그 일부가 밸브가이드에 끼워져 밸브의 왕복운동을 유지하고 밸브헤드의 열을 가이드를 통하여 실린더헤드에 전달한다. 스프링 리테이너 홈은 밸브스프링을 지지하는 스프링 리테이너를 밸브에 고정시키기 위한 홈이다. 스템엔드는 밸브에 운동을 전달하는 밸브 리프터나 로커암과 충격적으로 접촉하는 곳이다. 스템엔드와 밸브 리프터 사이에 밸브간극이 설정된다.

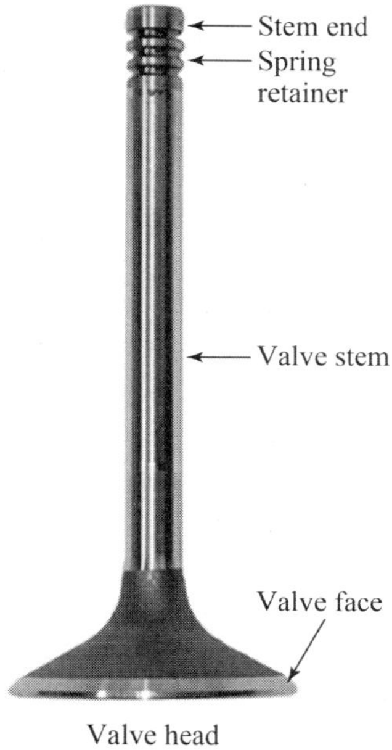

그림 2.24 ‣ 밸브

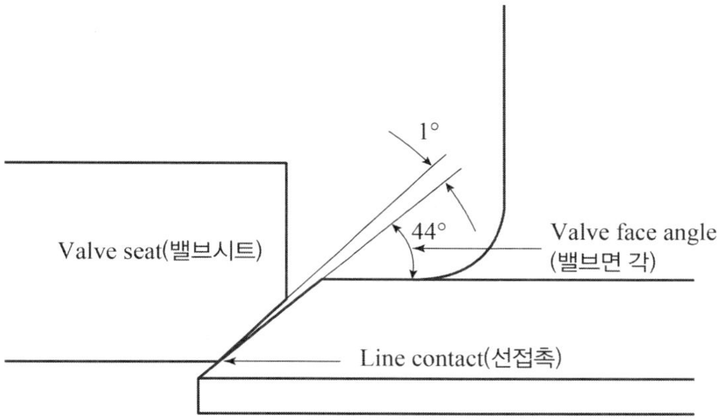

그림 2.25 ‣ 밸브면과 밸브시트

밸브헤드 형상은 큰 하중에 견딜 수 있는 강성을 보유해야 하며, 변형을 일으키지 않아야 한다. 아울러 가벼워서 관성력이 작아야 하며, 재질은 열전도성이 우수해야 한다. 밸브헤드의 형상과 특징은 표 2.3에 정리하였다.

앞에서 설명했듯이 흡기밸브는 새로이 유입되는 혼합기에 의해서 자연스럽게 냉각된다. 그러나 배기밸브는 고온의 연소가스 배출통로에 위치하기 때문에 쉽게 냉각되기 어렵다. 배기밸브의 신속한 냉각을 위해서 그림 2.26에 나타나 있는 금속나트륨(metallic

표 2.3 ‣ 밸브헤드 형상 및 특징

종류	형상	특징 및 사용처
플랫형 (Flat head)	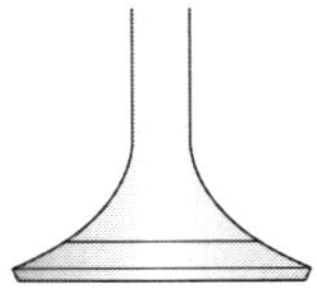	• 밸브헤드 평편함 • 가격 저렴 • 가장 많이 사용
튤립형 (Tulip head)	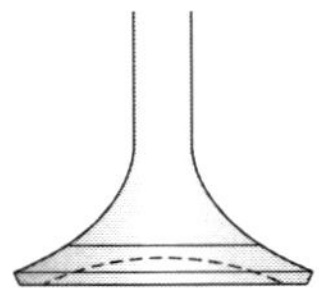	• 견고하고 가벼움 • 밸브시트 변형에 잘 적응 • 흡기밸브에 적합 • 흡기밸브로 사용 시 난류유동 촉진하여 연료-공기 혼합 촉진 • 열을 받는 면적이 넓은 단점 보유
반튤립형 (Semi-tulip head)	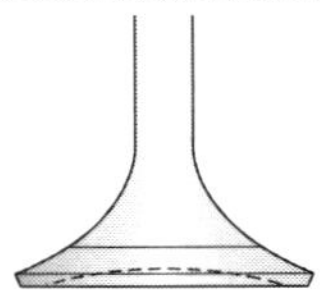	• 튤립형의 단점 보완 • 제작이 용이하여 많이 사용
버섯형 (Mushroom head)		• 무게 증가 • 열을 받는 면적 증가 • 배기밸브로 적합 • 배기밸브로 사용 시 연소가스 배출 유동특성 향상

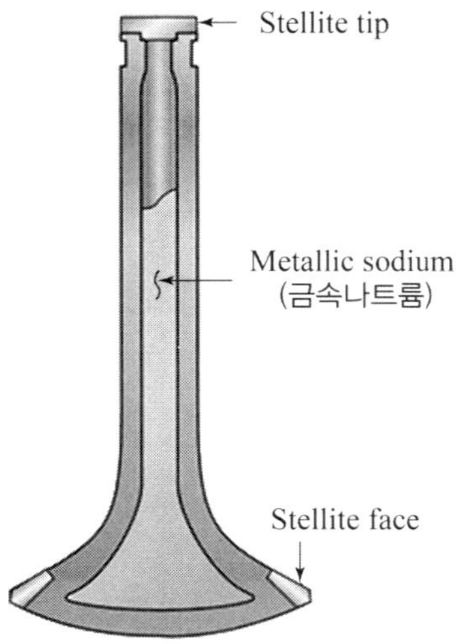

그림 2.26 ‣ 금속나트륨 봉입 배기밸브

sodium)을 봉입한 밸브를 사용하기도 한다. 이 밸브는 밸브축을 중공으로 제작하여 그

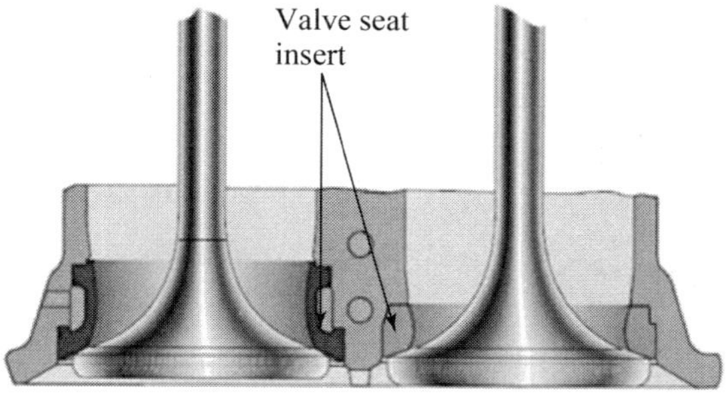

그림 2.27 • 밸브시트

내부에 금속나트륨을 봉입하는 것이다. 금속나트륨의 용융점은 87.6°C(200°F)이며, 비등점은 880°C로써 밸브 열에 의하여 금속나트륨이 녹으면 중공 내부에서 격렬하게 대류운동을 하여 밸브헤드의 열을 신속하게 밸브축으로 전달한다. 이 경우 배기밸브 작동온도는 300 ~ 400°F 정도로 낮아진다. 비교적 저온의 흡기밸브는 Ni-Cr-Mo강으로 제작하며, 고온의 배기밸브는 니켈강, 크롬-텅스텐-코발트강을 이용하여 단조로 제작한다.

밸브시트는 밸브면과 밀착되어 연소실의 기밀을 유지한다. 밸브시트는 고온가스에 노출되며, 밸브면과 충격적으로 접촉하기 때문에 높은 경도를 지닌 소재가 요구된다. 일반적으로 밸브시트는 그림 2.27에서 볼 수 있는 것처럼 알루미늄으로 제작된 실린더 헤드에 내열강으로 만든 밸브시트링을 열박음한 후 시트자리를 가공하여 사용한다.

2.7.2 밸브 스프링

밸브 스프링은 밸브가 닫혀 있는 동안에 밸브를 밸브시트에 밀착시켜 실린더 내부의 기밀을 유지시키며, 밸브가 운동하는 동안에는 로커암을 캠면으로 밀어서 캠의 모양대로 서로 떨어지지 않도록 해주어 밸브가 확실하게 작동하도록 해준다. 밸브 스프링의 작동 횟수가 스프링의 고유진동수와 동일하거나 정수배가 되는 경우 캠에 의한 작동과는 관계없이 스프링에 공진이 발생한다. 이를 밸브서징(valve surging)이라 하는데, 밸브서징이 발생하면 밸브 스프링의 코일 간격이 주기적으로 좁아지고 넓어지는 밸브 스프링 진동에 의하여 밸브 개폐시기가 어긋나게 되면서 출력이 줄어든다. 또한, 부분적으로 큰 압축력이나 변형이 생겨 스프링이 손상되거나 밸브시트의 마모가 촉진된다.

그림 2.28과 2.29에서 볼 수 있는 것처럼 스프링을 2중으로 조합하면 스프링의 고유진동수를 높일 수 있어 밸브서징 방지가 가능하다. 스프링을 2중으로 조합하여 사용하면 스프링 1개가 절손되는 경우에도 밸브는 정상적으로 작동된다. 2중 조합 스프링의 경우

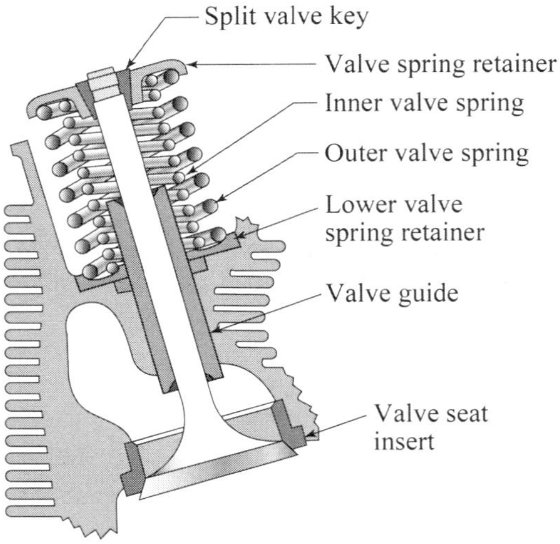

그림 2.28 • 밸브 및 밸브 스프링

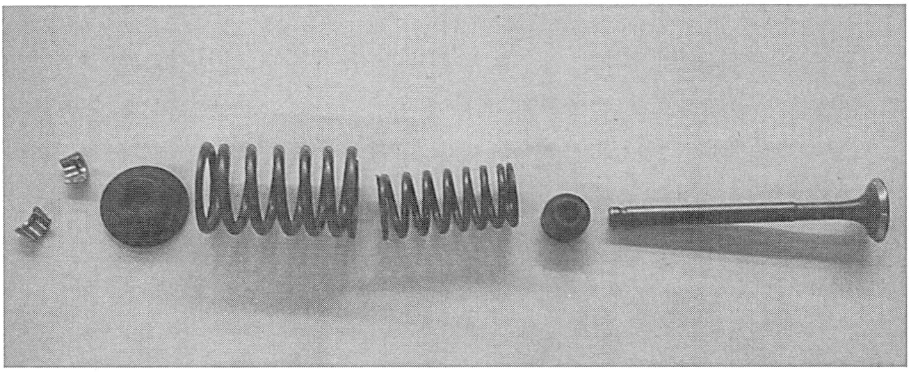

그림 2.29 • 2중 조합 밸브 스프링

하중은 바깥쪽 큰 스프링이 60%, 안쪽 작은 스프링이 40% 정도를 감당한다.

2.7.3 밸브기구

밸브기구는 그림 2.30에서 볼 수 있듯이 캠 및 캠축, 밸브 리프터(valve lifter/tappet/follower), 푸시로드, 로커암 어셈블리, 밸브 등으로 구성되어 있다.

캠은 밸브 리프팅 기구를 작동시키는 부품이다. 캠 형상은 캠에 있어 가장 중요한 요소인데 이는 밸브의 운동상태, 열려 있는 기간, 양정 등이 캠 형상에 의해 결정되기 때문이다. 그림 2.31에 가장 기본적인 접선 캠 형상을 나타냈다. 캠은 플랭크 형상에 따라 접

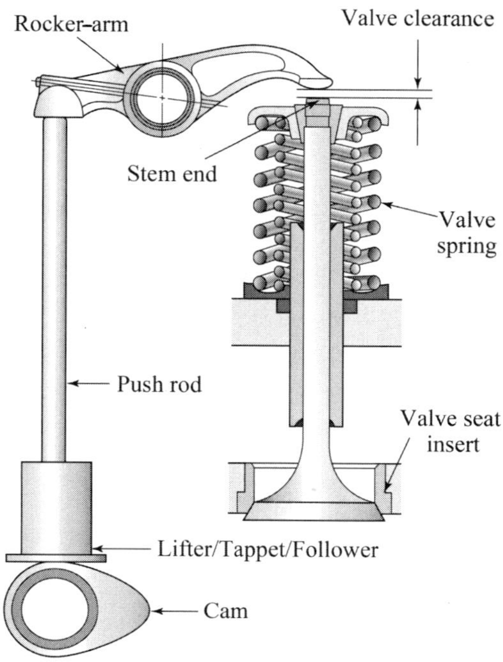

그림 2.30 • 밸브기구

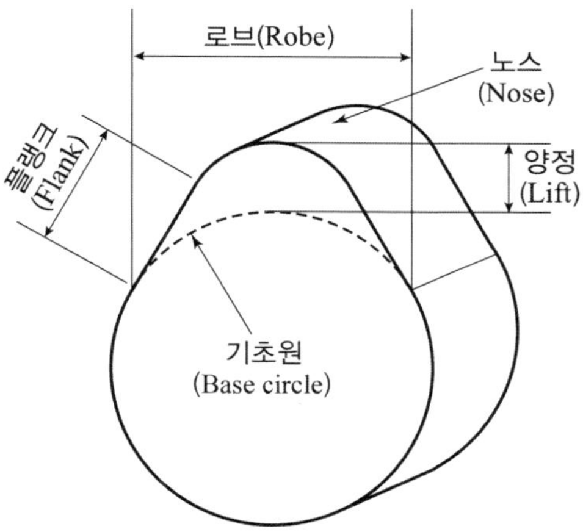

그림 2.31 • 캠 명칭 (접선 캠)

선 캠, 볼록 캠, 오목 캠으로 나뉜다. 이들의 특징은 표 2.4에 정리하였다. 참고로, 접선 캠은 플랭크가 기초원과 노스원에 접선을 이룬다. 볼록 캠은 플랭크가 볼록한 원호로 되어 있으며, 오목 캠은 플랭크가 오목한 원호로 되어 있다.

캠축은 그림 2.32에서 볼 수 있듯이 흡기밸브 및 배기밸브의 숫자와 같은 수의 캠을

표 2.4 ▸ 캠 형상 및 특징

종류	형상	특징 및 사용처
접선 캠	플랭크가 기초원 및 노스원과 접선을 이룸	• 제작 용이 • 밸브 개폐가 급격히 이루어지며, 닫힐 때에는 밸브운동이 캠을 따라가지 못함 • 따라서 장력이 큰 밸브 스프링이 요구 • 밸브시트가 큰 충격을 받을 수 있음 • 고속엔진에 부적합
볼록 캠	플랭크가 둥근 원호	• 제작 용이 • 자동차용 고속엔진에 많이 사용 • 최근에는 특정한 회전수에서의 밸브기구 변형을 고려하여 설계한 비례 캠을 많이 사용하는데, 캠의 가속도 변화가 원활하여 밸브기구에 충격이 거의 없음
오목 캠	플랭크가 오목한 원호	• 롤러 리프트(태핏)와의 조합으로 사용 • 밸브의 가속도를 일정하게 할 수 있어 일정가속 캠이라 함 • 대형엔진에 사용

바른 위치와 각도로 배열한 축이다. 캠축은 크랭크축과 평행하게 설치하며, 베어링에 의해 지지된다. 캠 표면의 곡선은 약간만 변해도 각 밸브의 개폐시기 및 양정이 달라지기 때문에 엔진의 성능에 큰 영향을 미친다. 따라서 캠축과 캠은 장기간 사용해도 비틀림이 없어야 하고 마모가 발생하지 않아야 하므로 고도의 열처리와 내마모성 소재를 사용하여 제작한다.

밸브 리프터 또는 태핏은 캠의 힘을 푸시로드로 전달하는 장치이다. 푸시로드는 그림 2.30에 나타나 있는 것처럼 밸브 작동기구의 밸브 리프터와 로커암 사이에 위치하여 밸브 리프터의 움직임을 전달하는 장치이다. 로커암은 실린더 헤드의 베어링 위에 장착된 피봇 암으로서 밸브를 열고 닫는 역할을 한다. 로커암의 한쪽 끝은 밸브 스템에 접촉하고 다른 한쪽은 푸시로드로부터 움직임을 받는다.

밸브간극은 그림 2.30에 나타나 있는 것처럼 밸브스템엔드와 로커암 사이의 간극으로

그림 2.32 ▸ 캠축과 캠

정의하며, 조정 스크류로 조정하게 되어 있다. 밸브기구를 구성하는 각각의 부품 및 엔진 본체는 엔진의 온도 상승에 따라 팽창한다. 밸브간극을 두지 않으면 밸브가 닫힐 때 밸브면과 밸브시트가 밀착되지 않아서 기밀유지가 어렵게 된다.

밸브간극은 냉간간극과 열간간극으로 구분한다. 냉간간극은 0.01 inch, 열간간극은 0.07 inch이다. 열간간극이 냉간간극보다 큰 이유는 엔진이 정상적으로 작동하는 경우 엔진본체의 온도는 밸브기구를 구성하는 부품들의 온도보다 높아지며, 이로 인해 로커암을 지지하는 부분이 약간 위로 올라가서 밸브간극이 늘어나기 때문이다.

밸브간극이 너무 작으면 밸브가 빨리 열리고 늦게 닫혀져서 엔진 과열의 원인이 되며, 밸브간극이 아주 작은 경우에는 밸브가 완전히 닫히지 않아서 배기가스의 역류 및 역화의 원인이 되기도 한다. 밸브간극이 너무 크면 밸브가 늦게 열리고 일찍 닫혀서 체적효율이 저하되어 엔진출력이 저하된다. 이런 문제점들을 해결하기 위하여 현재는 유압태핏을 많이 사용하고 있다.

밸브간극이 있으면 엔진 작동 시 밸브기구에 충격을 가할 뿐만 아니라 소음도 발생하기 때문에 밸브간극을 없앨 수 있으면 좋다. 항공용 수평대향형 엔진은 유압태핏을 이용하여 밸브간극을 없앴다. 유압태핏의 장점을 정리하면 다음과 같다.

① 열팽창을 포함한 엔진 변형을 흡수하여 밸브간극을 항상 0으로 자동 조정한다.
② 밸브 개폐시기가 정확하다.
③ 밸브기구에 충격이 없으며, 소음도 거의 없다.
④ 밸브기구 수명이 길다.
⑤ 밸브기구의 마모도 자동적으로 보정된다. 따라서 보정을 행하지 않더라도 장기간 규정출력을 유지할 수 있다.

그림 2.33에 유압태핏을 나타냈다. 각 캠로브에 접촉되어 있는 밸브 리프터(그림에서 cam follower face)는 유압태핏 어셈블리의 기초이다. 이 어셈블리의 외부 실린더는 리프터 몸체라고 불린다. 리프터 몸체 내부는 유압유닛어셈블리라 하며, 실린더, 플런저, 플런저 스프링, 볼체크밸브, 오일유입튜브 등으로 구성되어 있다. 운전 중에 리프터 몸체에 있는 오일공급실로 낮은 압력의 오일이 오일구멍을 통해 공급된다. 이렇게 공급된 낮은 압력의 오일은 오일유입튜브로 흘러 들어가고 볼체크밸브를 통과하여 실린더 내부로 들어간다. 이 오일압력은 푸시로드 소켓에 대항하는 플런저에 힘을 가하고 밸브기구에 있는 모든 간극들을 없애준다. 이런 원리를 통해 밸브간극을 항상 0으로 유지한다.

이제 캠이 회전하여 캠로브가 밸브 리프터를 밀어 올리면 실린더에 있는 오일이 오일공급실로 되돌아가려고 한다. 그러나 이때 볼체크밸브가 닫혀서 오일은 실린더에 갇힌

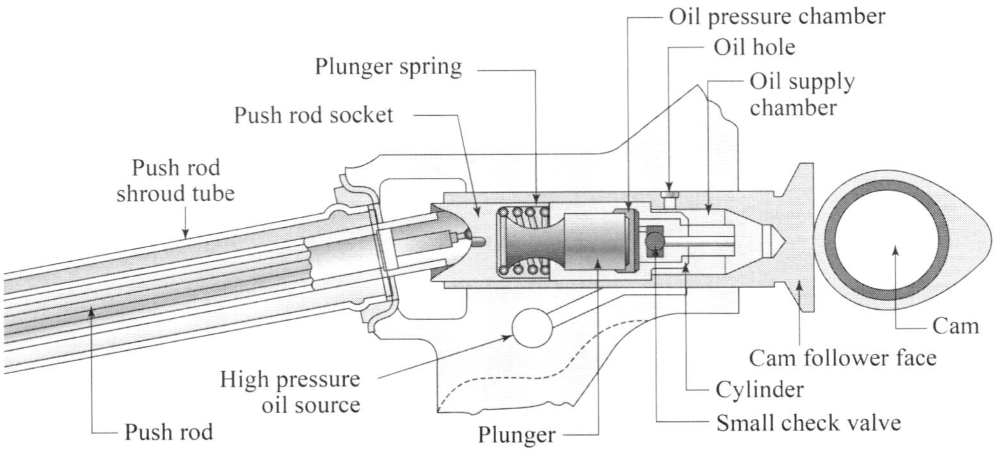

그림 2.33 ‣ 유압태핏

상태가 된다. 실린더 내부에 갇혀 있는 높은 압력의 오일은 더 이상 빠져나갈 수 없기 때문에 캠이 더욱 회전하여 캠의 양정이 커지면서 푸시로드는 캠의 양정만큼 밀려 올라가서 밸브를 밀어내려 결국 밸브가 열리게 된다. 이때 피스톤 주위로 약간의 오일이 흐르는데, 이를 리크다운(leak down)이라 한다. 이렇게 오일이 흐르고 있는 상태에서 힘을 전달하기 때문에 밸브 리프터는 항상 캠에 밀착되어 움직인다. 캠로브가 통과하여 힘을 제거하면 체크볼이 열려서 오일이 보충되고 스프링 장력에 의하여 계통은 원래 상태로 돌아간다.

2.7.4 밸브 타이밍

크랭크축의 회전에 맞추어 밸브의 개폐를 정확하게 유지시키는 것을 밸브 타이밍(valve timing)이라고 한다. 밸브 타이밍이 정확하지 않으면 밸브간극이 달라졌을 때 나타나는 문제점들과 동일한 문제가 나타난다. 특히 밸브 타이밍이 정확하지 못하면 엔진 출력이 저하되기 때문에 밸브 타이밍은 매우 중요하다.

실제 운전에서 밸브는 상사점과 하사점에서 열리고 닫히는 것이 아니라 그림 2.34와 2.35에서 볼 수 있는 것처럼 흡기밸브는 피스톤이 상사점에 도달하기 약 15° 전에 열리고, 하사점을 약 60° 지난 후에 닫힌다(참고로 여기서 제시된 각도는 엔진에 따라 달라질 수 있으므로 절대적인 숫자가 아니라는 점에 유의하기 바란다). 배기밸브는 하사점 약 55° 전에 열리고 피스톤이 상사점을 약 15° 지난 지점에서 닫힌다. 따라서 흡기밸브와 배기밸브가 동시에 열려 있는 기간이 존재하게 되는데, 이를 밸브 오버랩(valve overlap)

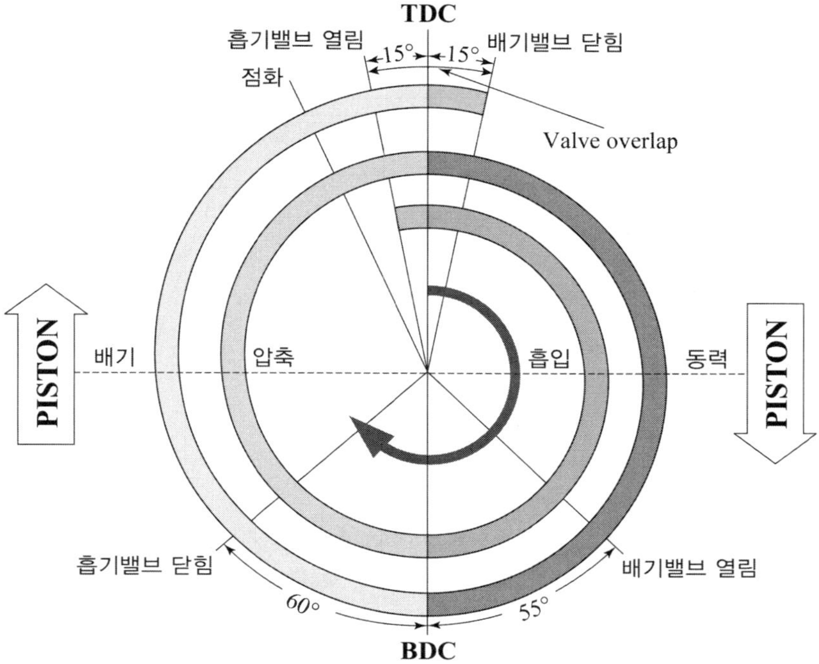

그림 2.34 ‣ 밸브 오버랩

이라 한다.

밸브 오버랩을 두는 일차적인 목적은 엔진출력을 증가시키기 위함이다. 엔진출력 증가는 체적효율 증가를 통해서 얻어지는데, 밸브 오버랩을 통하여 체적효율이 증가하는 이유는 다음과 같다. 배기밸브를 열고 연소가스를 배출시키면 연소가스는 배기밸브 쪽을 향하여 이동하게 된다. 피스톤이 상사점에 도달하기 전에 흡기밸브를 열어주면 연소가스는 관성에 의하여 배기밸브 쪽을 향하여 계속 이동하기 때문에 흡기밸브를 통하여 새로운 혼합기가 자연스럽게 연소실로 유입된다. 이렇게 되는 경우 이론적으로 신선한 혼합기만으로 실린더 내부(행정체적+연소실체적)를 채울 수 있게 된다. 따라서 엔진의 체적효율이 증가하기 때문에 엔진출력이 증가한다.

밸브 오버랩을 이용하면 엔진출력 증가뿐만 아니라 냉각효과도 향상된다. 이는 온도가 낮은 더 많은 새로운 연료-공기 혼합기가 실린더 내부로 유입되기 때문이다. 일반적으로 밸브 오버랩은 20 ~ 45° 정도이지만 과급하는 엔진에서는 더욱 커지는 경향이 있다.

만약 흡기밸브가 너무 빨리 열리면 배기가스가 흡기매니폴드로 흘러들어 유입되는 연료-공기 혼합기가 연소되는데, 이를 역화라 한다. 아울러 흡기밸브는 하사점을 지난 후에도 일정기간 열려 있는데, 이는 피스톤이 하사점을 지나더라도 실린더 속으로 유입되는 혼합기의 관성력을 이용하여 가능한 최대로 많은 혼합기를 실린더 속으로 유입시키기 위

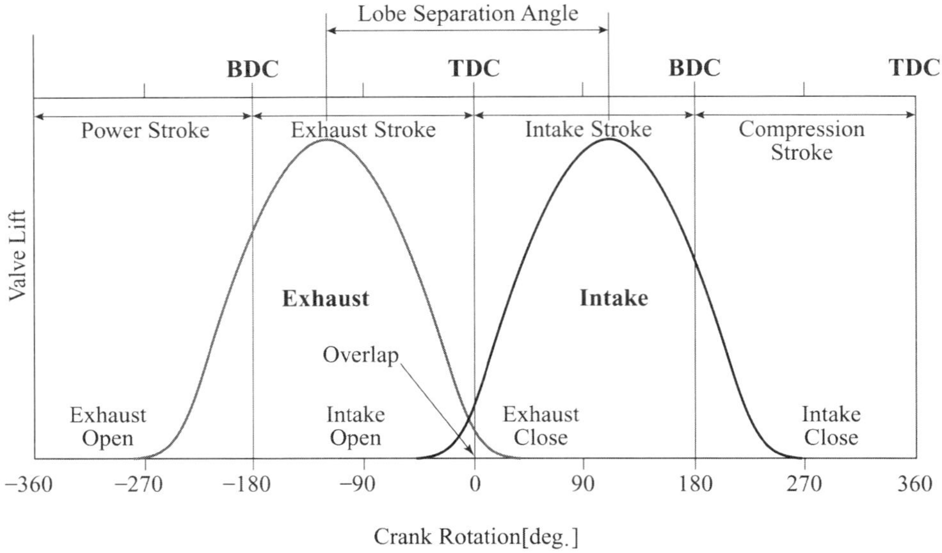

그림 2.35 • 밸브 오버랩

함이다. 한편, 배기밸브는 피스톤이 하사점에 도달하기 전에 열리는데, 이는 배기가스를 완전하게 배기시키기 위함이다.

밸브 타이밍 위치에 관련된 약어는 다음과 같다.

ABC	After bottom center	ATC	After top center
BBC	Before bottom center	BTC	Before top center
BDC	Bottom dead center	TDC	Top dead center
BC	Bottom center	TC	Top center
IC	Intake closes	IO	Intake opens
EC	Exhaust closes	EO	Exhaust opens

밸브 타이밍을 쉽게 이해하기 위해 그림 2.35에 나타나 있는 것과 같은 밸브 타이밍 선도가 사용된다. 이 선도에 나타나 있는 내용을 약어로 나타내면 다음과 같다.

IO 15° BTC (상사점 15° 전에 흡기밸브 열림)
EO 55° BBC (하사점 55° 전에 배기밸브 열림)
IC 60° ABC (하사점 60° 후에 흡기밸브 닫힘)
EC 15° ATC (상사점 15° 후에 배기밸브 닫힘)

아울러 이 선도에서 밸브 오버랩은 30°라는 것을 알 수 있다.

실 · 전 · 문 · 제

1. 왕복엔진에서 밸브간격이 과도하게 클 경우 나타나는 현상을 가장 올바르게 표현한 것은?

가. 밸브 오버랩 증가　　나. 밸브 오버랩 감소

다. 밸브의 수명 증가　　다. 밸브 오버랩에 영향을 미치지 않는다.

해설 밸브간격이 크면 밸브가 늦게 열리고 일찍 닫히게 된다. 따라서 흡기밸브는 늦게 열리고 배기밸브는 일찍 닫혀져서 밸브 오버랩이 감소한다.

2. 왕복엔진의 밸브간격에 대한 설명 내용으로 틀린 것은?

가. 냉간간격은 기관이 작동하고 있지 않을 때의 밸브간격이며, 검사간격이라고도 한다.

나. 밸브간격이 너무 좁으면 흡입효율이 나쁘며, 완전배기가 되지 않는다.

다. 밸브간격은 보통 열간간격이 1.52 ~ 1.78 mm가 적합하고, 냉간간격은 0.25 mm이다.

라. 열간간격이 더 큰 이유는 기관 작동 시 실린더 쪽이 푸시로드 쪽보다 더 뜨겁고 열팽창이 크기 때문이다.

해설 Cold clearance = 0.01 in.
Hot clearance = 0.07 in.

3. 왕복기관에서 밸브간격이 작을 때 나타나는 현상으로 맞는 것은?

가. 밸브가 빨리 열리고 늦게 닫힌다.　　나. 밸브 작동시간이 짧다.

다. 밸브가 늦게 열리고 빨리 닫힌다.　　라. 흡배기 효율이 좋다.

4. 크랭크축의 주요 3부분에 속하지 않는 것은?

가. Main Journal　　나. Crank Pin

다. Connecting Rod　　라. Crank Arm

5. 차압시험기를 이용하여 압축점검을 수행할 때 피스톤이 하사점에 있으면 안 되는 가장 큰 이유는?

가. 너무 위험하기 때문에

나. 최소한 한 개의 밸브가 열려 있기 때문에

다. 게이지가 손상되므로

라. 실린더 체적이 최대가 되어 부정확하므로

6. 밸브 가이드가 마모되었을 때 일어나는 현상은?

가. 높은 오일 소모량　　나. 낮은 실린더 압력
다. 낮은 오일 압력　　라. 높은 오일 압력

7. 실린더의 내벽을 경화(hardening)시키는 방법은?

가. nitriding　　나. shot peening
다. normalizing　　라. quenching

해설 실린더 내부는 표면경화를 위해 질화처리(Nitriding)하며, 마모 저항성을 향상시키기 위하여 크롬도금을 하기도 한다.

8. 실린더 헤드와 실린더 배럴을 접합하는 방법으로 현대식 엔진에서 가장 많이 사용하는 방법은 무엇인가?

가. 나사연결법　　나. 수축연결법　　다. 스터드 연결법　　라. 너트 연결법

9. 피스톤 링은 연소실을 밀폐시키는 일 이외에 어떤 역할을 하는가?

가. 피스톤 핀을 윤활시킨다.
나. 크랭크 케이스 압력을 축소시킨다.
다. 실린더 헤드로 너무 가까이 접근하는 것을 방지한다.
라. 열 분산을 돕는다.

해설 피스톤 링 3대 작용: 밀봉, 유막두께 조절, 냉각

10. 왕복엔진 피스톤 링의 주요 기능으로 가장 거리가 먼 것은?

가. 연소실 내 압력 유지
나. 윤활유가 과도하게 연소실로 들어가는 것을 방지
다. 연소압력이 상승됨
라. 피스톤 열을 실린더 벽면으로 전달하는 기능

11. 왕복엔진에서 피스톤 링의 끝부분은 서로 엇갈리게 배치한다. 그 이유는 무엇인가?

가. 열전도율 향상　　나. 원활한 윤활유 막 조절
다. 혼합기 누설 방지　　라. 윤활유 유입 방지

12. 현대식 항공기용 왕복엔진에서 가장 많이 사용하는 피스톤 핀 형식은 무엇인가?

가. 고정식　　나. 평형식　　다. 반부동식　　라. 전부동식

13. 왕복엔진 실린더를 장탈할 때 피스톤의 위치는 어디에 놓아야 하는가?

가. 아무 곳이나 손쉬운 위치　　나. 상사점
다. 상사점과 하사점 중강　　라. 하사점

14. 9기통 성형엔진에서 4로브 캠의 경우 크랭크축과 캠축의 회전속도 비는?

가. 1/2　　나. 1/4　　다. 1/6　　라. 1/8

15. 초크보어 실린더의 목적은?

가. 정상작동 시 실린더 내경을 곧게 유지
나. 피스톤 링 고착 방지
다. 실린더 내경 마모 보상
라. 시동 시 압축압력 증가

16. 초크보어 실린더 형상으로 맞는 것은?

가. 실린더 상부 직경이 하부 직경보다 작다.
나. 실린더 상부 직경이 하부 직경보다 크다.
다. 실린더 하부 직경이 중부 직경보다 작다.
라. 실린더 하부 직경이 중부 직경보다 크다.

17. 피스톤 지름이 16 cm, 행정길이가 0.16 m, 실린더 수가 6개인 기관의 총 행정체적은 약 몇 ℓ 인가?

가. 17.29　　나. 18.29　　다. 19.29　　라. 20.29

해설 1 ℓ = 1000 cc = 1000 cm^3

피스톤 면적 $= \frac{\pi d^2}{4} = \frac{\pi \times 16^2}{4} = 201.06\ cm^2$

행정길이 = 0.16 m = 16 cm

그러므로 실린더 1개당의 행정체적: $V_s = 3217\ cm^3 = 3.217$ ℓ

총 행적체적 = 3.217×6 = 19.29 ℓ

18. 왕복엔진의 배기밸브는 흡기밸브보다 과열되므로 밸브를 중공으로 하여 그 내부에 어떤 물질을 넣어서 냉각시키는가?

가. 암모니아 액　　나. 금속나트륨　　다. 수은　　라. 실리카겔

해설 금속나트륨의 용융점은 87.6°C(200°F), 비등점은 880°C로서 밸브 열에 의해 금속나트

륨이 녹아서 액체상태가 되어 중공 내부에서 격렬하게 대류하여 밸브헤드의 열을 신속히 밸브 축에 전달한다.

19. 왕복엔진 배기밸브 형상으로 가장 적합한 것은 무엇인가?

가. 평형　　나. 튤립형　　다. 반튤립형　　라. 버섯형

20. 왕복엔진의 진동을 감소시키기 위한 방법이 아닌 것은?

가. 피스톤 무게를 작게 한다.　　나. 평형추(counterweight)를 단다.

다. 실린더 수를 증가시킨다.　　라. 회전수를 증가시킨다.

21. 다이나믹 댐퍼의 주 목적은 무엇인가?

가. 크랭크축의 자이로작용 방지

나. 항공기가 교란되었을 때 원위치로 복원

다. 크랭크축의 비틀림진동 방지

라. 커넥팅로드의 왕복운동 방지

22. 성형 엔진의 크랭크축에서 정적평형은 어느 것에 의하여 이루어지는가?

가. dynamic damper　　나. counterweight

다. dynamic suspension　　라. split master rod

23. 수평대향형 엔진의 점화순서에서 특히 고려해야 할 점은?

가. 점화순서의 균형을 맞추어 엔진의 진동을 최소가 되게

나. 순항비행 시 최대의 회전 토크가 발생하도록

다. 기계적 효율이 최대가 되도록

라. 설계가 간단하게

24. 왕복엔진의 밸브 개폐시기로서 흡기밸브가 상사점 이전 20°에서 열리고 하사점 이후 60°에서 닫히며, 배기밸브가 하사점 이전 60°에서 열리고 상사점 이후 15°에서 닫히는 경우 밸브 오버랩은 몇 °인가?

가. 15°　　나. 25°　　다. 35°　　라. 45°

25. 엔진 타이밍이 IO: 15°BTC, EO: 30°BBC, IC: 45°ABC, EC: 15°ATC이면 밸브 오버랩은 얼마인가?

가. 30°　　나. 45°　　다. 60°　　라. 75°

26. 왕복엔진에서 밸브 오버랩의 가장 큰 장점은 무엇인가?

가. 배기밸브의 냉각을 돕고 더 많은 출력을 얻는다.

나. 후연(after burning)을 방지한다.

다. 배기가스를 속히 배출시킨다.

라. 혼합기를 실린더에 많이 넣어준다.

해설 밸브 오버랩의 가장 큰 목적은 혼합기를 많이 유입시켜 출력을 증가시키는 것이며, 부가적으로 신선한 혼합기가 많이 유입되면 냉각에 도움이 된다. 따라서 '가' 항에서 흡기밸브라고 했으면 정답이 된다.

27. 왕복엔진의 흡입 및 배기밸브가 실제로 열리고 닫히는 시기로 가장 올바른 것은?

가. 흡입밸브: 열림/상사점, 닫힘/하사점
　　배기밸브: 열림/하사점, 닫힘/상사점

나. 흡입밸브: 열림/상사점 전, 닫힘/하사점 후
　　배기밸브: 열림/하사점 후, 닫힘/상사점 후

다. 흡입밸브: 열림/상사점 전, 닫힘/하사점 전
　　배기밸브: 열림/하사점 전, 닫힘/상사점 후

라. 흡입밸브: 열림/상사점 전, 닫힘/하사점 후
　　배기밸브: 열림/하사점 전, 닫힘/상사점 후

28. 왕복엔진에서 밸브 오버랩을 두는 이유로 틀린 것은?

가. 냉각을 돕는다.

나. 체적효율을 향상시킨다.

다. 밸브의 온도를 상승시킨다.

라. 배기가스를 완전히 배출시킨다.

정답

1. 나	2. 나	3. 가	4. 다	5. 나	6. 가	7. 가	8. 가	9. 라	10. 다
11. 다	12. 라	13. 나	14. 라	15. 가	16. 가	17. 다	18. 나	19. 라	20. 라
21. 다	22. 나	23. 가	24. 다	25. 가	26. 라	27. 라	28. 다		

제3장

흡배기 및 냉각계통

3.1 • 흡기계통

항공기용 왕복엔진은 작동유체로서 공기를 이용한다. 공기는 그림 3.1과 3.2에서 볼 수 있는 것처럼 필터를 통해 흡기계통으로 유입된다. 그림에 나타나 있지는 않지만 필터 앞에는 공기 흐름 방향으로 열려 있는 에어스쿱(air scoop)이 설치되어 있다. 에어스쿱은 램 공기(ram air)를 받아들이며, 보통 프로펠러 후류에 의해 증가된 유량을 받아들인다. 따라서 램 공기와 프로펠러 후류에 의해 엔진 내부로 유입되는 공기는 자연스럽게 과급되면서 최대 5%까지 출력이 증가한다. 대부분의 항공기에는 그림에서처럼 터보차저가 설치되어 있으나 그렇지 않은 경우도 있다. 터보차저가 설치되어 있는 엔진을 터보차저 엔진이라 한다. 이에 반해 터보차저가 없이 대기압 상태의 공기를 흡입하여 연료-공기 혼합기를 만들어 실린더에 보내는 엔진을 자연흡기식 엔진(naturally aspirated engine)이라 하며, 비과급엔진(unsupercharged engine)이라고도 한다.

필터는 먼지, 연마입자(abrasive particles), 모래, 그리고 큰 이물질 등이 엔진으로 유입되기 전에 제거해준다. 비록 필터는 엔진으로 유입되는 공기의 압력을 약간 떨어뜨려 출력손실을 유발시키지만 해로운 이물질이 엔진 내부로 들어가지 못하도록 해줌으로써 엔진의 성능저하를 방지하고 내구성을 증가시켜 준다. 현재 사용하고 있는 필터로는 습식메시 필터, 마른종이 필터, 폴리우레탄폼 필터 세 가지가 있다.

흡입공기를 압축시켜 출력을 증가시키기 위한 기계요소로 수퍼차저와 터보차저가 있다. 수퍼차저는 흡입공기를 압축시키기 위한 압축기만 존재하며, 압축기 구동동력은 엔진(크랭크축)으로부터 공급받는다. 터보차저는 압축기를 구동하기 위한 터빈이 일체형으로 설치되어 있다. 즉 압축기는 터빈에서 생산된 동력을 전달받아 구동되며, 압축기와 터빈은 동일 축으로 연결되어 있다. 터빈은 배기가스에 포함되어 있는 운동에너지와 압력에너지를 이용하여 회전동력을 얻는다.

터보차저를 통과한 압축공기는 압력이 상승함에 따라 자연스럽게 온도가 올라간다. 흡입공기의 온도가 과도하게 상승하면 데토네이션이 발생할 염려가 있기 때문에 인터쿨러로 보내서 냉각시킨다. 그러나 연료분사식 엔진의 경우 그림 3.2에서와 같이 인터쿨러를 설치하지 않는 경우가 많다. 인터쿨러를 빠져나온 압축공기는 기화기를 통과하면서 연료와 혼합된 후에 흡기매니폴드를 거쳐서 실린더로 공급된다. 한편, 기화기 대신에 연료분사기가 설치된 현대식 엔진에서는 압축공기는 흡기밸브 근처에서 분사되는 연료와 혼합되어 실린더 내부로 공급된다.

자연흡기식 엔진의 경우 엔진을 빠져나온 배기가스는 배기매니폴드에 모아져서 밖으로

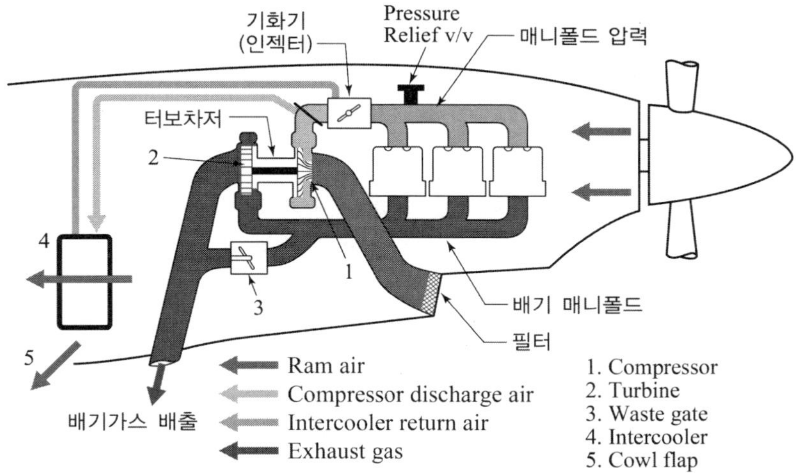

그림 3.1 • 기화기식 왕복엔진 흡배기 공기 흐름도

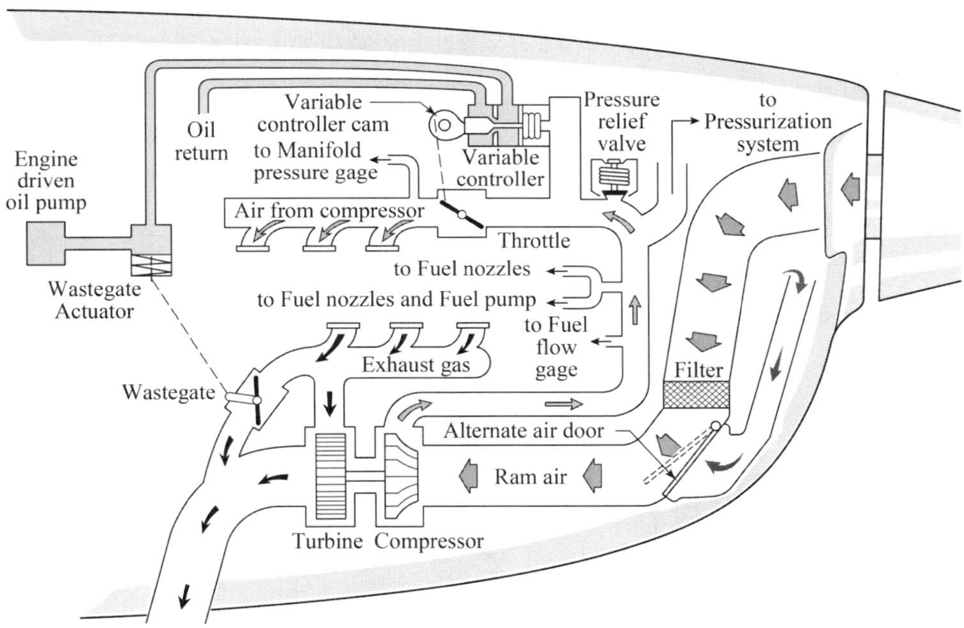

그림 3.2 • 연료분사식 왕복엔진 흡배기 공기 흐름도

배출된다. 터보차저엔진의 경우 배기가스는 배기매니폴드에 모아진 후에 터보차저의 터빈을 구동시켜 압축기를 구동시키기 위한 동력을 발생시킨다. 터빈에서 생산되는 동력의 크기는 웨이스트게이트에 의해서 조절된다.

흡입공기를 압축시키는 목적은 두 가지다. 하나는 흡기매니폴드 압력(MAP; Manifold

Air Pressure)을 대기압보다 높게 하여 비행기 이륙에 필요한 높은 엔진출력을 얻기 위함이며, 나머지 하나는 고고도 비행 시 대기압 저하에 따른 엔진 출력의 저하를 방지하기 위함이다. 그림 3.3에서 볼 수 있듯이 MAP이 증가함에 따라 엔진출력이 증가한다. MAP이 증가하면 두 가지 이유에 의해서 엔진출력이 증가한다. 첫째, 그림 3.4에 나타나 있는 것처럼 압력이 증가하면 동일체적을 가지는 공기의 질량이 증가하기 때문이다. 왕복엔진에서 공연비는 공기와 연료의 질량에 대한 비율로 정해진다. 따라서 공기의 질량이 증가하면 연료량도 증가하기 때문에 실린더로 공급되는 연료-공기 혼합기의 무게가 증가한다. 따라서 흡입공기 압력이 증가하면 공급되는 연료량이 증가하기 때문에 엔진출력이 증가한다. 참고로 자연흡기식 엔진의 경우 실린더 부피에 미달하는 공기를 흡입하기 때문에 체적효율이 낮으며, 이로 인해 출력도 낮아진다. 둘째, MAP이 증가하면 엔진의 압축압력이 증가하며, 증가한 압축압력으로 인해 평균유효압력(mean effective pressure)이 증가하기 때문에 결과적으로 더 큰 출력을 생산한다. 여기서 평균유효압력이란 엔진에서 생산된 일에서 엔진에 공급해준 일을 빼준 값을 행정으로 나눈 값이다. 따라서 이 값이 커질수록 엔진출력이 증가한다. 평균유효압력에 대해서는 성능 부분에서 자세히 살펴볼 예정이다.

흡입공기를 압축하는 일차적인 목적은 엔진으로 흡입되는 공기량을 증가시켜 높은 엔진출력을 얻는 것이지만 공기를 압축시키면 부가적으로 연료의 기화가 촉진되어 완전연

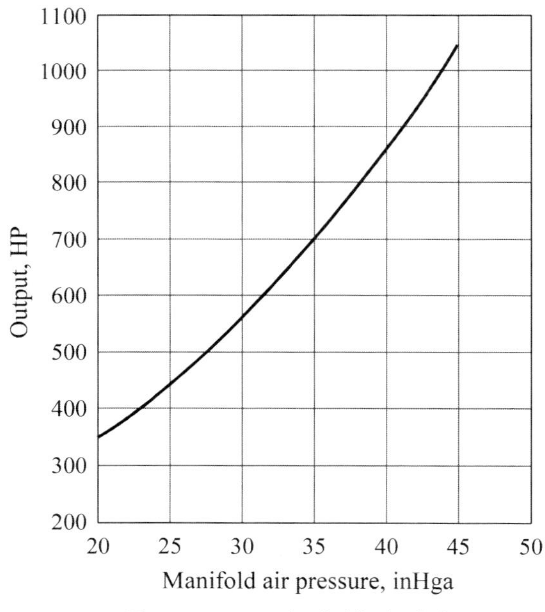

그림 3.3 ‣ MAP과 엔진출력 관계

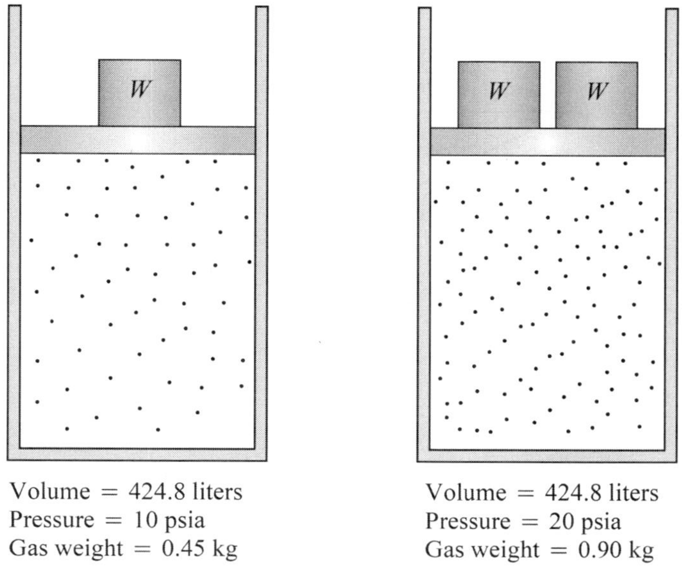

그림 3.4 ‣ 압력 변화에 따른 공기무게 변화

소에 도움을 준다. 일반적으로 엔진 중량의 2 ~ 3%에 해당하는 터보차저를 장착하면 마력당 중량을 약 30 ~ 40% 줄일 수 있는 것으로 알려져 있다.

만약 엔진출력에 영향을 미치는 요소들의 상태량이 일정하다면 엔진출력은 MAP에 비례하게 된다. 그러나 MAP을 과도하게 높일 수는 없다. 이는 MAP이 과도하게 높아지면 데토네이션, 높은 응력, 엔진과열 등이 나타나서 엔진출력이 저하될 뿐만 아니라 엔진손상이 발생할 수 있기 때문이다.

고도가 높아지는 경우 터보차저를 장착하지 않으면 그림 3.5에서 볼 수 있듯이 공기밀도가 감소하여 엔진출력이 저하된다. 이런 경우 터보차저를 사용하여 엔진으로 유입되는 공기량을 증가시켜 밀도 감소에 따른 엔진출력 저하를 보상하게 된다. 터보차저를 장착하면 일정고도까지 엔진의 규정출력을 낼 수 있다. 그러나 일정고도 이상에서는 터보차저를 사용해도 고도가 증가함에 따라 엔진출력이 저하된다. 참고로, 터보차저를 이용하는 경우 그림 3.5에 나타나 있는 것처럼 MAP을 표준대기압인 30 inHg까지만 증가시켜 항상 정격출력으로 운전하는 엔진이 있으며, 지상승압식 엔진과 같이 MAP을 30 inHg 이상의 압력으로 증가시켜 더 큰 출력을 얻는 엔진도 있다.

엔진출력을 향상시킬 수 있는 방법으로는 행정체적 증대, 체적효율 향상, 회전속도 증가 등이 있다. 행정체적을 증대시킨다는 것은 실린더를 크게 만들거나 실린더 수를 증가시킨다는 것을 의미한다. 그러나 실린더를 크게 만드는 것은 엔진의 중량이 증가할 뿐만 아니라 데토네이션의 위험이 따르기 때문에 불가능하다. 그리고 실린더 수를 증가시키는

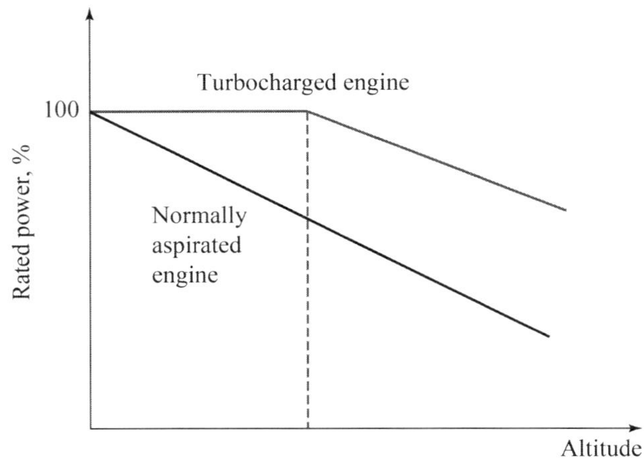

그림 3.5 ‣ MAP와 엔진출력 관계

것은 엔진의 중량이 증가하는 것을 의미하기 때문에 항공기용 엔진에 적용하기는 무리가 따른다. 회전속도를 증가시키는 것은 항공기용 왕복엔진에 적용하기 힘들다. 그 이유는 감속기어를 사용하지 않고 왕복엔진 크랭크축에 프로펠러를 직접 연결하여 사용하기 때문에 항공기용 왕복엔진의 회전수를 대략 2600 rpm 이하로 제한하기 때문이다. 이 회전속도는 자동차용 가솔린엔진 최대 회전수인 약 6000 rpm에 비해서 현저히 낮은 편이다. 이렇게 항공기용 왕복엔진의 회전수가 낮은 이유는 프로펠러가 고속으로 회전할 때 발생하는 팁 효과(tip effect)를 피하기 위함이다. 팁 효과란 프로펠러 팁 속도가 음속에 도달

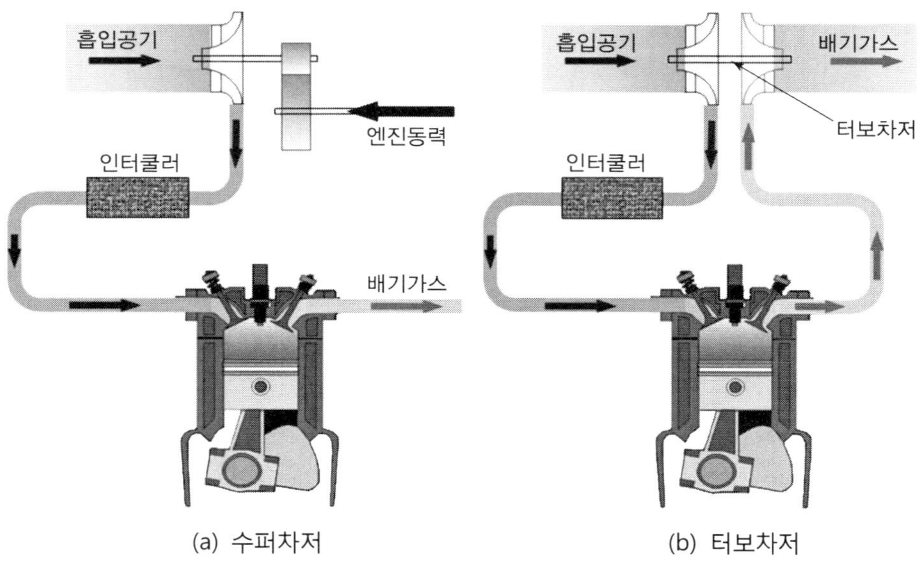

그림 3.6 ‣ 흡입공기 압축기

하는 경우 충격파 발생으로 인해 프로펠러 블레이드 성능이 급격히 저하되며, 소음과 진동이 급격히 증가하며, 큰 원심응력으로 인해 프로펠러 블레이드가 찢겨나가는 현상을 의미한다. 따라서 항공기용 왕복엔진의 회전수를 2600 rpm 이하로 제한하는 이유는 프로펠러 팁에서의 속도가 음속을 초과하지 못하도록 하기 위함이다. 따라서 동일한 행정체적과 회전수에서 엔진출력을 증가시킬 수 있는 유일한 방법은 흡입공기를 강제적으로 압축시켜 많은 양의 공기를 실린더에 공급함으로써 체적효율을 향상시키는 것뿐이다.

흡입공기를 압축시키기 위하여 그림 3.6에 나타나 있는 수퍼차저와 터보차저를 사용하고 있다. 이들은 공기를 압축시킨다는 점에서는 동일한 기능을 수행하지만 형식과 운전방법에 있어서 약간 차이를 보인다.

3.1.1 수퍼차저

수퍼차저와 터보차저는 고고도 비행 시 공기 밀도 감소에 따른 엔진의 출력 저하를 방지하며, 최대의 엔진 출력이 요구되는 항공기 이륙 시에도 높은 엔진출력을 얻기 위해 설치한다. 고고도 비행 시 비과급엔진(자연흡기식 엔진)은 엔진 흡기계통으로 유입되는 공기의 낮아진 밀도 때문에 출력이 줄어든다.

과급계통은 그림 3.6(a)에 나타나 있는 것처럼 엔진 흡입구에 연결된 원심압축기로 이루어져 있다. 수퍼차저는 크랭크축으로부터 기어를 통해 동력을 전달받아 구동된다. 일반적으로 배기가스를 한 군데로 모아서 동력을 발생시키기 어려운 성형엔진에 수퍼차저를 주로 사용한다. 고고도에서 수퍼차저 엔진은 엔진으로 유입되는 공기유량 증대를 통해 줄어든 공기 밀도를 보상받는다. 비록 과급에 대한 일차적인 목적은 고도 증가에 따른 엔진의 출력 저하에 대한 보상이지만 많은 엔진들은 엔진출력을 정격출력 이상으로 증대시킬 목적으로 지상운전 시에도 MAP을 30 inHg 이상으로 높이고 있다. 일반적으로 엔진의 MAP이 30 inHg 이상의 압력으로 증가했을 때 과급된 것으로 간주한다. 일부 고출력 엔진은 MAP을 34 ~ 48 inHg까지 높일 수 있다. 이런 장치를 때로는 해수면 수퍼차저(sea level superchargers) 또는 지상 부스트 송풍기(ground boost blowers)라고도 한다. 아울러 MAP이 30 inHg를 초과하지 않는 엔진구동 압축기도 있는데, 이런 압축기를 노말라이저(normalizers)라 한다.

수퍼차저는 단순한 공기압축기로서 그림 3.7에 나타나 있는 것처럼 임펠러로 구동하는 원심압축기이다. 임펠러는 압력비가 높으며, 넓은 회전수 범위에서 비교적 일정한 성능을 나타낸다. 또한 임펠러는 견고한 압축기로써 상대적으로 가격이 저렴하여 산업 전반에

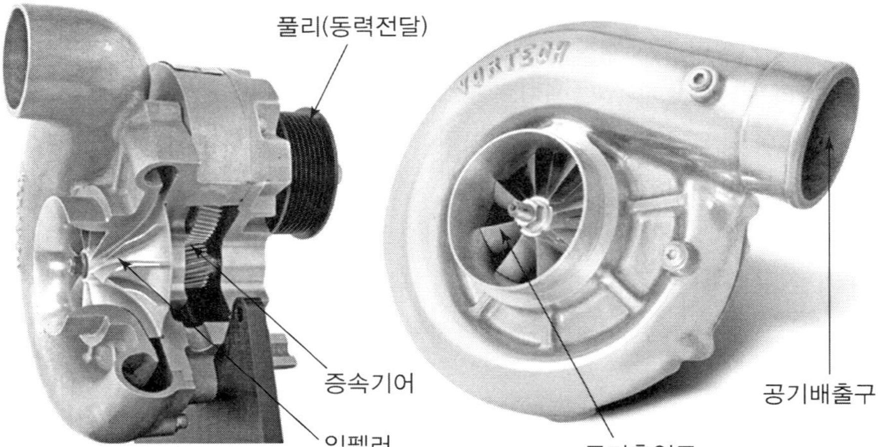

그림 3.7 · 수퍼차저

걸쳐서 가장 많이 사용하고 있다. 수퍼차저는 엔진으로부터 동력을 전달받아 구동되는데, 임펠러는 고속에서 좋은 성능을 나타내기 때문에 회전수를 높이기 위하여 증속기어를 사용한다.

3.1.2 터보차저

터보차저와 수퍼차저의 차이점은 수퍼차저는 엔진으로부터 동력을 전달받아 구동되는 데 반하여 터보차저는 압축기(임펠러)를 구동시키기 위한 동력을 자체적으로 생산하기 위한 터빈을 가지고 있다는 것이다. 이런 이유 때문에 터보차저를 터보수퍼차저라고도 한다. 터빈은 압축기와 동일축으로 연결되어 있기 때문에 압축기와 동일 회전수로 회전하며, 터빈은 배기가스가 가지고 있는 운동에너지와 압력에너지를 이용하여 회전동력을 얻는다. 터보차저 압축기에서 압축된 공기는 인터쿨러에서 냉각된 후에 흡기매니폴드를 거쳐서 각 실린더로 공급된다. 실린더를 빠져나온 배기가스는 터빈을 구동시켜 동력을 발생시키며, 터빈에서 얻어진 동력은 압축기를 구동하는 데 사용한다. 터빈에서 생산하는 동력은 웨이스트게이트에 의해서 조절된다. 웨이스트게이트는 그림 3.8을 통해 이해할 수 있듯이 배기가스가 터빈을 우회하는 양을 조절함으로써 터빈동력을 조절한다. 터빈동력을 조절하는 이유는 흡입공기의 압축정도를 운전조건에 적합하도록 조절하기 위함이다. 웨이스트게이트가 완전히 닫히면 배기가스는 모두 터빈을 통과하므로 터빈은 가장 많은 동력을 생산하며, 이로 인해 MAP이 가장 높이 올라간다. 터보차저에는 그림 3.9와 3.10에 나타나 있는 반경류형 터빈을 많이 사용하며, 그림 3.11에 나타나 있는 축류형 터빈을 사용하기도 한다. 그림 3.12에 TSIO-360 엔진에 장착되어 있는 터보차저 위치를 나타냈다. 이 그림에서 터보차저는 배기매니폴드 끝에 위치하고 있음을 확인할 수 있다.

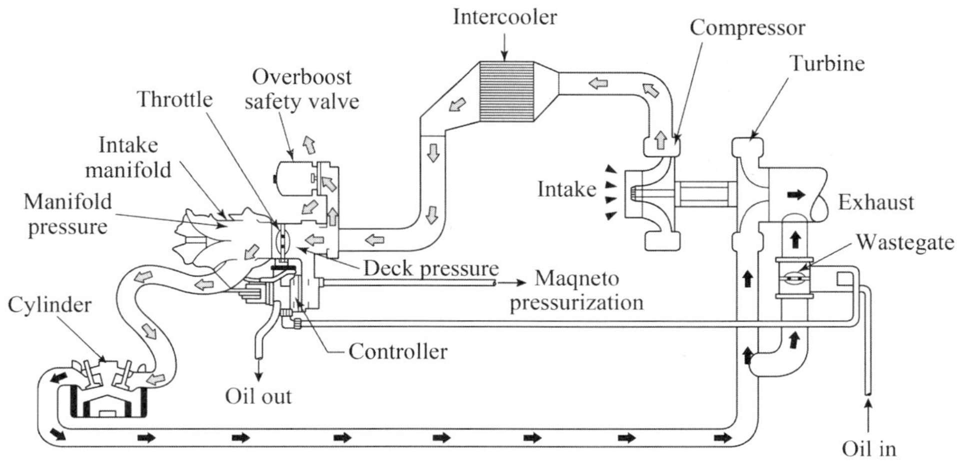

그림 3.8 · 터보차저 장착 엔진 공기 흐름도

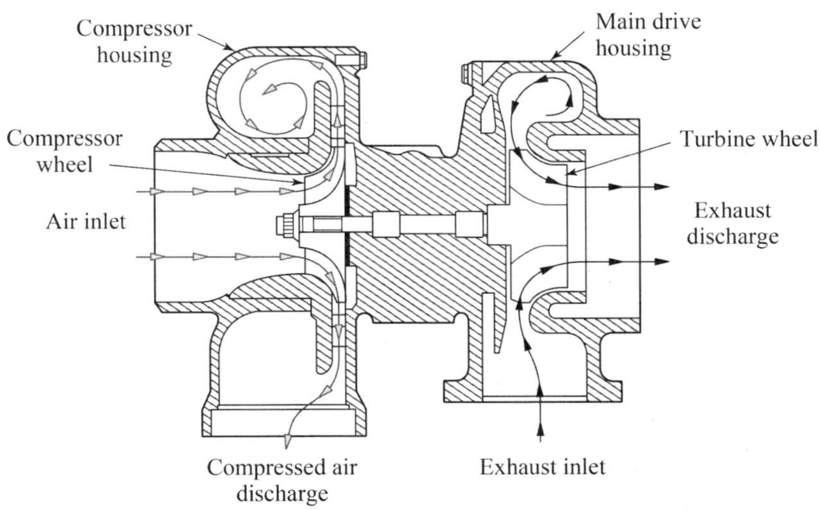

그림 3.9 · 터보차저에서의 공기 흐름도

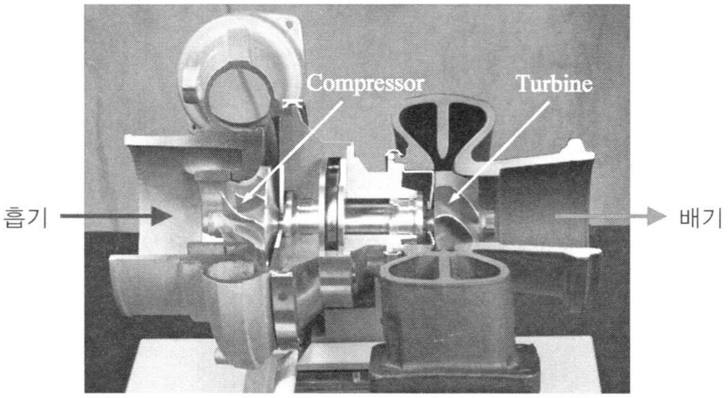

그림 3.10 ‣ 터보차저 (반경류형 터빈)

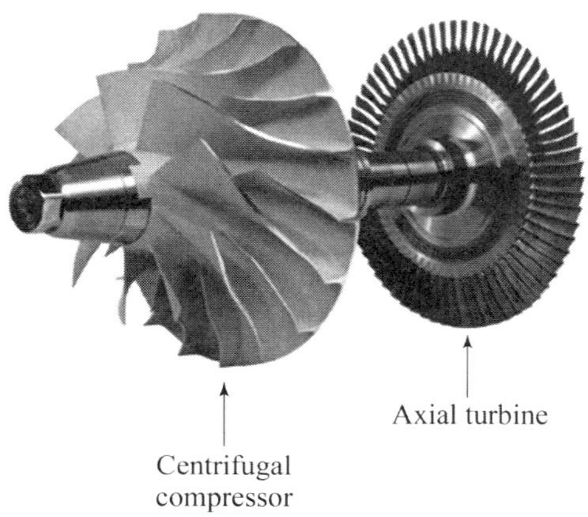

그림 3.11 ‣ 터보차저 (축류형 터빈)

그림 3.12 ‣ 터보차저 (TSIO-360 엔진)

3.2 • 배기계통

배기계통은 엔진으로부터 연소가스를 안전하고 효과적으로 배출시키는 역할을 수행한다. 배기가스는 독성이 있으며, 고온이기 때문에 배기계통은 설계, 제작, 유지보수에 많은 주의를 기울여야 한다.

배기계통은 엔진의 형식에 따라 약간 차이가 있다. 수평대향형 엔진의 경우 그림 3.13에서 볼 수 있듯이 배기매니폴드를 가지고 있으며, 성형 엔진은 그림 3.14에 나타나 있는 것과 같은 콜렉터링을 설치하여 배기가스가 조종실이나 선실로 유입되는 것을 방지하고 있다. 한편, 배기매니폴드를 설치함으로써 여기에 소음기와 열교환기를 설치할 수 있게 되었으며, 열교환기를 통해서 얻어지는 따뜻한 공기는 기내난방, 기화기 방빙, 창문 서리 제거 용도로 사용한다.

현대식 항공기의 경우 배기계통에는 배기 촉진기(exhaust augmentors)를 설치하기도 한다. 배기 촉진기는 그림 3.15에서 볼 수 있는 것처럼 이곳에 실린더 냉각을 마친 냉각공기를 통과시킨다. 이 경우 램압력에 의해 기내로 들어온 냉각공기는 배기 촉진기 속을 빠른 속도로 빠져나가면서 낮은 압력을 형성시킨다. 이곳에 배기매니폴드 끝단부를 위치시키면 이곳에 형성된 낮은 압력으로 인하여 배기가스 배출이 촉진된다. 배기계통은 인코넬이나 내열-내부식합금을 사용하여 제작한다.

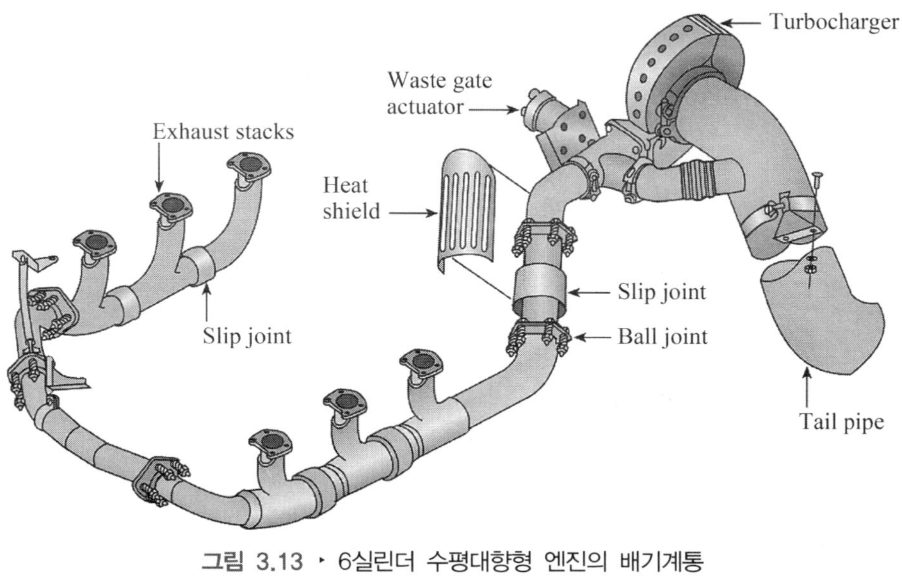

그림 3.13 • 6실린더 수평대향형 엔진의 배기계통

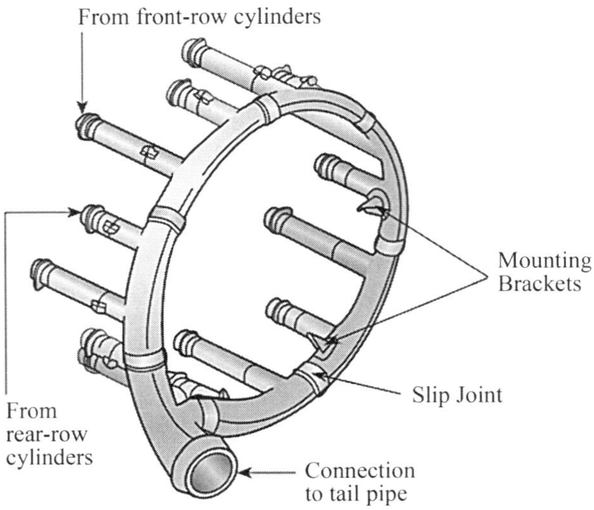

그림 3.14 • 콜렉터 링

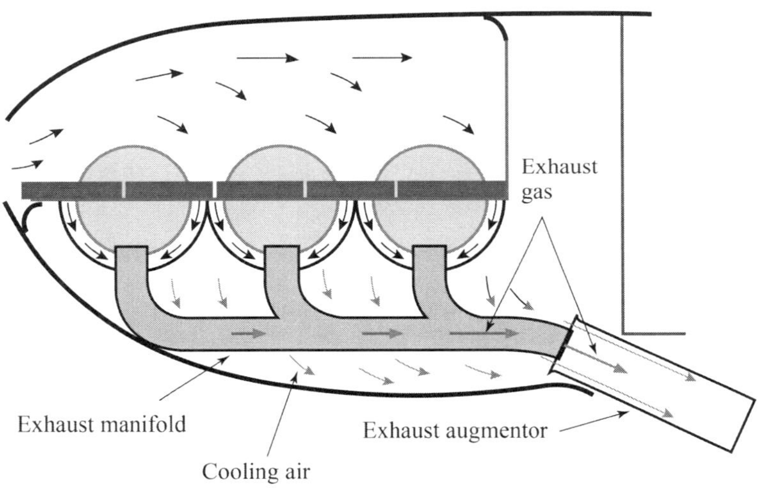

그림 3.15 • 배기 촉진기

3.3 • 냉각계통

냉각계통은 엔진을 냉각시켜 과열을 방지하고 적당한 온도를 유지시켜 줌으로써 엔진을 보호해주는 동시에 최대출력으로 연속운전이 가능하도록 해준다. 실린더 내부 연소가스 온도는 2000℃ 이상에 이르며, 이 열 가운데 상당한 양이 실린더, 실린더헤드, 피스톤, 밸브 등에 전달된다. 이런 부품들의 온도가 과도하게 높아지면 부품 재료의 강도가 저하되어 고장이 발생하거나 수명이 단축되며, 연소상태도 나빠져서 데토네이션이나 조기점화가 발생하여 엔진출력이 저하된다. 아울러 냉각이 불완전한 상태에서는 실린더 벽의 유막이 끊기는 등의 윤활기능 저하와 오일의 변질 등으로 비정상적인 마모가 발생하며, 심한 경우에는 피스톤과 실린더가 눌어붙는 심각한 고장이 발생할 수도 있다. 이와 반대로 지나치게 냉각되면 연소에서 발생한 열량 가운데 냉각으로 손실되는 열량이 증가하기 때문에 엔진의 출력과 열효율이 낮아지고 연료소비량이 증가하는 등의 문제가 발생한다.

3.3.1 냉각 방식

왕복엔진 냉각방식으로는 공랭식과 수랭식이 있다. 공랭식은 공기를 이용하여 엔진을 냉각시키는 방법으로서 실린더와 실린더헤드에 냉각핀을 설치하고 이 냉각핀 사이로 공기가 지나도록 유도해서 냉각시키는 방법이다. 공랭식 엔진의 장점을 정리하면 다음과 같다.

① 동일한 출력을 가지는 수랭식 엔진보다 무게가 가볍다.
② 냉각수 동결의 염려가 없기 때문에 기온이 낮은 곳에서 작동하는 데 문제가 없다.
③ 총격(gunfire)에 덜 취약하다.
④ 엔진을 대기 중의 공기에 직접 노출시켜 냉각시키기 때문에 냉각수의 보충, 누출, 동결의 염려가 없고 구조가 간단하여 취급이 용이하다.

공랭식 엔진의 단점은 기후 및 운전상태 등에 따라 엔진의 온도가 쉽게 변하며, 냉각이 균일하지 못하다는 점이다. 일반 고정익 항공기에 사용하는 공랭식 엔진의 경우 냉각공기는 램압력에 의해 공급된다. 그러나 회전익 항공기인 헬리콥터는 램압력이 낮아서 냉각공기를 충분히 공급할 수 없기 때문에 엔진에 의해 구동되는 냉각팬을 장착하여 냉각공기를 공급한다.

수랭식 엔진은 실린더와 실린더헤드 주위에 마련되어 있는 물재킷과 라디에이터 사이에 냉각수를 순환시켜 엔진을 냉각시키는 방법이다. 항공기용 엔진의 경우 냉각수는 에틸렌글리콜이나 에틸렌글리콜과 물의 혼합액을 사용한다. 수랭식 냉각장치를 이용하면 균일한 냉각을 통하여 엔진의 온도를 일정하게 유지시킬 수 있다. 그러나 수랭식 냉각장치는 무거울 뿐만 아니라 혹한기에 동결의 염려가 있기 때문에 항공기용으로 적합하지 못하다.

3.3.2 냉각계통 구성요소

항공기용 냉각계통을 구성하는 중요한 요소로는 카울링, 냉각핀, 배플, 카울플랩 등 네 가지가 있다.

(1) 카울링

카울링(cowling)은 그림 3.16에 나타나 있는 것처럼 엔진을 둘러싸고 있는 덮개이며, 두 가지 기능을 수행한다. 첫째, 카울링은 기체의 일부로서 기체 표면을 유선형으로 만들어 항력을 줄인다. 둘째, 그 내부에 냉각공기를 유입시키고 실린더 주위 및 사이를 빠져나온 공기를 카울플랩을 통해 밖으로 배출시킨다.

램에어 또는 프로펠러에 의해서 입구로 들어온 냉각공기는 그림에서 볼 수 있듯이 상부 카울링에서 확산되어 속도는 줄어들고 압력은 상승한다. 냉각공기는 실린더 주위를 지나면서 실린더를 냉각시킨 후에 하부 카울링에 모여서 카울플랩을 통해 외부로 배출된다.

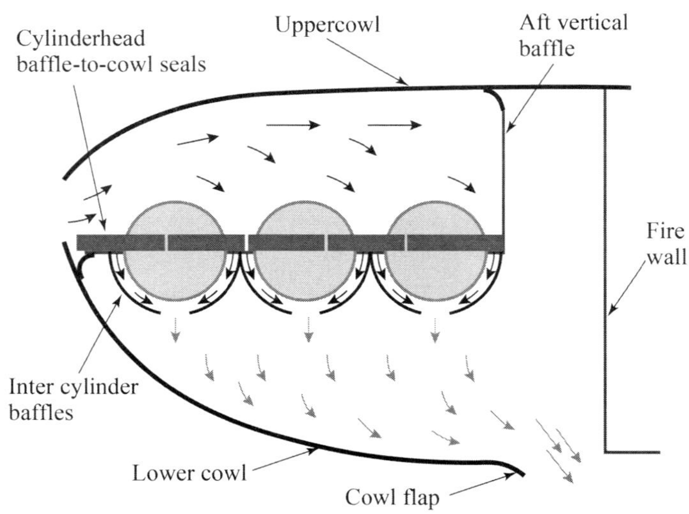

그림 3.16 · 카울링

(2) 냉각핀

엔진 외벽에 냉각핀을 설치하면 냉각면적이 증가하기 때문에 냉각이 촉진된다. 공랭식 엔진에서의 열전달 메커니즘은 대류열전달로서 다음과 같은 뉴턴의 냉각법칙에 지배를 받는다.

$$q = hA(T_w - T_\infty) \tag{3.1}$$

여기서, q는 열전달량, h는 대류열전달계수, A는 열전달이 일어나는 면적, T_w는 열전달 표면온도, T_∞는 열전달 표면으로 불어오는 공기의 온도를 나타낸다. 이 식으로부터 열전달량을 증가시키기 위해서는 냉각면적을 증가시키면 된다는 것을 알 수 있다. 따라서 그림 3.17에서 볼 수 있는 것처럼 실린더 벽과 실린더헤드에 냉각핀을 설치하여 열교환 면적을 크게 함으로써 엔진의 냉각을 용이하게 해준다.

냉각핀 자체에서는 전도에 의한 열전달이 일어난다. 냉각핀은 가벼우면서 열전도성이 우수한 재료로 만들어지기 때문에 화염과 접촉하는 부분의 열이 신속하게 냉각핀 끝단까지 전달되며, 냉각핀 표면에서 대류열전달을 통하여 공기 중으로 빠져나간다.

그림 3.17 · 냉각핀이 설치된 공랭식 수평대향형 엔진

(3) 배플

배플(baffle)의 사전적 의미는 "용기 내에 있는 기체나 액체의 유동을 제어하는 판"이다. 그림 3.16에서 볼 수 있는 것처럼 왕복엔진에서는 실린더 사이에 배플을 설치하여 냉각공기가 실린더 주위를 감싸고 흐르도록 유도하여 냉각효과를 높이고 있다. 만약 배플

이 없으면 냉각공기는 유동저항이 크게 나타나는 냉각핀 주위를 흐르지 않고 실린더를 우회하여 냉각효과가 크게 줄어든다.

수평대향형 엔진의 경우 앞배플, 실린더헤드배플, 실린더사이배플이 있다. 실린더사이배플은 그림 3.16에 나타나 있듯이 냉각공기가 실린더 주위를 흘러가도록 유도해준다. 앞배플과 실린더헤드배플은 냉각공기가 실린더 주위로만 흐를 수 있도록 엔진블록과 카울링 사이의 공간을 막아서 엔진블록 외부로 흐르는 냉각공기 통로를 차단하는 역할을 한다. 그림 3.18에 앞배플이 나타나 있다.

그림 3.18 ‣ 앞배플

성형 엔진의 배플 배치는 수평대향형 엔진과 약간 차이가 있다. 그림 3.19에 2열 성형 엔진의 배플 구조를 나타냈다. 엔진구조에서 살펴보았듯이 성형 엔진의 실린더 배치는 냉각에 유리하도록 엇갈리게 배치되어 있다. 이 그림에서 확인할 수 있듯이 성형 엔진에서도 배플은 구조적으로 냉각공기가 실린더 주위를 흘러가도록 배치되어 있다. 그림 3.20에 실제 성형 엔진의 배플이 나타나 있다.

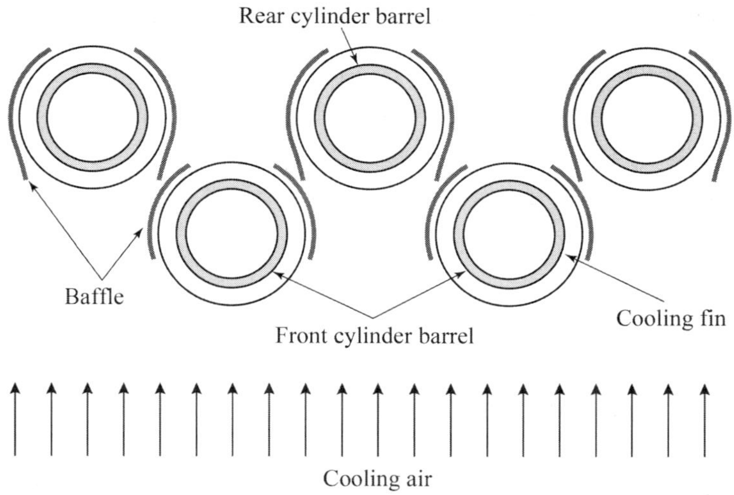

그림 3.19 · 2열 성형 엔진에서의 배플

그림 3.20 · 성형 엔진 배플

(4) 카울플랩

카울플랩(cowl flap)은 그림 3.21에서 볼 수 있듯이 카울링 후방에 설치되어 있으며, 냉각공기 유량을 조절하기 위하여 열고 닫을 수 있는 구조로 되어 있다. 카울플랩을 닫으면 출구면적이 작아져서 엔진으로 유입되는 냉각공기 유량이 줄어들기 때문에 엔진의 작동온도가 높아진다. 이와 반대로 카울플랩을 열면 출구면적이 증가하기 때문에 엔진으로 유입되는 냉각공기 유량이 증가하여 엔진의 작동온도가 낮아진다. 지상운전의 경우 램압력이 형성되지 않거나 매우 작기 때문에 냉각공기 유입량을 늘리기 위하여 카울플랩을 완전히 열고 운전하는 것이 보통이다. 그림 3.22와 3.23에 수평대향형 엔진을 장착한 항공기와 성형 엔진을 장착한 항공기에서의 카울플랩을 각각 나타냈다.

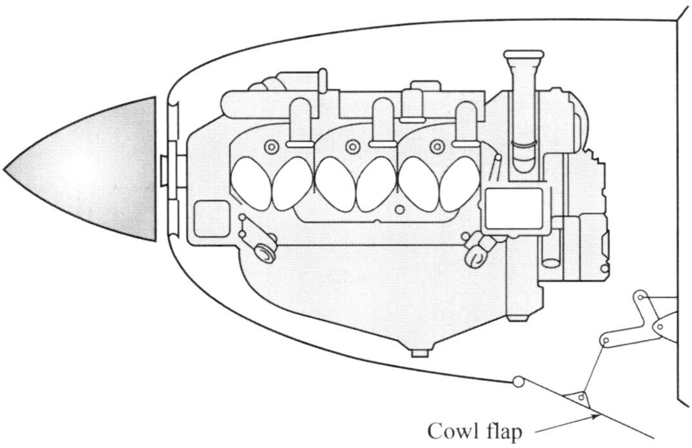

그림 3.21 ‣ 카울플랩

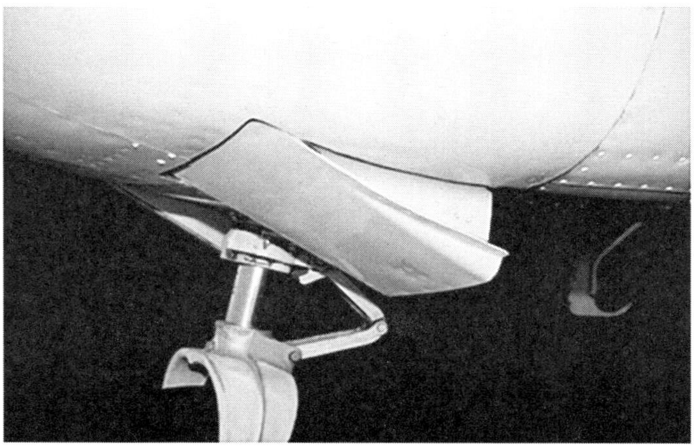

그림 3.22 ‣ 카울플랩 (수평대향형 엔진 장착 비행기)

그림 3.23 ‣ 카울플랩 (성형 엔진 장착 비행기)

실 • 전 • 문 • 제

1. 왕복엔진 흡기매니폴드 압력이 증가하면 어떤 현상이 나타나는가?

가. 실린더 내부 혼합기 부피가 증가한다.

나. 혼합기 무게가 감소한다.

다. 실린더 내부 혼합기 부피가 감소한다.

라. 실린더 내부 공기밀도가 증가하여 왕복엔진 출력이 증가한다.

2. 지상에서 작동 중인 항공기 왕복기관의 카울플랩(Cowl flap)의 위치로 가장 올바른 것은?

가. 완전 닫힘　　나. 완전 열림

다. 1/3 열림　　라. 1/3 닫힘

해설 지상에서 작동 중인 경우 항공기 속도에 의해서 형성되는 램압력이 없기 때문에 냉각공기의 공급이 원활하지 못할 수 있다. 따라서 카울플랩을 완전히 열어서 냉각공기의 유입을 도와준다.

3. 고출력 왕복엔진에 사용되는 일종의 압축기로 혼합가스 또는 공기를 압축시켜 실린더로 보내어 큰 출력을 내도록 하는 것은?

가. 기화기　　나. 공기덕트

다. 매니폴드　　라. 과급기

4. 기관 내에 과급기를 가지고 있는 항공기의 압력이 가장 낮은 부분은?

가. 기화기 입구　　나. 매니폴드

다. 과급기 내　　라. 스로틀밸브 앞

해설 과급기는 압축기이다. 따라서 과급기를 통과하면서 압력이 올라간다. 그리고 흡입과정에서 공기 압력은 과급기에 가까워질수록 압력이 떨어지게 된다. 따라서 정답은 스로틀밸브 앞이 된다.

5. 터보차저를 구동하는 동력원은 무엇인가?

가. 크랭크축　　나. 배터리

다. 발전기　　라. 배기가스

6. 흡입계통에서 매니폴드 히터의 열원은 무엇인가?

가. electron heating　　나. cabiri heater

다. thermocouple　　라. 배기가스

7. 항공기용 왕복엔진에서 과급기를 장착하는 주된 목적은?

가. 연료소비율을 향상시키기 위하여

나. 엔진의 효율을 향상시키기 위하여

다. 착륙효율을 향상시키기 위하여

라. 고공에서 최대출력을 지속시키기 위하여

8. 항공기용 왕복엔진 실린더 주위에 냉각공기를 유도해서 실린더가 원활하게 냉각되도록 해주는 장치는 무엇인가?

가. 배플　　나. 카울플랩

다. 콜렉터 링　　라. 카울링

9. 수퍼차저와 터보차저의 차이를 설명한 것 가운데 맞는 것은?

가. 수퍼차저와 터보차저는 차이가 없다.

나. 수퍼차저는 엔진에서 동력을 전달받고, 터보차저는 배기가스를 이용해서 자체적으로 동력을 생산한다.

다. 수퍼차저는 배기가스를 이용해서 자체적으로 동력을 생산하고, 터보차저는 엔진에서 동력을 전달받는다.

라. 수퍼차저는 모터로 구동되며, 터보차저는 터보기계로 구동된다.

10. 항공기용 왕복엔진 냉각핀에 대한 설명으로 틀린 것은?

가. 냉각핀 표면에서는 전도에 의해서 냉각공기와 열전달이 일어난다.

나. 냉각핀은 열전도성이 우수해야 한다.

다. 흡기밸브 근처에는 냉각핀이 없어도 된다.

라. 냉각핀은 가벼워야 한다.

11. 흡기매니폴드압력(MAP)과 왕복엔진출력 관계로 맞는 것은?

가. MAP에 비례해서 엔진출력이 증가한다.

나. MAP에 비례해서 엔진출력이 감소한다.

다. MAP에 비례해서 저항이 커지기 때문에 엔진출력이 감소한다.

라. MAP은 공연비에 관련되기 때문에 출력과 관계없다.

12. 항공기용 왕복엔진에서 출력의 지표가 되는 것은?

가. MAP(Manifold Air Pressure)
나. 흡입 공기 온도
다. 배기 압력
라. 공연비

정답

1. 라 2. 나 3. 라 4. 라 5. 라 6. 라 7. 라 8. 가 9. 나 10. 가
11. 가 12. 가

제4장

성능

4.1 • 공기표준 오토사이클 해석

항공기용 왕복엔진에 대한 열역학적인 성능 해석을 수행하기 위해 그림 4.1에 공기표준 오토사이클의 p-v 선도와 T-s 선도를 나타냈다. 열역학적으로 p-v 선도를 이용하여 엔진의 출력을 살펴볼 수 있으며, T-s 선도를 이용하여 엔진의 열효율을 살펴볼 수 있다. 공기표준 오토사이클(air standard Otto cycle)이란 오토사이클이 완성되는 동안 작동유체가 공기라는 것을 의미한다. 실제적으로 오토사이클의 작동유체는 연소가 일어나기 전에는 연료-공기 혼합기이며, 연소가 일어난 후에는 CO_2와 H_2O로 이루어진 연소가스이다. 그러나 이렇게 사이클이 진행되는 동안 작동유체가 바뀌면 열역학적으로 사이클을 해석하는 것이 쉽지 않다. 따라서 오토사이클이 완성되는 동안 작동유체가 공기라고 가정하여 해석하는 것을 공기표준 오토사이클 해석이라 한다.

피스톤 왕복엔진은 밀폐계 내연기관이기 때문에 사이클 해석을 위해 밀폐계에 대한 열역학 제1법칙을 이용하기로 한다.

$$q_{12} = (u_2 - u_1) + w_{12} \tag{4.1}$$

밀폐계에 대한 열역학 제1법칙인 식 (4.1)에서 q_{12}는 과정 $1 \rightarrow 2$에서 전달되는 열량을 나타내며, 계 내부로 공급되는 열량의 부호는 양(+), 계를 빠져나가는 열량의 부호는 음(−)이다. $(u_2 - u_1)$은 과정 $1 \rightarrow 2$가 진행되는 동안 계에서 발생하는 내부에너지 변화량이다. 그리고 w_{12}는 과정 $1 \rightarrow 2$에서 전달되는 일의 크기를 나타내며, 계 내부로 공급되는 일의 부호는 음(−), 계에서 생산되는(계를 빠져나가는) 일의 부호는 양(+)이다.

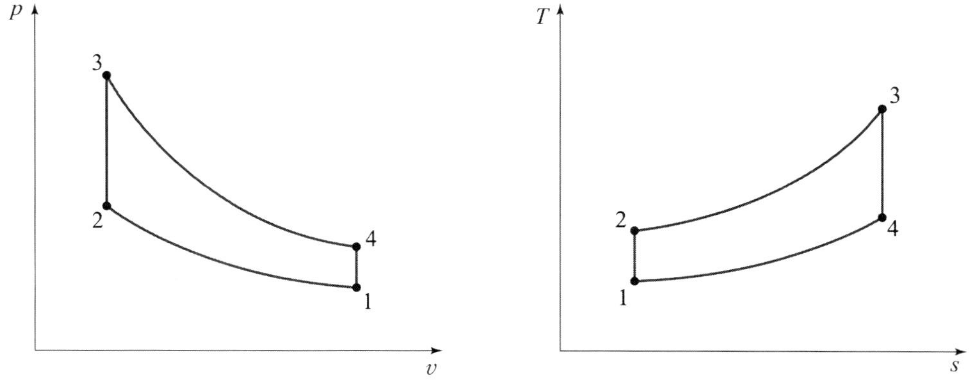

그림 4.1 • 오토사이클 p-v, T-s 선도

과정 1 → 2

과정 1 → 2는 피스톤을 하사점에서 상사점으로 밀어 올려 작동유체인 공기를 압축시키는 과정이다. 압축이 진행되면서 압축에 따른 효과로 인해 작동유체의 온도가 상승하여 실린더 벽을 통해 일부 열이 외부로 빠져나간다. 그런데 피스톤의 이동속도가 매우 빠르기 때문에 압축과정이 순식간에 종료된다. 따라서 압축과정이 진행되는 동안 실린더 내부의 열이 미처 외부로 빠져나갈 시간이 없다고 가정하면 과정 1 → 2는 단열압축과정이다. 따라서 과정 1 → 2에서 발생하는 열량 변화량인 $q_{12}=0$이다. 한편, 압축과정이 진행되는 동안 발생하는 모든 손실이 매우 작아서 무시할 수 있다면 압축과정은 가역과정이다. 따라서 과정 1 → 2는 그림 4.1의 T-s 선도에서 확인할 수 있는 것처럼 등엔트로피 압축과정이다. 참고로, 등엔트로피과정이란 단열과정이 가역적으로 일어나는 과정을 의미한다.

압축과정에 관계된 일의 크기는 식 (4.1)에 $q_{12}=0$을 대입하여 계산할 수 있다. 따라서 과정 1 → 2에 관계된 열과 일의 크기는 다음과 같다.

$$q_{12}=0$$
$$w_{12}=-(u_2-u_1)=-c_v(T_2-T_1) \tag{4.2}$$

여기서 c_v는 정적비열이다. 식 (4.2)에서 일의 부호는 음(−)이라는 것을 알 수 있다. 실제로 작동유체인 공기의 압축은 피스톤을 밀어 올려서, 즉 피스톤을 통해 계 내부로 일을 공급해서 압축과정이 진행된다.

과정 2 → 3

과정 2 → 3은 피스톤이 상사점에 정지한 상태에서 연소가 일어나는 과정이기 때문에 정적연소과정이다. 이 과정이 일어나는 동안 피스톤이 정지해 있기 때문에 과정이 진행되는 동안 공급해주거나 생산되는 일이 없다. 참고로 일의 크기는 어떤 물체에 힘을 가했을 때 힘의 크기와 물체가 힘이 작용한 방향으로 이동한 거리를 곱한 값으로 정의한다. 따라서 정적연소과정에서 피스톤의 이동이 없기 때문에 일이 없으며, $w_{23}=0$이다.

이 과정에서 압축된 연료-공기 혼합기가 점화에 의해 연소되며, 이 과정 중에 연료가 가지고 있는 화학에너지가 열에너지로 바뀌면서 작동유체에 열량이 공급되어 그림 4.1에 나타나 있는 것처럼 계 내부의 온도와 압력이 급격히 증가한다. 이 과정에서 공급된 열량의 크기는 식 (4.1)에 $w_{23}=0$을 대입하여 계산할 수 있다.

$$q_{23}=u_3-u_2=c_v(T_3-T_2)$$

$$w_{23} = 0 \tag{4.3}$$

과정 3 → 4

과정 3 → 4는 연소에 의해 형성된 실린더 내부의 높은 압력으로 인해 피스톤이 밀려 내려가는 팽창과정이다. 이 과정은 압축과정에서 가정한 것과 같은 이유로 인해 단열팽창과정이며, 과정이 진행되는 동안 발생하는 손실을 무시하면 등엔트로피팽창과정이 된다. 따라서 과정이 진행되는 동안 열의 출입이 없기 때문에 $q_{34} = 0$이다.

연소과정을 통해 실린더 내부가 고온고압이 되기 때문에 피스톤이 하사점으로 밀려 내려가면서 일이 생산되며, 생산된 일은 크랭크축을 회전시켜 프로펠러를 구동한다. 따라서 팽창과정에서 발생한 일의 크기는 식 (4.1)에 $q_{34} = 0$를 대입하여 계산하면 다음과 같다.

$$\begin{aligned} &q_{34} = 0 \\ &w_{34} = -(u_4 - u_3) = c_v(T_3 - T_4) \end{aligned} \tag{4.4}$$

과정 4 → 1

과정 4 → 1은 배기과정이다. 배기과정은 피스톤이 하사점에서 상사점으로 밀려 올라가면서 이루어진다. 그러나 피스톤 왕복엔진을 열역학적으로 해석하기 위하여, 즉 사이클 해석을 위하여 배기과정은 정적과정이라고 가정한다. 열역학에서는 어떤 상태에서 출발하여 일련의 과정을 거친 후 최초의 상태로 돌아왔을 때 사이클을 이루었다고 한다. 따라서 오토사이클이 완성되기 위해서는 그림 4.1에 나타나 있는 상태 1에서 출발하여 여러 과정을 거친 후에 최종적으로 상태 1로 돌아와야 한다. 이를 위해 배기과정을 정적과정이라 가정하는 것이다.

과정 4 → 1은 정적과정이기 때문에 과정이 진행되는 동안 피스톤은 정지해 있는 상태이며, 이로 인해 $w_{41} = 0$이다. 배기과정에서 출입하는 열의 크기는 식 (4.1)에 $w_{41} = 0$를 대입하여 계산하면 다음과 같다.

$$\begin{aligned} &q_{41} = u_1 - u_4 = -c_v(T_4 - T_1) \\ &w_{41} = 0 \end{aligned} \tag{4.5}$$

공기표준 오토사이클을 구성하는 각 과정에서 계산된 열과 일의 출입에 대한 결과를 표 4.1에 요약하여 정리하였다.

한편, 식 (4.1)을 열역학적 미분기호를 이용하여 정리하면 다음과 같이 일반화된다.

표 4.1 ‣ 공기표준 오토사이클 해석결과 요약

과정		일	열
$1 \rightarrow 2$	등엔트로피압축	$w_{12} = -(u_2 - u_1) = -c_v(T_2 - T_1)$	$q_{12} = 0$
$2 \rightarrow 3$	정적연소	$w_{23} = 0$	$q_{23} = (u_3 - u_2) = c_v(T_3 - T_2)$
$3 \rightarrow 4$	등엔트로피팽창	$w_{34} = -(u_4 - u_3) = c_v(T_3 - T_4)$	$q_{34} = 0$
$4 \rightarrow 1$	정적배기	$w_{41} = 0$	$q_{41} = (u_1 - u_4) = -c_v(T_4 - T_1)$

$$\delta q = du + \delta w \tag{4.6}$$

여기서 δ는 경로함수(path function)에 사용하는 불완전미분을 나타내는 기호이며, d는 점함수(point function)에 사용하는 완전미분을 나타내는 기호이다. 참고로 열과 일은 과정이 진행되는 경로에 따라 크기가 달라지는 경로함수이며, 열역학 제1법칙에 포함되는 모든 에너지는 점함수이다. 점함수는 과정이 진행되는 경로에는 무관하며, 최초와 최종 상태에 의해 그 값이 결정된다.

열역학 제1법칙은 사이클을 이루는 계에도 성립한다. 따라서 식 (4.6)에 사이클 적분을 취하면 다음과 같이 된다.

$$\oint \delta q = \oint du + \oint \delta w \tag{4.7}$$

여기서 적분기호 $\oint$는 사이클 적분을 의미하며, 오토사이클에 적용하는 경우 다음과 같이 전개된다.

$$\begin{aligned}
&\oint \delta q = q_{system} = \int_1^2 \delta q + \int_2^3 \delta q + \int_3^4 \delta q + \int_4^1 \delta q = q_{12} + q_{23} + q_{34} + q_{41} \\
&\oint du = (u_2 - u_1) + (u_3 - u_2) + (u_4 - u_3) + (u_1 - u_4) = 0 \\
&\oint \delta w = w_{system} = \int_1^2 \delta w + \int_2^3 \delta w + \int_3^4 \delta w + \int_4^1 \delta w = w_{12} + w_{23} + w_{34} + w_{41}
\end{aligned} \tag{4.8}$$

즉 어떤 열역학적인 양에 대한 사이클 적분이란 각 과정에서 일어난 양을 모두 합친 값이라는 것을 알 수 있다. 식 (4.8)에서 점함수에 대한 사이클 적분값은 0이라는 것을 알 수 있다. 이는 점함수값은 최초 및 최종 상태에 의해서만 결정되는데, 사이클을 이루는 경우 최초 상태와 최종 상태가 동일하기 때문이다. 따라서 식 (4.7)은 다음과 같이 된다.

$$\oint \delta q = \oint \delta w \tag{4.9}$$

식 (4.9)는 계를 출입한 열과 일의 크기가 서로 같다는 것을 의미한다. 즉 식 (4.9)는 그림 4.1의 p-v선도에 나타나 있는 사이클 내부 면적과 T-s선도에 나타나 있는 사이클 내부 면적의 크기가 서로 같다는 것을 의미한다.

공기표준 오토사이클에서 발생하는 일과 열을 정리하면 다음과 같다.

$$\begin{aligned} w_{system} &= w_{12} + w_{23} + w_{34} + w_{41} \\ &= \underbrace{-c_v(T_2 - T_1)}_{w_{in}} + \underbrace{c_v(T_3 - T_4)}_{w_{out}} \end{aligned} \tag{4.10}$$

$$\begin{aligned} q_{system} &= q_{12} + q_{23} + q_{34} + q_{41} \\ &= \underbrace{c_v(T_3 - T_2)}_{q_{in}} - \underbrace{c_v(T_4 - T_1)}_{q_{out}} \end{aligned} \tag{4.11}$$

여기서 w_{in}은 계 내부로 공급한 일, w_{out}은 계에서 생산한 일, q_{in}은 계 내부로 공급한 열, q_{out}은 계를 빠져나간 열을 의미한다. 항공기용 왕복엔진을 포함한 모든 열기관의 열효율은 다음 식으로 정의한다.

$$\eta_{th} = \frac{output}{input} = \frac{w_{system}}{q_{in}} = \frac{q_{system}}{q_{in}} = \frac{q_{in} - q_{out}}{q_{in}} = 1 - \frac{|q_{out}|}{q_{in}} \tag{4.12}$$

열효율 계산식에 있는 배출하는 열(q_{out})에 절댓값 기호를 사용한 이유는 열효율이 1보다 커지는 모순을 방지하기 위함인데, 계에서 배출되는 열은 자체적으로 음(−)의 부호를 가지기 때문이다. 식 (4.12)를 이용하여 공기표준 오토사이클 열효율을 계산하면 다음과 같다.

$$\eta_{th} = 1 - \frac{T_4 - T_1}{T_3 - T_2}$$

위 식에 공기표준 오토사이클의 열효율이 온도만의 함수로 나타나 있지만 열효율을 계산하기 위해서는 각 과정이 종료된 모든 상태에서 온도를 계산해야 한다. 아울러 위 식을 이용하여 공기표준 오토사이클의 열효율 특성을 파악하기 매우 어렵다. 따라서 열효율 관계식을 간단하게 나타낼 필요가 있다. 위 식은 다음과 같이 나타낼 수 있다.

$$\eta_{th} = 1 - \frac{T_1\left(\dfrac{T_4}{T_1} - 1\right)}{T_2\left(\dfrac{T_3}{T_2} - 1\right)} \tag{4.13}$$

위 식을 간단히 나타내기 위해 과정 $2 \to 3$과 과정 $4 \to 1$ 사이의 온도 관계를 살펴보자.

$$\frac{T_4/T_1}{T_3/T_2} = \frac{T_4/T_3}{T_1/T_2} = \frac{(v_3/v_4)^{\gamma-1}}{(v_2/v_1)^{\gamma-1}}$$

위 식에서 첫째 항에서 분모는 과정 $2 \to 3$, 분자는 과정 $4 \to 1$로서 모두 정적과정이다. 이제 첫째 항을 둘째 항과 같이 변환시키면 분모는 과정 $1 \to 2$, 분자는 과정 $3 \to 4$로서 모두 등엔트로피과정이 된다. 따라서 등엔트로피 관계식을 이용하여 둘째 항의 온도 관계를 셋째 항에 나타나 있는 비체적 관계로 나타낼 수 있다. 그림 4.1에 있는 p-v선도에서 $v_2 = v_3$, $v_1 = v_4$이므로 다음과 같은 관계식이 성립한다.

$$\frac{\dfrac{T_4}{T_1}}{\dfrac{T_3}{T_2}} = \frac{\left(\dfrac{T_4}{T_1} - 1\right)}{\left(\dfrac{T_3}{T_2} - 1\right)} = 1$$

위 식을 식 (4.13)에 대입하면 다음과 같은 공기표준 오토사이클에 대한 훨씬 간단한 열효율 관계식을 얻는다.

$$\eta_{th} = 1 - \frac{T_1}{T_2} \tag{4.14}$$

한편, 과정 $1 \to 2$는 등엔트로피압축과정이다. 따라서 등엔트로피과정 관계식을 이용하면 식 (4.14)를 다음과 같이 압축비와 비열비(specific heat ratio)의 함수로 나타낼 수 있다.

$$\eta_{th} = 1 - \left(\frac{v_2}{v_1}\right)^{\gamma-1}$$

$$\eta_{th} = 1 - \left(\frac{1}{\epsilon}\right)^{\gamma-1} \tag{4.15}$$

여기서 γ는 비열비, $\epsilon = v_1/v_2$로서 압축비를 나타낸다. 이 식으로부터 오토사이클의 이론

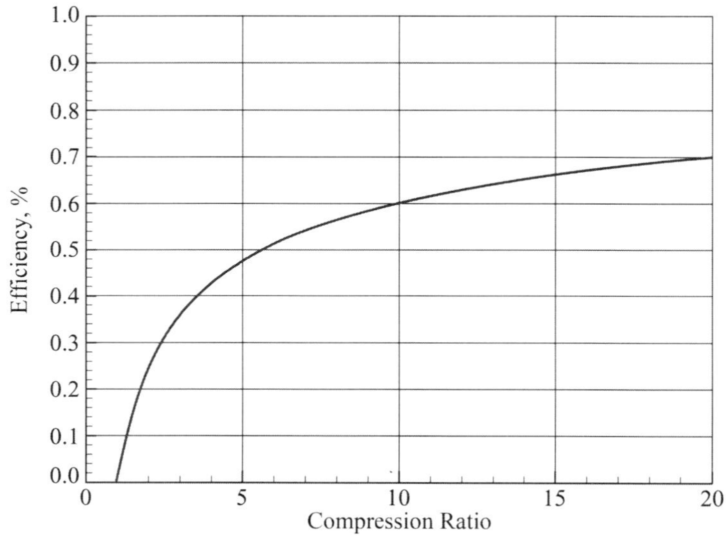

그림 4.2 ‣ 오토사이클 열효율

열효율은 단순히 압축비와 비열비만의 함수임을 알 수 있다.

작동유체로서 공기를 사용하는 공기표준 오토사이클의 열효율을 그림 4.2에 나타냈다. 이 그림을 통해서 오토사이클의 열효율은 압축비가 높아질수록 증가한다는 것을 알 수 있다. 그러나 압축비가 과도하게 높아지면 데토네이션이 발생하여 엔진출력이 저하되며, 심각한 경우에는 엔진 손상이 발생한다. 따라서 일반적으로 가솔린엔진의 압축비는 6 : 1 ~ 9 : 1 범위로 제한하고 있다.

4.2 • 실제 사이클

4.2.1 지압선도

프로펠러를 구동하는 왕복엔진은 운전하는 동안 실제적으로 다양한 손실이 발생한다. 가장 대표적인 손실을 살펴보면 그림 4.3에 나타나 있는 것처럼 배기손실, 냉각손실, 마찰손실, 프로펠러 손실 등이 있다. 앞에서 살펴본 이론 사이클은 배기손실을 제외한 나머지 손실들을 반영하지 않은 이상적인 사이클이었다. 여기서는 손실이 반영된 실제적인 사이클에 대해서 살펴보기로 한다.

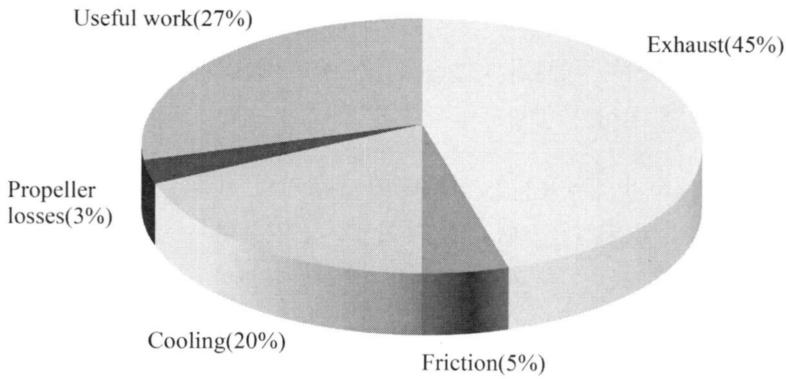

그림 4.3 • 가솔린엔진 열평형

피스톤의 움직임에 따라 달라지는 실린더 내부압력을 측정하여 p-v선도에 그린 그림이 그림 4.4에 나타나 있으며, 이를 지압선도(indicator diagram)라 한다. 지압선도는 여러 가지 손실이 반영된 실제 사이클에 대한 p-v선도이다. 그림 4.4에 지압선도와 이론 사이클에 대한 선도를 비교하기 위해 두 선도를 함께 나타냈는데, 이 그림을 통해서 두 선도는 모든 행정에서 차이가 있다는 것을 알 수 있다.

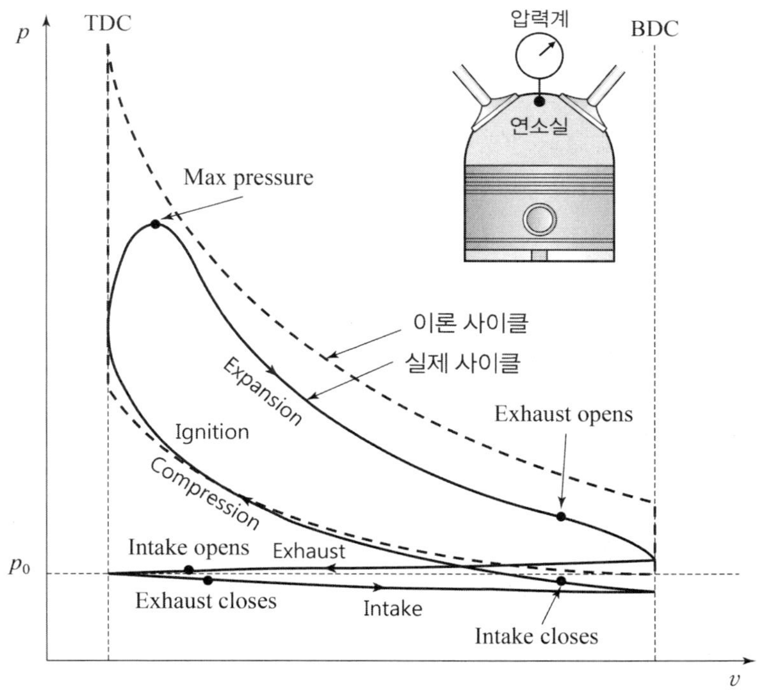

그림 4.4 • 지압선도

가솔린엔진의 실제적인 열효율은 28 ~ 33%이다. 그러나 압축비가 8인 경우 이론열효율은 그림 4.2에서 약 56% 정도라는 것을 알 수 있다. 이렇게 이론적인 열효율과 실제적인 열효율 사이에 큰 차이가 발생하는 이유는 다음과 같다.

① 실제 사이클에서의 작동유체인 연료-공기 혼합기의 비열은 이론 사이클에서의 작동유체인 공기의 비열보다 크며, 고온에서 그 차이는 더욱 커진다. 따라서 실제 사이클에서의 최고온도는 이론 사이클에서의 최고온도보다 낮아지며, 이로 인해 출력이 줄어들고 열효율이 낮아진다.

② 열해리로 인하여 실질적인 연소온도가 낮아진다. 2000°C 이상의 고온에서는 연소에 의해 생성된 H_2O와 CO_2가 열해리 되어 $2H_2O \rightarrow 2H_2 + O_2$, $CO_2 \rightarrow 2CO + O_2$가 된다. 열해리는 흡열반응이기 때문에 연소에 의해 발생한 열을 소비하며, 이로 인해 실질적으로 연소온도가 낮아지며, 이로 인해 출력이 줄어들고 열효율이 낮아진다.

③ 실제적으로 불완전연소가 일어난다. 연소실 벽면 근처는 냉각에 의해 온도가 낮아져 불완전연소가 발생한다. 온도가 낮아지면 연료를 구성하는 탄소(C)가 이산화탄소(CO_2)가 되지 못하고 일산화탄소(CO)가 되며, 이로 인해 연료가 가지고 있는 화학적 에너지가 모두 열에너지로 전환되지 못한다. 따라서 불완전연소로 인해 연소온도가 낮아지며, 이로 인해 엔진의 출력과 열효율 모두 낮아진다.

④ 시간손실이 발생한다. 이론 사이클의 경우 피스톤이 상사점에 도달한 상태에서 점화가 일어나고 완료되는 것으로 가정하였다. 그러나 실린더 내부에서 화염이 전파되는 속도는 20 ~ 30 m/s이며, 이로 인해 실제적으로는 피스톤이 상사점에 도달하기 이전에 점화가 이루어지며, 피스톤이 상사점을 지나 하사점을 향해 내려가는 중간에 연소가 완료된다. 따라서 그림 4.4에 나타나 있는 것처럼 점화가 일어난 순간부터 피스톤이 상사점에 도달하는 사이의 구간에서 이론 사이클보다 실린더 내부에 높은 압력이 형성되며, 이로 인해 압축행정에 이론 사이클보다 더 큰 동력이 소모된다. 아울러 실린더 내부의 최고압력은 피스톤이 상사점을 지나 하사점을 향해 약간 내려온 지점에서 발생하며, 이로 인해 실린더 내부에 작용하는 최고압력의 크기가 작아지면서 출력이 줄어든다. 이렇게 화염 전파속도로 인해 그림 4.5에 나타나 있는 것과 같은 크기의 시간손실이 발생하며, 이로 인해 엔진 출력과 열효율 모두 낮아진다.

⑤ 냉각손실로 인해 최고온도 및 최고압력이 저하된다. 이론 사이클에서는 열전달 손실을 무시하여 압축 및 팽창행정을 단열과정이라 가정하였다. 그러나 실제적으로

실린더 배럴 및 실린더 헤드에 있는 냉각핀을 통해서 많은 열이 계 밖으로 빠져나가기 때문에 단열과정이 아니다. 냉각손실의 크기는 그림 4.5에서 4′−c−3′−3−4−4′이다.

⑥ 실제적으로 배기밸브는 피스톤이 하사점에 도달하기 전에 열리기 때문에 팽창행정이 완료되기 전에 실린더 내부압력이 추가적으로 낮아지며, 이로 인해 일의 손실이 발생한다. 이를 배기손실이라 하며, 그 크기는 그림 4.5에 나타나 있는 4′−d−a−4′이다.

⑦ 흡기행정과 배기행정 모두 피스톤을 이동시켜 일어나기 때문에 일을 소비하는 과정이다. 흡기행정과 배기행정에서 발생하는 손실을 흡배기손실(또는 펌프일)이라 하며, 그 크기는 그림 4.5에 나타나 있는 0−1−a−0이다.

⑧ 피스톤과 실린더 벽 사이에는 마찰이 존재하기 때문에 실제적으로 각 행정에서 마찰손실이 발생한다.

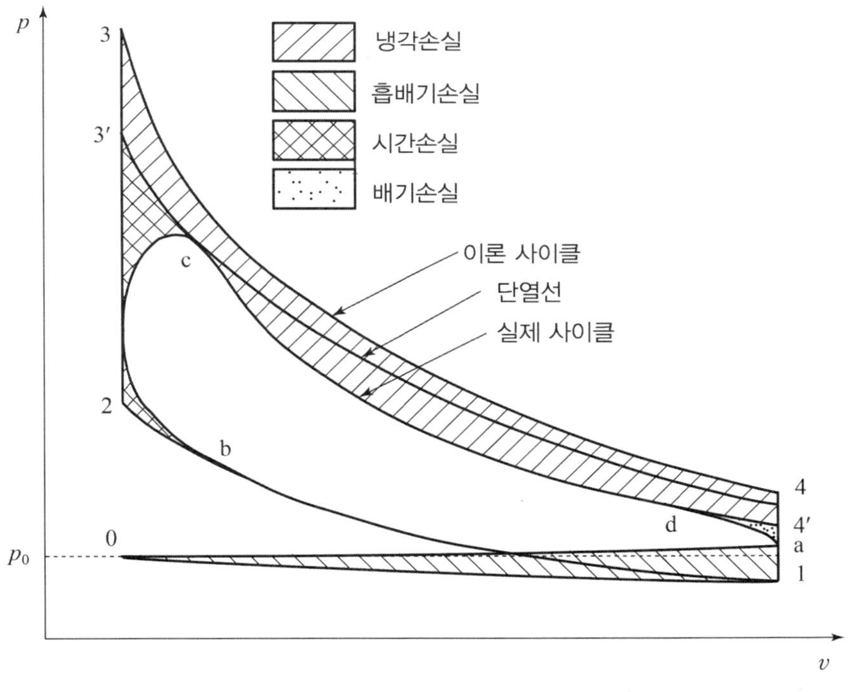

그림 4.5 ‧ 실제 사이클에서의 각종 손실

4.2.2 각 행정에서의 실제 일

그림 4.6에 지압선도에 나타난 각 행정에서의 일을 구분하여 나타냈다. 밀폐계에서의 일은 절대일이며, 그 크기는 다음과 같다.

$$w_{12} = \int_1^2 p\,dv \tag{4.16}$$

식 (4.16)이 의미하는 것은 'p-v선도에서 어떤 과정에서 발생하는 절대일의 크기는 그 과정의 v축에 대한 투영면적의 크기와 동일하다'는 것이다.

흡입행정에서 발생하는 흡입일의 크기가 그림 4.6(a)에 나타나 있다. 그림에서 압력 기

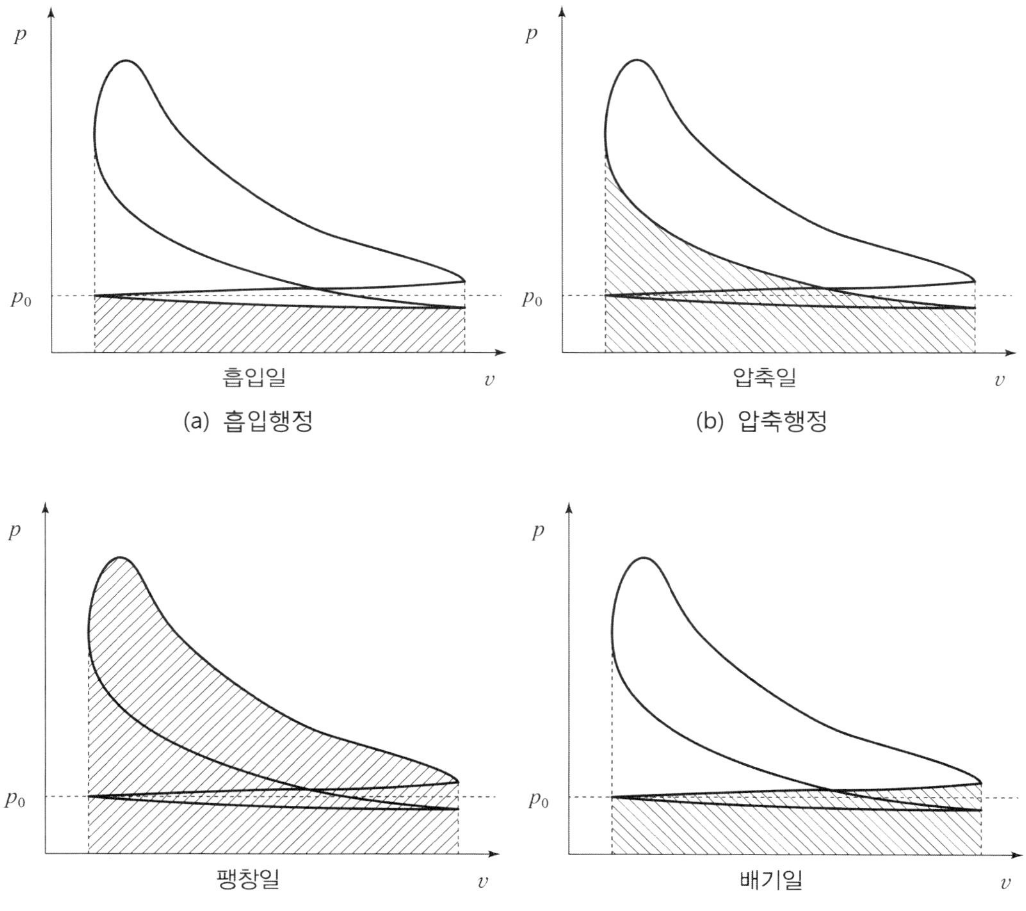

그림 4.6 ‣ 각 행정에서의 일

준점은 절대압력 0이다. 따라서 흡입일의 부호가 양(+)으로 나타나 있다. 그런데 실질적으로 흡입행정에서 피스톤이 상사점으로부터 하사점으로 내려가면서 실린더 내부에는 대기압보다 낮은 진공압력, 즉 음(−)의 압력이 형성된다. 흡입행정에서 미소 비체적 증가량 dv의 부호는 양이다. 따라서 흡입행정에서 발생하는 흡입일은 음의 일이며, 계 내부로 유입되는 일이다. 그리고 압력 기준선을 대기압력으로 설정하면 이런 내용을 쉽게 이해할 수 있다. 그러나 이 경우 압력의 부호를 별도로 고려해주어야 하기 때문에 번거롭다. 따라서 압력 기준선을 절대압력 0으로 설정하면 압력값은 항상 양의 부호를 가지며, 흡입일이 양의 부호를 가지는 모순은 사이클 해석을 완료하면 배기일과 상쇄되기 때문에 전혀 문제가 되지 않는다.

연료-공기 혼합기를 압축시키는 데 소요되는 압축일의 크기는 그림 4.7(b)에 나타나 있듯이 지압선도에 나타나 있는 압축행정의 v축에 대한 투영면적과 같다. 실제적으로 연료-공기 혼합기를 압축시키기 위해서는 실린더 내부에 작용하는 압력을 이겨내면서 피스톤을 밀어 올려 주어야 한다. 따라서 압축일은 계 내부로 공급해 주어야 하는 일이며, 부호는 음이다.

팽창일은 연료-공기 혼합기가 연소하면서 실린더 내부의 압력과 온도가 급격히 증가하여 피스톤을 밀어내려 크랭크축을 회전시키는 일이다. 따라서 팽창일은 계를 빠져나오는, 즉 계에서 생산되는 일이며, 부호는 양이다. 팽창일의 크기는 그림 4.7(c)에 나타나 있듯이 지압선도에 나타나 있는 팽창행정의 v축에 대한 투영면적과 같다.

배기일은 배기밸브가 열린 상태에서 피스톤을 밀어 올리면서 연소가스를 외부로 배출시키는 데 소요되는 일이다. 배기행정에서 미소 비체적 변화량인 dv는 음의 부호를 가지기 때문에 배기일은 음의 일이며, 크기는 그림 4.6(d)에 나타나 있다. 실제로 엔진 외부에

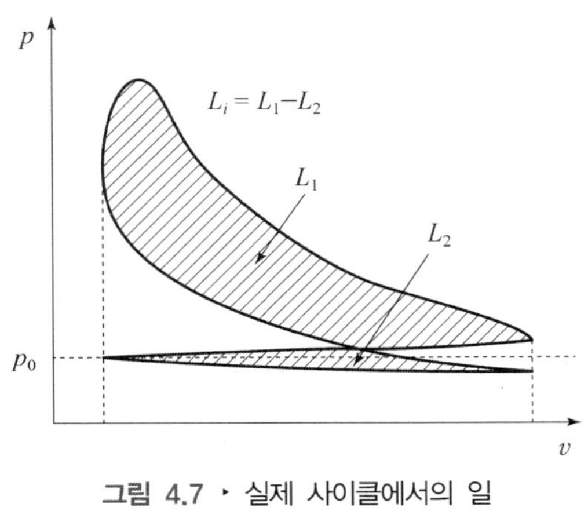

그림 4.7 • 실제 사이클에서의 일

는 대기압이 형성되어 있다. 따라서 실린더 내부에 있는 연소가스를 실린더 외부로 배출시키기 위해서는 실린더 내부에 대기압보다 높은 압력이 형성되어야 한다.

엔진에서 생산하는 실제적인 일의 크기는 지압선도에서 생산된 일에서 공급한 일을 빼주면 구할 수 있다. 그림 4.7에 나타나 있는 일의 크기와 부호를 이해하기 위해서 피스톤이 2회 왕복하는 것을 기준으로 살펴보기로 한다. 우선 배기행정과 흡기행정을 고려하면, 그림 4.6(a)와 4.6(d)를 통해서 흡배기손실의 크기를 알 수 있으며, 그 크기는 그림 4.5에 나타나 있는 a−0−1−a이다. 그리고 흡배기손실의 부호는 음이다. 이제 압축행정과 팽창행정을 고려하면, 팽창일에서 압축일을 빼준 면적이 엔진에서 생산되는 출력이 된다. 이렇게 얻어진 면적은 흡배기손실과 중복되는 면적이 나타나는데, 이 중복되어 나타나는 부분을 서로 상쇄하면 그림 4.7에 나타나 있는 것처럼 양의 일인 L_1과 음의 일인 L_2가 만들어진다. 따라서 지압선도를 이용한 실제적인 사이클에서 실제적으로 왕복엔진에서 생산되는 일을 L_i로 표시하면, $L_i = L_1 - L_2$이다.

4.3 • 출력과 효율

4.3.1 체적효율

실린더로 유입되는 공기량은 이론적으로 배기량과 기관의 회전수를 이용하여 계산이 가능하다. 그러나 실제적으로 실린더로 유입되는 공기량은 공기흡입 시에 발생하는 각종 유동손실, 밸브 오버랩, 과급기 사용 등으로 인해 이론적으로 계산된 양과 크게 달라진다. 왕복엔진 역시 실제로 흡입하는 공기량에 따라서 엔진에서 생산하는 출력이 결정되기 때문에 공기흡입 능력은 매우 중요하다. 공기흡입 능력은 엔진의 구조 및 운전조건 등에 따라 달라지며, 다음과 같이 정의하는 체적효율(volumetric efficiency)을 이용하여 판단한다.

$$\eta_v = \frac{\text{흡입된 공기 중량}}{\text{총 배기량이 차지하는 대기상태의 공기 중량}} \tag{4.17}$$

체적효율과 유사한 개념으로 충전효율을 사용하기도 한다. 충전효율은 다음과 같다.

$$\eta_c = \frac{\text{흡입된 공기 중량}}{\text{총 배기량이 차지하는 표준대기상태의 공기 중량}} \tag{4.18}$$

체적효율을 증가시키기 위해 사용하고 있는 방법은 다음과 같다.

(1) 과급기 사용

터보차저나 수퍼차저를 사용하면 MAP(Manifold Air Pressure)을 증가시킬 수 있다. MAP이 증가하면 공기의 밀도가 증가하기 때문에 실린더에 더 많은 양의 연료-공기 혼합기를 채울 수 있으며, 이로 인해 체적효율이 증가한다.

(2) 밸브오버랩

피스톤이 상사점에 도달하기 전에 흡기밸브를 미리 열어 배기가스 관성을 이용하여 더 많은 연료-공기 혼합기를 실린더에 주입할 수 있다.

(3) 반구형 연소실 채택

반구형 연소실은 원통형 연소실에 비해 더 큰 직경을 가지는 밸브를 설치할 수 있다. 더 큰 직경의 밸브를 설치하면 연료-공기 혼합기가 밸브를 지나는 동안 발생하는 교축손실을 줄일 수 있기 때문에 체적효율이 증가한다.

(4) DOHC 적용

SOHC(Single OverHead Cam) 대신에 DOHC(Double OverHead Cam)를 적용하면 밸브 통과 면적이 증가하기 때문에 교축손실이 줄어든다. 그러나 DOHC는 시스템이 복잡해지고 무게가 증가하는 단점이 있기 때문에 항공기용 왕복엔진에는 적용하지 않고 있다.

4.3.2 출력

내연기관의 출력을 표시하는 방법으로는 두 가지가 있다. 첫째는 출력축의 회전력인 토크(torque)로 표시하는 방법이고, 둘째는 축 출력을 동력으로 나타내는 방법인데, 동력의 단위로는 흔히 마력을 사용한다.

토크는 회전기계에서 많이 사용하는데, 항공기의 경우 프로펠러를 회전시키기 위해서는 토크가 필요하며, 자동차의 경우에는 바퀴를 회전시키기 위하여 토크가 필요하다. 토크는 그림 4.8에 나타나 있는 것처럼 축 가장자리에 작용하는 힘(F)과 축의 반경(r)을 곱한 값으로 정의한다.

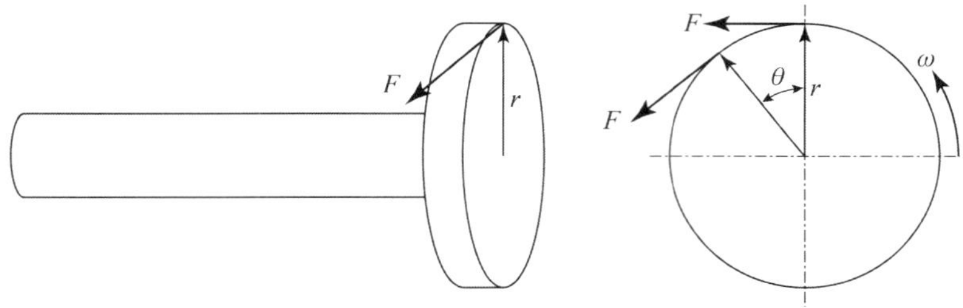

그림 4.8 · 토크

$$T = F \times r \tag{4.19}$$

동력은 단위시간당의 일이다. 따라서 회전축에서 발생하는 동력은 다음과 같다.

Power = (Force · length)/time

Power = Force · velocity

$$\text{Power} = F \cdot v = F \cdot r\omega = F \cdot r \cdot \frac{2\pi n}{60} = \frac{2\pi Tn}{60} \text{ [kg·m/s]} \tag{4.20}$$

여기서, F는 힘, v는 회전 선속도($v = r\omega$), n은 rpm, ω는 각속도($\omega = 2\pi n/60$)를 나타낸다. 출력을 마력 단위로 나타내기 위해서는 식 (4.20)을 75로 나누어주면 된다. 이는 1 PS=75 kg·m/s이기 때문이다.

$$\text{Power} = \frac{F \cdot v}{75} = \frac{F \cdot r\omega}{75} = F \cdot r \cdot \frac{2\pi n}{60 \times 75} = \frac{2\pi Tn}{60 \times 75} \text{ [PS]} \tag{4.21}$$

4.3.3 평균유효압력을 이용한 출력 계산

내연기관의 출력은 평균유효압력(p_m; mean effective pressure)을 이용하여 나타낼 수 있다. 앞에서 설명했듯이 p-v선도에서 사이클 내부 면적은 사이클에서 생산하는 일의 크기를 나타낸다. 따라서 이론적인 사이클에서 생산되는 일의 크기는 사이클 내부 면적, 즉 그림 4.9에서 면적 1－2－3－4－1이다. 엔진에서 생산하는 출력을 쉽게 계산하기 위해 평균유효압력을 이용하는데, 평균유효압력을 찾아내기 위해 사이클 면적과 동일한 크기를 가지는 직사각형을 그리면 된다. 여기서 주의할 점은 행정은 동일하게 나타내야 한다는 것이다. 그러면 행정이 동일하면서 높이 p_m을 가지는 직사각형을 구할 수 있으며, 이 직사각형의 높이가 평균유효압력이다.

평균유효압력을 이용하여 출력을 계산하는 방법을 설명하기 위해 다음과 같은 일을 정

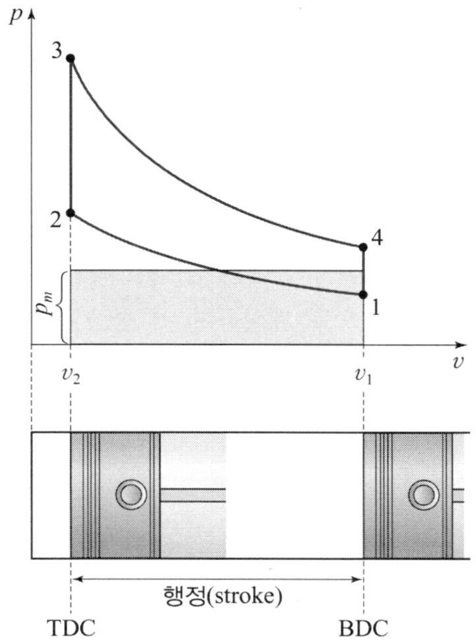

그림 4.9 ‣ 평균유효압력

의하는 식 (4.16)에서 출발한다. 평균유효압력은 행정에 걸쳐 일정하기 때문에 피스톤이 진행하는 동안 작용하는 압력힘의 크기 역시 일정하며, 크기는 다음과 같다.

$$F = p_m A$$

여기서 A는 피스톤 단면적이다. 일의 크기는 힘과 피스톤이 이동한 거리, 즉 행정을 곱한 값이다. 따라서 일의 크기는 다음과 같다.

$$W = p_m AL \tag{4.22}$$

여기서 L은 행정이다.

동력은 단위시간당 일이다. 회전기계의 경우 회전속도를 나타내기 위해 일반적으로 rpm으로 나타내는 분당 회전수(N)를 사용한다. 따라서 식 (4.22)에 $N/60$을 곱해주면 동력을 계산할 수 있다. 그런데 사이클은 왕복엔진이 2회전해서 완성되기 때문에 실질적인 동력은 식 (4.22)에 추가로 $1/2$을 곱해주어야 한다. 아울러 출력을 마력 단위로 나타내기 위해서는 75로 나누어주어야 한다. 이는 1 PS = 75 kg·m/s이기 때문이다. 따라서 왕복엔진에서 발생하는 출력은 다음과 같다.

$$P = \frac{p_m LANK}{75 \times 60 \times 2} = \frac{p_m LANK}{9000} \quad \text{[PS]} \tag{4.23}$$

여기서, P는 출력, K는 실린더수이다. 식 (4.22)를 사용하여 출력을 구하는 경우 주의할 점은 압력에 관계된 힘의 단위는 kg이라야 한다는 점이다. 아울러 압력에 관계된 면적 단위와 피스톤 면적에 대한 단위를 통일시켜 서로 상쇄시켜야 한다는 점이다. 또한 행정의 단위는 반드시 미터[m]를 사용해야 한다는 점이다. 예를 들면, 압력단위가 [kg/cm^2]인 경우 피스톤 면적도 반드시 [cm^2]으로 계산하여 이 둘을 곱하면 [kg]만 남도록 해야 하며, 여기에 행정 거리를 미터[m]로 환산하여 사용해야 한다. 이는 분모에 있는 숫자 75가 75 kg·m/s를 의미하기 때문이다.

4.3.4 출력 종류

왕복엔진의 출력을 나타내는 종류에는 이론마력, 지시마력, 제동마력, 마찰마력이 있다. 이론마력이란 각종 손실을 완전히 배제시킨 출력으로서 엔진의 이론적인 열역학적인 선도를 이용하여 계산한 출력, 즉 식 (4.23)을 이용하여 계산한 값이다. 지시마력(indicated horsepower)이란 엔진의 지압선도를 이용하여 계산한 출력으로서, 엔진에서 실제적으로 발생하는 각종 손실이 모두 반영된 실질적인 엔진 출력이다. 지시마력은 그림 4.10에 나타나 있는 지시평균유효압력을 이용하면 다음 식을 이용하여 계산할 수 있다.

$$P_i = \frac{p_{mi} LANK}{75 \times 60 \times 2} = \frac{p_{mi} LANK}{9000} \quad \text{[PS]} \tag{4.24}$$

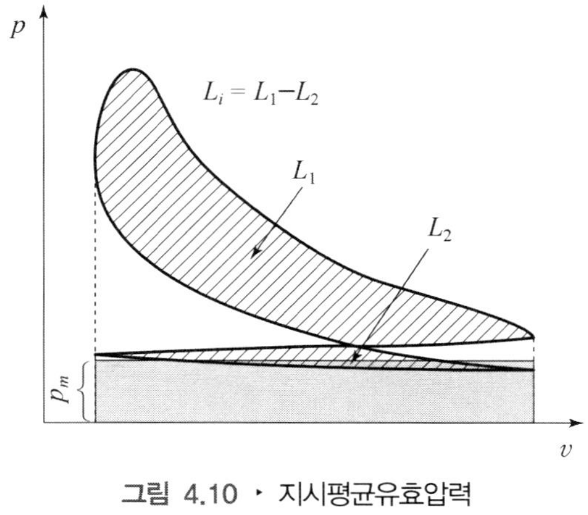

그림 4.10 · 지시평균유효압력

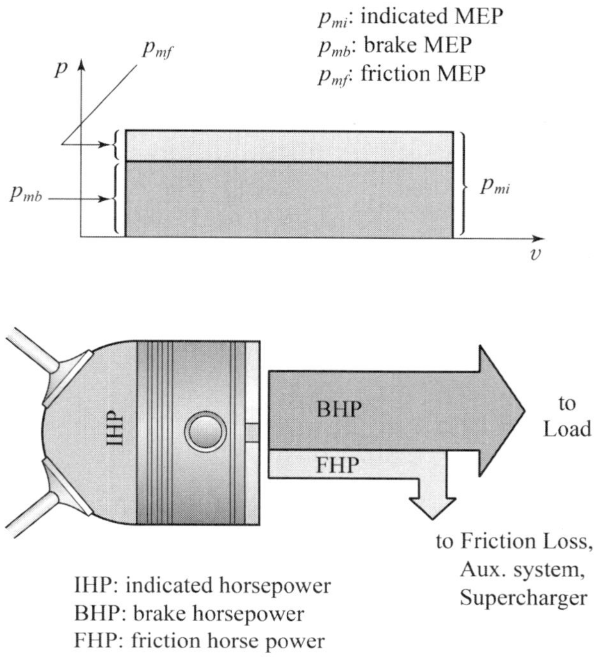

그림 4.11 ‣ 엔진출력 구분

여기서 P_i는 지시마력, p_{mi}는 지시평균유효압력이다.

제동마력(brake horsepower)이란 그림 4.11에 나타나 있는 것처럼 엔진의 최종적인 출력축, 즉 항공기의 경우 프로펠러에 전달되는 출력을 의미하며, 정미마력(net horsepower)이라고도 한다. 마찰마력(friction horsepower)이란 지시마력에서 제동마력을 빼준 값이다. 마찰마력은 베어링과 같이 동력 전달과정에서 손실되는 동력, 연료펌프 및 오일펌프 구동동력, 그리고 과급기 구동동력 등을 모두 포함한다. 이들 보조기기 구동동력은 엔진에서 생산된 동력을 사용한다. 따라서 엔진에서 실제로 생산된 지시마력이 프로펠러와 같은 출력축 끝단에 전달되는 것이 아니라 지시마력에서 마찰마력을 빼준 제동마력이 전달된다. 최신 항공기용 왕복엔진의 마찰마력은 지시마력의 약 10 ~ 15% 정도이다.

왕복엔진의 열효율은 사용하는 각각의 출력에 따라 다르게 정의한다. 이론열효율은 이론마력을 엔진에 공급한 열량으로 나눈 값으로 정의한다.

$$\eta_{th}(\text{이론열효율}) = \frac{\text{이론마력}}{\text{엔진 공급 열량}} \tag{4.25}$$

지시열효율(도시열효율)은 지시마력을 엔진에 공급한 열량으로 나눈 값으로 정의한다.

$$\eta_i(\text{지시열효율}) = \frac{\text{지시마력}}{\text{엔진 공급 열량}} \tag{4.26}$$

제동열효율(정미열효율)은 제동마력을 엔진에 공급한 열량으로 나눈 값으로 정의한다.

$$\eta_i(\text{제동열효율}) = \frac{\text{제동마력}}{\text{엔진 공급 열량}} \tag{4.27}$$

엔진효율(기관효율)은 지시마력을 이론마력으로 나눈 값으로서 엔진의 효율적인 냉각 및 마찰 최소화 등을 통해 높일 수 있다. 엔진효율은 다음과 같다.

$$\eta_d = \frac{\text{지시마력}}{\text{이론마력}} = \frac{p_{mi}}{p_m} \tag{4.28}$$

기계효율은 제동마력을 지시마력으로 나눈 값으로서 엔진에서 생산한 출력이 얼마나 효율적으로 출력축 끝단으로 전달되는지를 나타내기 때문에 매우 중요하다. 기계효율은 다음과 같이 정의한다.

$$\eta_m = \frac{\text{제동마력}}{\text{지시마력}} = \frac{p_{mb}}{p_{mi}} \tag{4.29}$$

엔진의 경제성을 평가하기 위한 척도로서 비연료소비율(SFC; Specific Fuel Consumption)을 많이 이용한다. 비연료소비율은 출력 1마력당 1시간에 소비하는 연료의 중량을 나타내며, 다음과 같이 정의한다.

$$b_e = \frac{B \cdot 1000 \cdot 3600}{L_e} \quad [\text{g/PS} \cdot \text{h}] \tag{4.30}$$

여기서 b_e는 비연료소비율, B는 연료 소비량(kg/s), L_e는 제동마력(PS)을 나타낸다. 엔진의 열효율은 비연료소비율이 작을수록 향상된다. 항공기용 왕복엔진의 경우 이륙 및 상승과 같은 고출력 운전 시에는 비연료소비율이 높다. 그 이유는 고출력 운전 시 데토네이션이 발생하는 것을 방지할 목적으로 엔진을 냉각시키기 위하여 혼합기의 농도를 짙게 유지시키기 때문이다.

4.4 • 엔진출력에 영향을 미치는 요소

왕복엔진은 최적의 경제성을 유지하면서 최고의 성능을 발휘하기 위해 대기 중의 공기를 흡입하고 그 흡입한 공기의 질량에 적합한 질량의 연료를 추가하여 최적의 연료-공기 혼합비를 유지시켜준다. 엔진출력은 궁극적으로 엔진에 공급한 연료량에 비례한다. 따라서 흡입하는 공기량이 증가하면 엔진출력은 증가한다. 엔진에 흡입하는 공기량은 체적을 기준으로 동일하다. 이는 엔진의 행정체적이 일정하기 때문이다. 엔진의 일정한 행정체적에 따른 제약을 해결하고 더 높은 출력을 생산하기 위한 방법으로는 앞에서 살펴본 과급기 사용, 밸브 오버랩 적용, 반구형 연소실 채택을 통한 더 큰 직경의 밸브 사용, 흡기매니폴드 내부 유동특성 개선 등이 있다. 여기서는 이런 물리적인 엔진구조에 대한 개선은 제외하고 단지 유입되는 공기의 상태변화에 따른 엔진의 출력 변화를 살펴보기로 한다.

4.4.1 MAP

실린더 내부에 채울 수 있는 연료-공기 혼합기의 양은 정해져 있기 때문에 실린더 입구인 매니폴드의 내부 압력이 높으면 공기의 밀도가 증가하기 때문에 체적효율이 증가한다. 따라서 그림 4.12에 나타나 있는 것처럼 MAP이 증가함에 따라 출력이 증가한다.

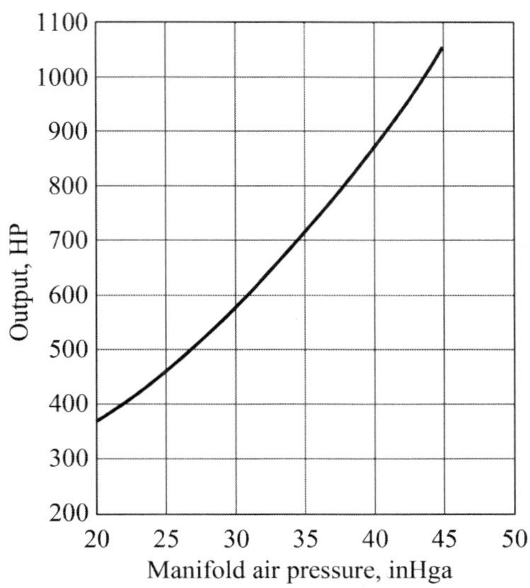

그림 4.12 • MAP 변화에 따른 엔진출력 변화

4.4.2 대기압력

왕복엔진의 출력은 대기압력에 비례하여 증가한다. 대기압력이 증가하면 공기의 밀도가 증가하기 때문에 실린더로 유입되는 공기의 질량이 증가한다. 따라서 그림 4.13에 나타나 있는 것처럼 대기압력이 증가함에 따라 출력이 증가한다.

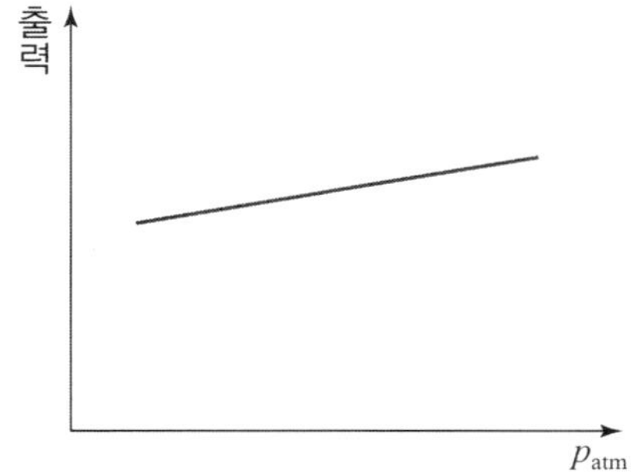

그림 4.13 ‣ 대기압력 변화에 따른 엔진출력 변화

4.4.3 대기온도

왕복엔진의 출력은 그림 4.14에 나타나 있는 것처럼 대기온도가 증가함에 따라 감소한다. 이는 대기온도가 증가하면 공기의 밀도가 감소되어 실린더로 유입되는 공기의 질량이 감소하기 때문이다. 따라서 동일한 엔진인 경우에 여름보다 겨울철에 더 높은 출력이 발생한다. 또한 동일한 엔진인 경우 적도지방에서보다 극지방에서 더 높은 출력이 발생한다.

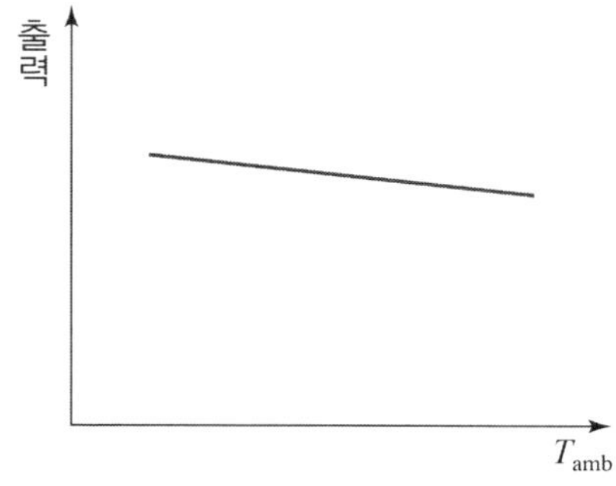

그림 4.14 ‣ 대기온도 변화에 따른 엔진출력 변화

4.4.4 습도

왕복엔진의 출력은 그림 4.15에 나타나 있는 것처럼 대기습도가 증가함에 따라 감소한다. 이는 대기 중에 존재하는 습기는 궁극적으로 물(H_2O)이기 때문이다. 대기 중의 공기는 대부분 질소와 산소로 구성되어 있는데, 질소의 분자량은 28, 산소의 분자량은 32인데 반해 물의 분자량은 18로서 대기 중에 습도가 증가하면 공기의 전체적인 밀도가 낮아진다. 따라서 대기 중의 습도가 증가함에 따라 출력이 감소한다.

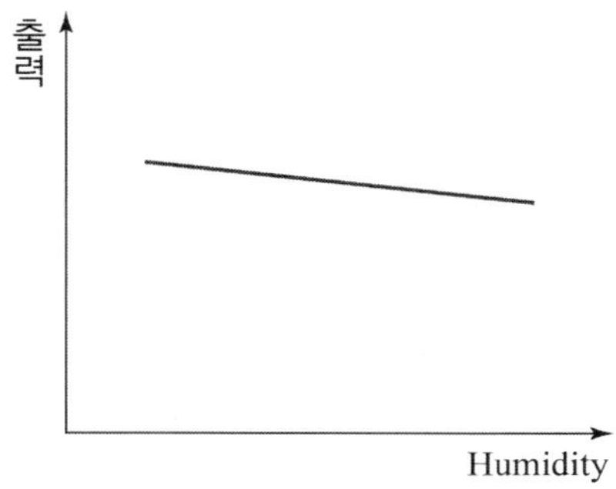

그림 4.15 • 대기습도 변화에 따른 엔진출력 변화

4.4.5 고도

고도가 증가하면 그림 4.16에 나타나 있는 것처럼 왕복엔진의 출력이 감소한다. 고도 증가에 따른 엔진출력 변화는 다른 변화에 비해서 약간 복잡한 편인데, 이는 고도가 증가하면 대기온도와 대기압력 모두 낮아져서 이 두 가지 요소를 동시에 고려해야 되기 때문이다. 고도가 증가하면 대기온도는 낮아진다. 이로 인해 그림 4.16에 나타나 있는 것처럼 고도가 증가함에 따라 온도저하로 인해 엔진출력이 증가한다. 그러나 일정한 고도 이상에서는 고도가 증가하더라도 더 이상 온도가 낮아지지 않기 때문에 고도가 증가하더라도 온도저하에 따른 엔진출력 변화는 나타나지 않는다. 한편, 고도가 증가하면 압력이 낮아지기 때문에 엔진출력이 낮아진다. 고도증가에 따른 온도저하 효과와 압력저하 효과 가운데 압력저하에 따른 효과가 더 크게 나타나기 때문에 궁극적으로 고도가 증가하면 엔진출력이 감소한다.

고도증가에 따른 엔진출력 감소는 고고도에서 비행하는 항공기에 있어서 심각한 문제이다. 이는 고고도에서의 엔진출력 감소를 미리 고려해서 더 큰 엔진을 장착해야 되기 때문에 엔진의 중량 증가로 인한 여러 가지 문제가 발생할 수 있기 때문이다. 이런 문제를

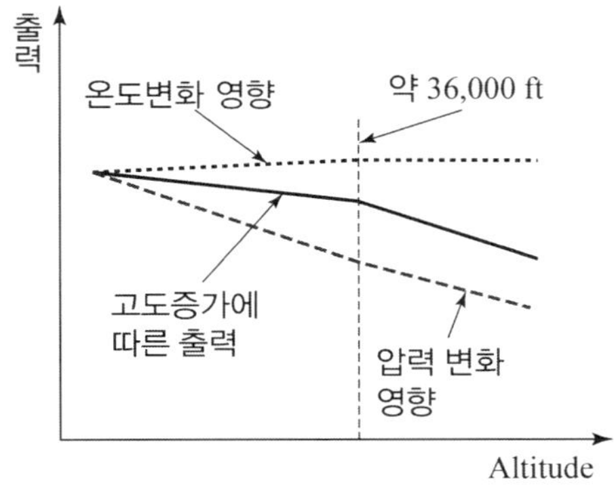

그림 4.16 · 고도 변화에 따른 엔진출력 변화

해결하기 위하여 수퍼차저와 터보차저를 개발하여 항공기용 왕복엔진에 장착하게 된 것이다. 앞에서 살펴보았듯이 수퍼차저나 터보차저를 이용하면 공기를 강제적으로 압축시켜 실린더로 보내줄 수 있기 때문에 고고도에서 엔진출력이 저하되는 것을 일정한 수준까지 막아줄 수 있다.

4.5 • 엔진출력 측정

엔진출력은 다이나모메터(dynamometer)를 이용하여 측정한다. 일반적으로 다이나모메터에는 센서가 설치되어 있으며, 엔진의 회전속도와 토크를 측정하여 엔진출력을 계산한다. 다이나모메터는 흡수식과 구동식으로 구분한다. 흡수식으로는 프로니 브레이크(Prony brake)와 수동력계가 있는데, 이들은 기계적 에너지를 소산시키는 방법으로 토크를 측정한다. 구동식 다이나모메터는 엔진에 에너지를 공급하여 엔진을 구동시키면서 토크를 측정한다. 다이나모메터는 부하장치, 기구부, 컨트롤러, 컴퓨터시스템으로 구성된다. 부하장치는 시험체를 구속하거나 구동시키며, 기구부는 토크검출 센서와 속도검출기로 구성된다. 컨트롤러는 부하장치에 전기를 공급하거나 회전속도와 토크를 제어하며, 컴퓨터시스템은 측정된 데이터를 기록하고 분석한다.

동력은 물리적으로 힘과 속도의 곱으로 표시한다. 그러나 회전기계에서의 동력은 식(4.20)에 나타나 있는 것처럼 토크와 각속도의 곱으로 표시한다. 그림 4.17에 나타나 있는 프로니 브레이크는 접촉면 사이에 발생하는 마찰력으로 인해 축이 회전하는 방향으로

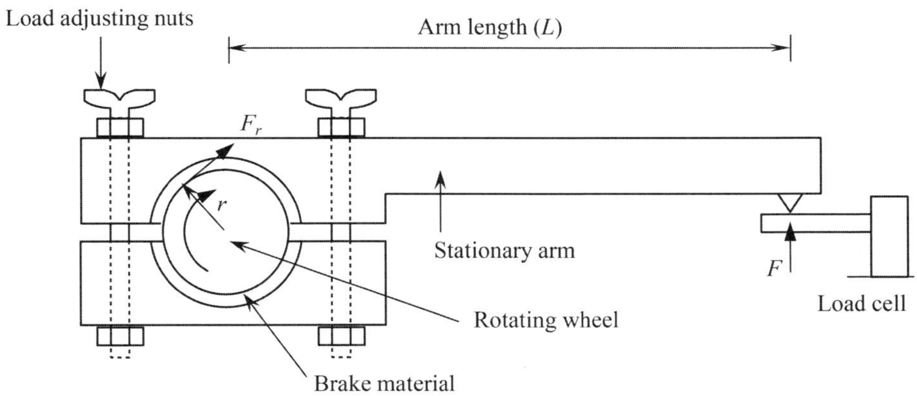

그림 4.17 ‧ 프로니 브레이크

고정 팔을 회전시키려고 한다. 이때 축의 전체 구동력은 축이 회전하는 상태에서 마찰력을 발생시키는 데 모두 소진된다. 따라서 엔진의 토크는 다음과 같이 계산한다.

$$T = FL \ \ [\text{kg}\cdot\text{m}] \tag{4.31}$$

여기서 F는 로드셀에 작용하는 힘, L은 고정 팔의 길이를 나타낸다. 엔진의 동력은 토크에 각속도를 곱해서 구해지기 때문에 다음과 같다.

$$P = \frac{2\pi n T}{60 \times 75} \ \ [\text{PS}] \tag{4.32}$$

여기서 P는 동력, n은 엔진 rpm, T는 식 (4.31)에서 구해진 토크를 나타낸다.

연습문제 4.1

엔진출력 측정용 프로니 브레이크에서 팔 길이 1 m, 로드셀에서 측정된 힘의 크기는 150 kg이었다. Wheel의 반지름은 20 cm, 회전속도가 200 rpm일 때 이 엔진의 제동마력을 계산하라.

풀이

식 (4.32)을 이용하여 계산하면 출력은 다음과 같다.

$$bhp = \frac{2\pi n T}{60 \times 75} = \frac{2\pi \times 200 \times 150 \times 1}{60 \times 75} = 41.9 \ \ \text{PS}$$

정답 41.9 PS ■

실 • 전 • 문 • 제

1. 왕복엔진에서 흡입압력이 증가하는 경우 나타나는 현상으로 바른 것은?

가. 충진체적이 증가한다. 나. 충진체적이 감소한다.
다. 충진밀도가 증가한다. 라. 연료-공기 혼합비가 증가한다.

2. 과급기를 장착한 왕복엔진에서 흡입되는 공기온도는 15°C이고, 압축행정 후 온도는 540°C이며, 이때 외부 대기온도는 0°C이다. 열효율은 얼마인가?

가. 60.6% 나. 62.6% 다. 64.6% 라. 66.6%

해설 Otto Cycle 열효율: $\eta = 1 - \dfrac{T_1}{T_2} = 1 - \left(\dfrac{1}{\epsilon}\right)^{\gamma - 1} = 1 - \dfrac{15 + 273}{540 + 273} = 0.646$

3. 피스톤의 지름이 16 cm이고 실린더 내부 가스압력이 65 kgf/cm^{2}인 경우 피스톤에 작용하는 힘은 얼마인가?

가. 10.07(t) 나. 11.07(t) 다. 12.07(t) 라. 13.07(t)

해설 $F = pA = p\dfrac{\pi d^2}{4} = 65\ \text{kgf/cm}^2 \times \pi \times 162/4\ \text{cm}^2 = 13{,}069\ \text{kgf}$

4. 습도가 증가하는 경우 엔진의 출력 변화는?

가. 증가한다. 나. 변하지 않는다.
다. 약간 저하한다. 라. 약간 증가한다.

5. 다음 중 제동마력[PS]을 바르게 표현한 것은? (단, BHP: 제동마력, P: 제동평균유효압력(kg/cm^2), L: 행정거리(m), A: 피스톤 면적(cm^2), K: 실린더수)

가. $BHP = \dfrac{PLANK}{75 \times 60}$ 나. $BHP = \dfrac{PLANK}{75 \times 2 \times 60}$

다. $BHP = \dfrac{PLANK}{550}$ 라. $BHP = \dfrac{PLANK}{5500}$

6. 어떤 왕복엔진의 피스톤 지름이 150 mm, 행정길이가 15 cm, 실린더수가 4, 제동평균유효압력이 6 kg/cm^2, 회전수가 2200 rpm일 때 제동마력(PS)은 얼마인가?

가. 187.6 나. 18762 다. 207.3 라. 20735

7. 왕복엔진의 체적효율에 영향을 미치지 않는 것은?

가. 실린더 헤드 온도
나. 엔진 회전수
다. 연료/공기비
라. 기화기 공기온도

해설 온도는 밀도와 밀접한 관계를 가지기 때문에 체적효율에 영향을 미친다. 엔진 회전수가 빨라지면 흡배기 과정이 원활하지 못하기 때문에 엔진 회전수도 체적효율에 영향을 미친다.

8. 실린더의 압축비는 피스톤이 하사점에 있을 때와 상사점에 있을 때의 실린더 공간체적의 비이다. 압축비가 너무 클 때 일어나는 현상이 아닌 것은?

가. 하이드로릭 락(hydraulic lock)
나. 데토네이션
다. 조기점화
라. 고열현상과 출력감소

9. 항공기 왕복엔진의 제동마력과 단위시간당 엔진이 소비한 열량의 비를 무엇이라 하는가?

가. 제동열효율
나. 기계열효율
다. 연료소비율
라. 열의 일당량

10. 실린더 체적이 80 in3, 피스톤 행정체적이 70 in3이라면 압축비는 얼마인가?

가. 10:1
나. 9:1
다. 8:1
라. 7:1

해설 실린더체적 = 행정체적 + 연소실체적

11. 항공기용 왕복엔진에서 이론마력(thp)이 240 PS, 도시마력(ihp)이 200 PS, 제동마력(bhp)이 160 PS라면 기계효율은 얼마인가?

가. 0.67
나. 0.80
다. 0.83
라. 0.90

12. 오토사이클의 열효율은 다음 중 어느 것에 의하여 가장 큰 영향을 받는가?

가. 흡기온도
나. 압축비
다. 혼합비
라. 옥탄가

13. 항공기 왕복엔진에 사용되는 가솔린 연료의 연소에서 열해리에 대한 설명으로 가장 올바른 것은?

가. 열해리는 연료의 발열량으로 나타낸다.
나. 열해리가 발생하면 연소가스 온도가 저하된다.
다. 열해리는 연소가스 온도가 낮을수록 많이 발생한다.
라. 열해리는 고온에서 CO와 O_2, 그리고 H_2와 O_2가 CO_2와 H_2O로 되며, 열을 방출하는 것이다.

해설 2000°C 이상의 고온에서는 연소에 의해 생성된 H_2O 및 CO_2가 열해리되어 다음과 같은 흡열반응이 일어나기 때문에 연소가스 온도가 낮아진다.

$$2H_2O \rightarrow 2H_2 + O_2 \qquad 2CO_2 \rightarrow 2CO + O_2$$

14. 최근 항공기 엔진의 추력조정계통(Thrust Control System)에서 리솔버(Resolver)에 대한 설명으로 옳은 것은?

가. 추력레버의 움직임을 전기적인 신호로 바꾸어 준다.

나. 추력레버의 상부에 장착되어 있다.

다. 추력레버가 최대추력 위치를 벗어나지 않게 스토퍼(stopper) 역할을 한다.

라. 주로 유압-기계식 연료조정장치 계통에 사용된다.

15. 압축비가 7인 가솔린엔진의 열효율은 얼마인가?

가. 52.04 나. 53.06 다. 54.08 라. 55.12

16. 다음은 내연기관의 이론공기 사이클을 해석 시 가정되는 사항들이다. 잘못된 것은?

가. 작동사이클은 공기표준사이클에 대하여 계산한다.

나. 가열은 외부로부터 피스톤과 실린더를 가열하는 것으로 생각한다.

다. 비열은 온도에 따라 변화하지 않는 것으로 본다.

라. 열해리는 일어나지 않는 것으로 하고 열손실은 없다고 생각한다.

정답

1. 다 2. 다 3. 라 4. 다 5. 나 6. 다 7. 다 8. 가 9. 가 10. 다
11. 나 12. 나 13. 나 14. 가 15. 다 16. 나

제5장

연료 및 연소

5.1 • 석유계연료

석유계연료는 가장 대표적인 화석연료로써 구성성분이 탄소와 수소로 이루어진 탄화수소이다. 석유계연료는 그림 5.1과 같이 탄소와 수소의 결합구조에 따라 파라핀계, 올레핀계, 나프텐계, 방향족계 등 네 종류로 나누어진다. 이들 석유계연료의 발열량 크기는 파라핀계 > 올레핀계 > 나프텐계 > 방향족계 순서인데, 탄소와 결합된 수소의 비율이 커질수록 더 큰 발열량을 가진다. 이는 뒤에서 살펴보겠지만 수소는 탄소보다 더 큰 발열량을 가지기 때문이다. 올레핀계는 자연상태에 존재하지 않고 석유 제조과정에서 얻어진다.

원유를 증류시키면 비점이 다른 다양한 성분의 연료가 얻어지는데 이를 분류라 한다. 비점이란 연료가 1기압에서 액화되는 온도를 의미한다. 분류된 각각의 성분은 정제과정을 거쳐서 제품화된다. 표 5.1에 분류된 연료를 탄소 수를 기준으로 나타냈다.

석유계연료 가운데 메탄은 천연가스의 주성분으로써 가장 가벼우며, 일반적으로 기체 상태로 존재한다. 프로판과 부탄은 가스연료로 취급하지만 일반적으로 취급이 용이하도록 액화시켜 액화석유가스(LPG; Liquefied Petroleum Gas)로 만들어 사용한다.

석유계연료 가운데 가장 가벼운 액체연료는 나프타이다. 일반적으로 나프타는 원유를 증류할 때 끓는점 35～180°C의 범위에서 유출되는 탄화수소의 혼합체로서 중질 가솔린이라고도 한다. 끓는점의 범위, 성분 및 탄화수소의 구성 측면에서 가솔린 유분과 실질적으로 동일하며, 이 유분을 내연기관의 연료 이외의 용도로, 특히 석유화학 원료 등으로

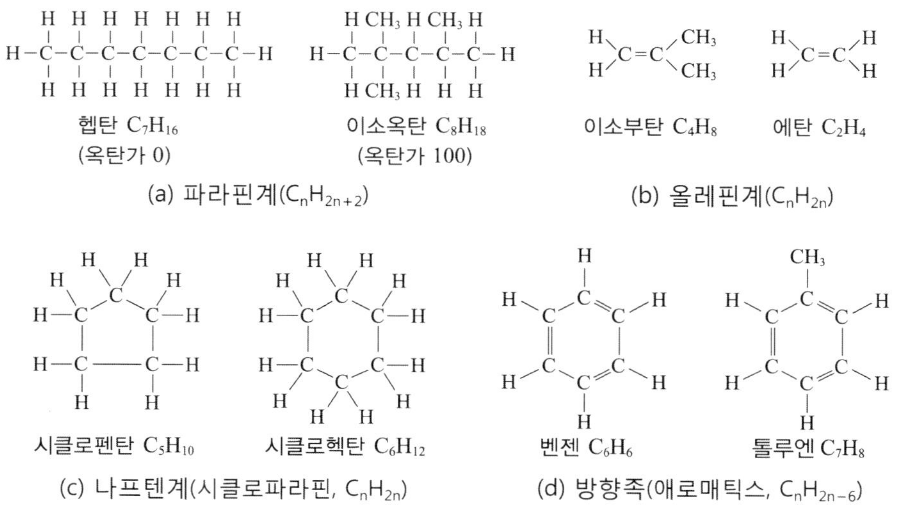

그림 5.1 ‣ 석유계연료 결합구조

표 5.1 ‣ 석유계연료 분류 성분

탄소수	분류	제품	비점(°C)	밀도(kg/l)	발열량 MJ/kg (kcal/kg)
2 이하	천연가스	메탄 (CH_4) 에탄 (C_2H_6)	−162 −89	0.3 0.37	52 (12,425) 48 (11,470)
3~4	LPG	프로판 (C_3H_8) 부탄 (C_4H_{10})	−42 −0.5	0.51 0.58	48 (11,470) 48 (11,470)
5~11	나프타	가솔린	35~180	0.6~0.74	44 (10,513)
9~12	등유	등유	150~250	0.74~0.82	43 (10,275)
12~22	경유	경유	190~350	0.82~0.88	42 (10,036)
23 이상	중유	중유	190~600	0.89 이상	42 (10,036)

사용할 경우에 나프타라고 한다. 넓은 뜻으로는 원유를 증류할 때와 혈암유·석탄 등을 건류할 때 생기는 광물성 휘발유를 일괄해서 나프타라고 한다.

등유는 비점이 150~250°C이며, C_9~C_{15} 성분을 함유하고 있다. 등유에는 두 가지 종류가 있는데, 하나는 난방용으로 사용하는 백등유이며, 다른 하나는 공업용 등유로서 주로 농업용 및 어업용 엔진의 연료로 사용한다. 경유는 주로 가스터빈 및 고속디젤엔진에 사용한다. 중유는 원유의 증류잔유 점도를 조정한 중질의 연료이다. 중유는 주로 발전용 연료 및 선박용 디젤엔진 연료로 사용한다.

5.2 • 연소

5.2.1 연소 일반사항

연소란 어떤 물질이 산소와 급격하게 반응하여 열을 발산하는 화학반응을 의미한다. 산소와 반응하는 물질을 연료라 하며, 산소를 산화제라 한다. 연료는 고체, 액체, 또는 기체일 수 있으나 항공기에는 액체연료를 사용한다. 산화제 역시 고체, 액체, 또는 기체를 사용할 수 있지만 항공기에는 기체(공기)를 사용한다. 그러나 로켓의 경우 고체연료와 고체산화제가 사용되기도 한다. 연소가 일어나면 연료와 산화제로부터 새로운 화학물질이 생성되는데, 이를 연소생성물 또는 배기물질(exhaust)이라 한다. 배기물질의 대부분은 연료와 산화제의 화학적 조합에 의하여 만들어진다. 가솔린과 같은 탄화수소계 연료가 연소될 때 배기물질은 물과 이산화탄소이다. 그러나 산화제만 단독으로 다른 물질과 화학적으로 결합되어 또 다른 배기물질이 만들어지기도 한다. 예를 들면, 21%의 산소와 78%의 질소가 포함된 공기 속에서 가솔린이 연소될 때, 산성비의 원인물질이 되는 질소산화물(NO_x)이 생성된다.

5.2.2 완전연소와 불완전연소

연소가 시작되기 위해서는 열원이 필요하다. 예를 들면, 항공기 연료탱크에 가솔린과 공기 모두 존재하는 경우라도 연소가 일어나지 않는데, 이는 열원이 없기 때문이다. 열은 연소가 시작되기 위해서 필요할 뿐만 아니라 그 자체가 연소생성물이기도 하다. 따라서 일단 연소가 시작되면 연소에 의해 발생한 열이 연소를 진행시키기 때문에 연소가 매우 급격하게 진행되며, 더 이상 열원이 필요 없게 된다. 즉 연소가 일어나기 위해서는 가연성 연료, 산화제, 열원(불씨) 등 세 가지가 반드시 존재해야 한다. 따라서 디젤엔진처럼 압축착화시키는 열기관을 제외한 모든 열기관은 점화장치를 구비하고 있다. 연소는 발열반응이기 때문에 연소가 일어나면 배기물질이 생성되고 열이 방출된다.

연소는 완전연소와 불완전연소로 구분한다. 완전연소란 산소가 충분한 상태에서 가연성 연료가 완전히 산화되는 반응을 의미한다. 연료와 산소가 충분하더라도 완전연소가 일어나는 것은 아니다. 연료와 산소는 일차적인 필수요건이며, 이들과 더불어 충분한 온도, 충분한 체류시간, 충분한 혼합(Turbulence), 즉 3T 조건이 충족되어야 비로소 완전연소가 일어난다. 완전연소가 일어나는 경우 다음과 같은 화학반응이 일어난다.

$$C + O_2 = CO_2 + 33.9\ \text{MJ/kg}$$
$$H_2 + 1/2O_2 = H_2O(\text{water}) + 143.0\ \text{MJ/kg}$$
$$H_2 + 1/2O_2 = H_2O(\text{vapor}) + 120.6\ \text{MJ/kg}$$
$$S + O_2 = SO_2 + 9.28\ \text{MJ/kg}$$

수소가 완전연소 되면 연소 후에 H_2O가 생성된다. 그런데 이 H_2O의 상태는 물이 될 수도 있으며, 증기(vapor)가 될 수도 있다. 물이 증기로 바뀌는 상태변화가 일어나기 위해서는 열량이 필요한데, 이 열량을 잠열(latent heat)이라 한다. 결과적으로 연소생성물 가운데 H_2O의 상태가 증기가 되는 경우에는 물이 되는 경우에 비해서 발열량이 줄어든다. 이는 연소반응에서 발생한 열량의 일부를 사용해서 연소생성물인 물이 증기로 바뀌기 때문이다. 따라서 H_2O의 상태가 물일 때의 발열량을 고위발열량(HHV; Higher Heating Value), 증기일 때의 발열량을 저위발열량(LHV; Lower Heating Value)이라 한다. 일반적으로 각종 엔진에서 배출하는 배기가스의 온도는 물이 끓는 온도보다 높다. 따라서 항공기용 왕복엔진을 포함한 대부분의 열기관은 성능 계산을 위해 저위발열량을 사용한다.

불완전연소는 산소가 충분한 상태에서 가연분이 불완전하게 산화되는 반응이다. 앞에서 논의한 3T 조건을 충족하지 않는 경우에 불완전연소가 일어난다. 불완전연소가 일어나는 경우 폭발성 기체인 수소는 쉽게 완전연소가 일어나는 반면에 탄소는 아래와 같이 산소와 반응하여 일산화탄소(CO, carbon monoxide)가 생성된다. 일산화탄소는 유독성가스로서 그 배출을 엄격히 규제하고 있다. 일반적으로 일산화탄소 생성은 화염온도가 감소할수록 증가한다.

$$C + O = CO + 10.3\ \mathrm{MJ/kg}$$

5.3 • 공연비

공연비란 공기-연료 혼합비율을 의미한다. 항공기용 왕복엔진은 공기를 산화제로 사용하기 때문에 공연비를 이해하기 위해서 먼저 표 5.2에 나타나 있는 공기 조성을 살펴볼 필요가 있다. 공기는 산소 이외의 성분들을 포함하고 있으며, 특히 질소의 경우 산소에 비해 질량대비 3.312배가 포함되어 있다. 따라서 산소 1이 필요한 경우 대략 공기 4.312 (=산소 1+질소 3.312)가 필요하게 된다.

표 5.2 ‣ 공기조성

성분	기호	체적분율(%)	중량분율(%)	산소에 대한 중량분율 비율
질소	N_2	78.03	75.47	3.312
산소	O_2	20.99	23.20	1
아르곤	Ar	0.933	1.28	
이산화탄소	CO_2	0.030	0.046	
수소	H_2	0.010	0.001	
네온	Ne	0.0018	0.0012	
헬륨	He	0.0005	0.00007	
크립톤	Kr	0.0001	0.0003	
크세논	Xe	0.000009	0.00004	

연소에 있어서 공연비는 매우 중요하다. 만약 연소영역에 공기에 비해 연료가 상대적으로 많으면 연소반응을 일으키는 산화제가 부족하여 일부 연료가 연소되지 못하고 대기 중으로 그대로 배출되기 때문에 연료소모율은 증가하고 열효율은 낮아진다. 아울러 연소에 의해 발생한 열이 연소에 사용되지 못한 연료까지 가열시키기 때문에 연소온도가 낮아지며, 이로 인해 엔진 성능이 저하된다. 이와 반대로 공기에 비해 연료가 상대적으로 너무 적으면 연소온도가 낮아지고 심각하게 낮은 경우에는 화염이 형성되지 못한다. 연소온도가 낮아지는 이유는 연소에 의해 발생한 열이 연소영역 내에 있는 연소에 사용되지 않는 모든 공기까지 가열시키기 때문이다. 따라서 공연비는 연료의 경제적인 활용뿐만 아니라 엔진 성능에도 큰 영향을 미치는 매우 중요한 요소라는 것을 알 수 있다.

탄화수소계 연료에 대한 연소기초식은 다음과 같다.

$$C_nH_m + (n+m/4)O_2 = nCO_2 + (m/2)H_2O \tag{5.1}$$

이 식은 연료 1분자와 산소 (n+m/4)분자가 반응하면 연료 및 산소 모두 연소에 과부족이 생기지 않는다는 것을 나타낸다. 공연비는 질량비(무게비)로 나타내며, 원자량은 탄소 12, 수소 1, 산소 16이기 때문에 연료와 산소의 질량은 다음과 같다.

$$\text{연료의 질량} = 12n + m$$
$$\text{산소의 질량} = 32(n + m/4)$$

따라서 탄화수소계 연료에 대한 공연비를 구하면 다음과 같다.

$$\text{Fuel} - \text{air ratio} = \frac{\text{mass of air}}{\text{mass of fuel}} = \frac{4.312 \times 32 \times (n + m/4)}{12n + m} \tag{5.2}$$

식 (5.2)에서 4.312는 앞서 설명한 것처럼 산소 1을 얻기 위해서 공기 4.312가 필요하다는 것을 반영하기 위한 숫자이다. 식 (5.2)에 항공기용 왕복엔진 연료로 사용하는 옥탄(C_8H_{18})을 대입하면, n = 8, m = 18이므로 이론공연비는 약 15이다. 따라서 항공기용 왕복엔진에서 연소 후에 연료도 남지 않고 산화제도 남지 않는 완벽한 비율의 공연비인 이론공연비는 15 : 1이다. 참고로, 이소옥탄은 옥탄가 100을 가지는 가장 이상적인 가솔린 엔진 연료이다.

5.4 • 항공 연료

5.4.1 항공 연료 구비조건

(1) 최적의 기화성

가솔린은 높은 기화성을 가지고 있기 때문에 상온뿐만 아니라 저온에서도 공기 중에 노출되면 즉시 증발하는 특성을 가지고 있다. 왕복엔진의 시동을 위해서는 높은 기화성이 필수적으로 요구된다. 그러나 기화성이 너무 높으면 연료가 빨리 증발하여 비등하기 쉬우며, 연료계통에서 기포가 생성되어 증기폐쇄가 일어나기 쉽다. 따라서 항공기용 왕복엔진에 사용하는 연료는 엔진을 쉽게 시동시킬 수 있을 정도로 충분히 높은 기화성을 보유해야 되지만 연료계통에 과다한 기포가 생성될 정도로 높아서는 안 된다.

항공기용 연료의 기화성을 결정하기 위해서 증류시험을 이용한다. 이 증류시험을 위한 실험장치가 그림 5.2에 나타나 있다. 증류시험을 위해서 측정된 양의 가솔린을 유리용기에 넣고 가열한다. 증발된 가솔린은 유리용기 상부에 연결된 유리관을 통해서 빠져나가며, 응축기를 지나면서 응축되어 측정용기에 모인다. 측정용기에서 얻어진 데이터를 이용하면 그림 5.3과 같이 온도에 대한 누적 응축량 그래프를 얻을 수 있다. 증류시험을 통해서 확인해야 할 중요한 사항은 누적 응축 연료가 10%, 50%, 90% 될 때의 온도이다.

10% 증류온도에 의해서는 저온에서의 엔진시동 특성이 결정된다. 이 값이 높으면 동절기 및 혹한지역에서 엔진시동이 불량해진다. 그리고 10% 증류온도는 증기폐쇄의 척도로도 사용된다. 50% 증류온도에 의해서는 엔진의 가속능력이 결정된다. 이 값이 너무 높으면 연료가 쉽게 기화되지 않기 때문에 엔진출력이 저하되기도 한다. 90% 증류온도에 의해서는 전반적인 엔진성능이 결정된다. 이 값이 높으면 기화되기 어려운 고비점 유분이 과다하여 연소가 불량하며, 이는 연소실에 침전물이 부착되거나 피스톤에 카본이 고착되는 원인이 된다.

가솔린의 기화성은 기화기 결빙에도 영향을 미친다. 연료가 증발할 때는 잠열을 필요로 하는데, 잠열은 공기로부터 공급되기 때문에 연료-공기 혼합기의 온도가 낮아지며, 이로 인해 기화기를 구성하는 부품의 온도도 낮아진다. 기화성이 높은 연료는 기화성이 낮은 연료에 비해서 더욱 빠르게 주위로부터 열을 빼앗아 가기 때문에 기화기 결빙이 발생할 가능성이 증가한다. 그러나 기화기 대신에 연료분사장치를 장착하고 있는 엔진에서는 흡기밸브 근처에서 연료를 분사시켜주기 때문에 연료의 높은 기화성으로 인한 결빙을 염려할 필요는 없다.

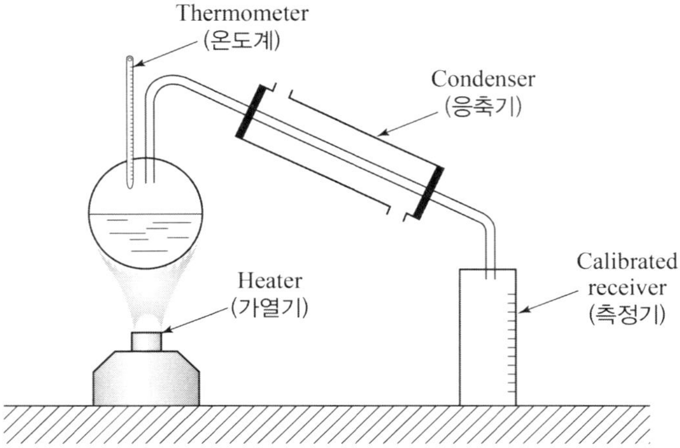

그림 5.2 ‣ 증류시험 장치

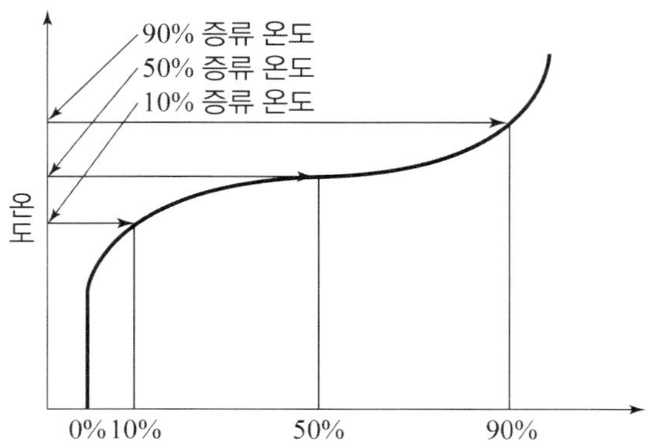

그림 5.3 ‣ 증류 곡선

(2) 높은 안티노크성

노킹(knocking)이란 가솔린엔진에서 발생하는 가장 대표적인 비정상연소인 데토네이션이 발생할 때 망치로 엔진을 때리는 듯한 충격음이 발생하는 현상을 말하는 것으로써 흔히 데토네이션과 같은 의미로 사용되기도 한다. 노킹이 일어나면 엔진출력이 급감할 뿐만 아니라 심각한 경우에는 엔진이 정지하며, 엔진손상이 발생하기도 한다. 따라서 노킹은 절대로 발생해서는 안 되며, 노킹이 발생하지 않는 성질을 안티노크성이라 한다. 가솔린의 안티노크성을 나타내는 지표로써 옥탄가를 사용하는데, 수치가 높을수록 노킹이 일어나기 어렵다는 것을 의미한다. 옥탄가는 다음과 같이 연료에 포함되어 있는 이소옥탄의 용량을 퍼센트(%)로 나타낸다.

$$옥탄가 = \frac{이소옥탄}{이소옥탄 + 정헵탄} \times 100 \tag{5.3}$$

이소옥탄은 노킹을 일으키기 가장 어려운 연료로서 옥탄가가 100이다. 이에 반해 정헵탄은 노킹을 일으키기 가장 쉬운 연료이며, 옥탄가가 0이다.

Avgas라 불리는 항공 연료는 옥탄가 100, 또는 순수 이소옥탄보다 더 높은 안티노크성을 가지도록 제조한다. 따라서 옥탄가 100 이상인 avgas를 분류하기 위하여 성능가(performance number)를 사용하는데, 연료등급은 그림 5.4에 나타나 있는 것처럼 연료에 첨가하는 4에틸납(TEL; TetraEthyl Lead)의 양에 따라 결정된다. 예를 들면, 순수 이소옥탄의 경우 옥탄가는 100이며, 성능가 역시 100이다. 그러나 순수 이소옥탄에 4에틸납을 첨가하면 성능가는 100 이상으로 증가한다. 이런 이유 때문에 4에틸납을 첨가하여 사용하는 항공 연료의 경우에는 옥탄가 대신에 성능가를 사용한다. 안티노크성은 동일한 연료인 경우에도 혼합기 농도에 따라 변한다. 따라서 성능가를 두 개의 숫자로 표시한다. 예를 들어 성능가가 115/145인 연료의 경우 앞 숫자 115는 희박성능가, 뒤 숫자 145는 농후성능가를 나타낸다.

Avgas는 안티노크성을 향상시키기 위하여 4에틸납을 첨가함으로써 연료에 납이 포함된다. 그런데 가솔린에 납을 첨가하면 연료가 연소하면서 용융온도가 매우 높은 고체입자 형태의 산화납이 생성된다. 이 산화납 입자는 배기과정에서 배기밸브스템과 충돌하여 침식을 유발시켜 밸브스템이 가늘어지는 넥킹의 원인물질이 된다. 따라서 산화납 생성을

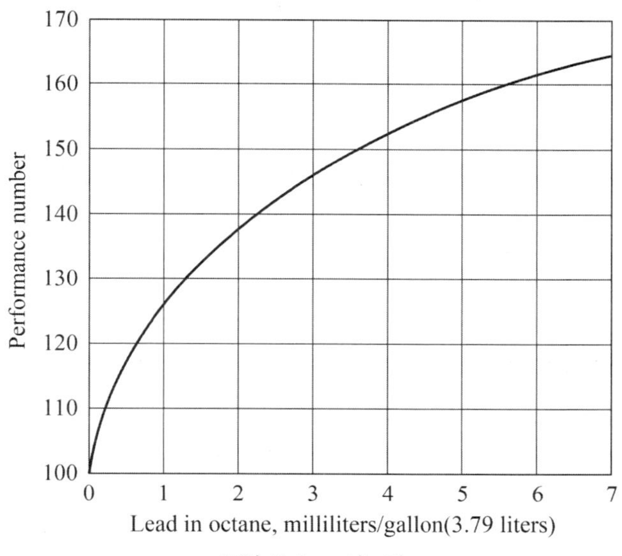

그림 5.4 • 성능가

방지하기 위하여 가솔린에 용해되는 브롬화합물을 첨가하여 사용한다. 이 경우 산화납보다 용융점이 훨씬 낮은 브롬화납이 생성되어 대부분 배기가스와 함께 실린더를 빠져나간다.

(3) 높은 발열량

높은 발열량은 항공기용 연료가 구비해야 할 필수적인 요소이다. 가솔린은 다른 액체 연료보다 높은 발열량을 가지고 있다. 발열량이 크면 동일 중량의 연료를 이용하여 더 먼 거리를 비행할 수 있으며, 동일 거리를 비행하는 경우 더 적은 양(무게)의 연료가 필요하기 때문에 유상하중을 늘릴 수 있는 장점을 가지게 된다.

(4) 내부식성

Avgas는 안티노크성을 향상시키기 위하여 4에틸납을 첨가하는데, 이 경우 산화납 생성을 방지하기 위하여 브롬화합물을 첨가하여 사용한다. 대개의 경우 브롬화합물로서 에틸렌 이취화염을 사용하는데, 4에틸납과 에틸렌 이취화염이 연소하면서 브롬화납을 생성하며, 이 생성물질은 배기가스를 통해서 실린더 외부로 배출된다. 그러나 그 일부분이 실린더 내부에 잔류하게 되며, 주위에 물이 존재하는 경우 금속(특히 알루미늄)을 부식시키는 액체가 된다. 특히 브롬화수소산은 강과 주철에 녹을 발생시킨다. 이 브롬화수소산은 엔진을 크게 손상시킬 수 있는데, 특히 엔진을 장기간 운전하지 않으면 이런 현상은 더욱 심각해진다. 엔진을 장기간 운전하지 않을 때는 보관 처리를 해주어야 한다. 보관 처리를 위해서는 납을 함유하지 않은 연료를 이용하여 최소한 15분 이상 작동시키고 엔진을 회전시키면서 녹 방지용 오일을 뿌려주어야 한다.

(5) 내한성

내한성이란 추위에 견디는 성질로서 연료의 동결온도를 기준으로 판단한다. 항공기는 비행 중에 연료가 동결되면 안 되기 때문에 연료의 동결온도는 비행 중 예상되는 연료의 최저온도보다 낮아야 한다. 가솔린은 내한성이 우수하여 −100°C에서 동결이 시작된다.

(6) 안정성

항공 연료에는 물, 이물질, 미생물, 산, 알칼리 등이 포함되어 있으면 안 된다. 연료에 흔히 포함되어 있을 수 있는 황은 연료계통과 엔진을 구성하고 있는 다양한 부품들을 부식시키는 원인물질이다. 한편, 가솔린을 장기보관하면 가솔린 속에 포함되어 있는 불포화 탄화수소가 산화되어 암적색의 검이 생성되는데, 검은 스로틀밸브를 고착시키고 연료계통의 제트 막힘의 원인물질이 된다.

고고도용 항공기의 경우 연료에 포함되어 있는 물은 온도가 낮아지면 연료로부터 석출되어 얼음결정을 형성하며, 이는 연료필터와 스크린을 막아서 연료흐름을 차단시킨다. 급유 중에는 수분 제거기를 사용하여 연료에 물이 포함되는 것을 방지하고 있으나 다양한 대기조건에서 운전하는 동안에 연료탱크 내부에서 응축이 진행되어 연료에 물이 포함된다.

5.4.2 Avgas 등급 및 색상

민간항공기용 연료인 avgas는 80, 100LL(Low Lead), 100 세 등급으로 나뉘며, 이는 avgas에 포함되는 납의 양과 관계가 있다. 등급 100LL과 100 연료는 안티노크성은 같지만 연료의 색상과 4에틸납의 최대 농도가 다르다. 연료 등급은 ASTM에 규정되어 있는데, 등급 80 연료는 적색이며, avgas 갤런당 최대 0.5 milliliter의 4에틸납을 함유하고 있다. 등급 100LL 연료는 청색이며, avgas 갤런당 최대 2.0 milliliter의 4에틸납을 함유하고 있다. 이에 반해 등급 100 연료는 초록색이며, avgas 갤런당 최대 3.0 milliliter의 4에틸납을 함유하고 있다.

적은 양의 납이 함유된 연료를 사용하도록 설계된 낮은 압축비의 엔진에 납 함유량이 높은 연료를 계속해서 사용하면 배기밸브 스템이 침식되어 가늘어지며, 점화플러그에 납이 부착되는 파울링이 발생한다.

5.4.3 자동차용 가솔린 사용 시 문제점

자동차용 가솔린을 항공 연료로 사용하면, 고온이나 고고도에서 기화성이 다르기 때문에 연료배관과 펌프에서 증발이 일어날 수 있으며, 이로 인해 증기폐쇄가 일어나기 쉽다. 또한 자동차용 가솔린은 데토네이션이나 조기점화를 방지할 수 있는 충분한 안티노크 성질을 가지고 있지 못하다. 한편, 자동차용 가솔린에 첨가하는 세제와 부식방지제 같은 첨가제는 항공기 연료계통 부품들에 나쁜 영향을 미칠 수 있다. 어떤 형태의 알코올을 포함하고 있는 자동차의 가솔린의 경우 또 다른 문제가 발생할 수 있는데, 알코올은 대부분의 항공기 연료계통의 밀봉장치에 적합하지 못하다. 그러므로 자동차용 가솔린을 항공기용 연료로 사용하면 안 된다.

5.5 • 정상연소와 비정상연소

5.5.1 가솔린엔진 정상연소

가솔린엔진에서 일어나는 정상연소의 진행과정을 크랭크 각도와 실린더 내부 압력의 관계로 표시하여 그림 5.5에 나타냈다. 피스톤이 상사점을 향해서 올라가면서 압축행정이 진행된다. 따라서 실린더 내부 압력은 점진적으로 증가한다. 피스톤이 상사점에 도달하기 전에 점화가 일어나는데, TSIO-360 엔진의 경우 상사점 20° 전에서 점화가 일어난다. 점화가 일어나는 각도와 상사점인 0° 사이의 각을 점화진각이라 한다. 점화가 일어나면 곧바로 연소가 시작되지 않고 일정 시간이 경과한 후에 연소가 시작된다. 점화와 연소가 시작되는 사이의 시간을 점화지연 기간이라고 한다. 연소가 시작되면 실린더 내부 압력이 급격히 증가한다. 한편, 연소가 진행되지 않는 상태에서 엔진을 회전시키는 것을 모터링이라 하며, 이때 나타나는 압력을 모터링 압력이라 한다. 연소가 진행되면 상사점을 지난 후에 실린더 내부에 엔진 최대압력이 형성되어 피스톤을 힘차게 밀어 내린다. 최대 압력 지점을 약간 지난 지점에서는 화염면이 실린더 말단부위까지 진행되어 연소가 완료된다. 연소가 시작된 시점부터 이 시점 사이를 화염전파기간이라 한다. 이후에는 미처 연

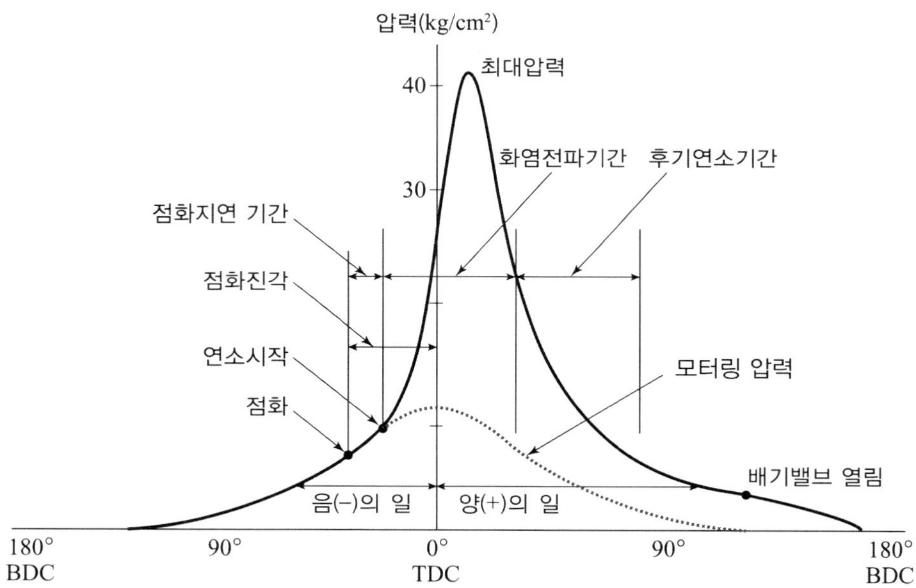

그림 5.5 • 가솔린엔진 정상연소 진행과정

소되지 못한 연료가 연소되는 후기연소기간으로 이어진다.

그림 5.5에서 크랭크 각도를 거리로 환산할 수 있기 때문에 압력의 가로축에 대한 투영면적의 크기는 일의 크기가 된다. 따라서 상사점에 도달하기 전의 일은 음(−)의 일로서 연료-공기 혼합기를 압축시키기 위하여 엔진에 공급해주어야 되는 일이다. 상사점을 지난 후에 만들어지는 양(+)의 일은 피스톤을 밀어내리는 일로써 엔진이 생산하는 일이다. 따라서 실질적으로 이용 가능한 일은 양의 일에서 음의 일을 빼준 크기의 일이다.

5.5.2 데토네이션

흔히 노킹과 데토네이션(detonation)은 동일한 의미로 혼용되기도 하지만 엄격히 구분하면 그 의미가 서로 다르다. 데토네이션이란 그림 5.6에서 볼 수 있듯이 정상적인 화염면이 연소실 말단부에 도달하기 전에 연소실 말단 부위에 있는 미연가스가 미리 연소된 가스에 의해 단열압축되면서 고온고압 상태가 되어 자연폭발(순간적인 연소)을 일으키는 비정상적인 연소를 의미한다. 데토네이션은 연료-공기 혼합기의 온도와 압력이 높은 경우에 쉽게 발생하는데, 일반적으로 압축비가 높아지면 혼합기 온도가 증가하기 때문에 데토네이션이 쉽게 발생한다. 참고로, 보통 휘발유의 자연발화 온도는 300 ~ 350°C 이상이다. 점화플러그의 점화로 시작되는 정상연소의 경우 화염전파속도는 대략 20 ~ 30 m/s이다. 이에 반해서 연소실 말단부에서의 자연폭발에 의한 비정상연소의 화염전파속도는

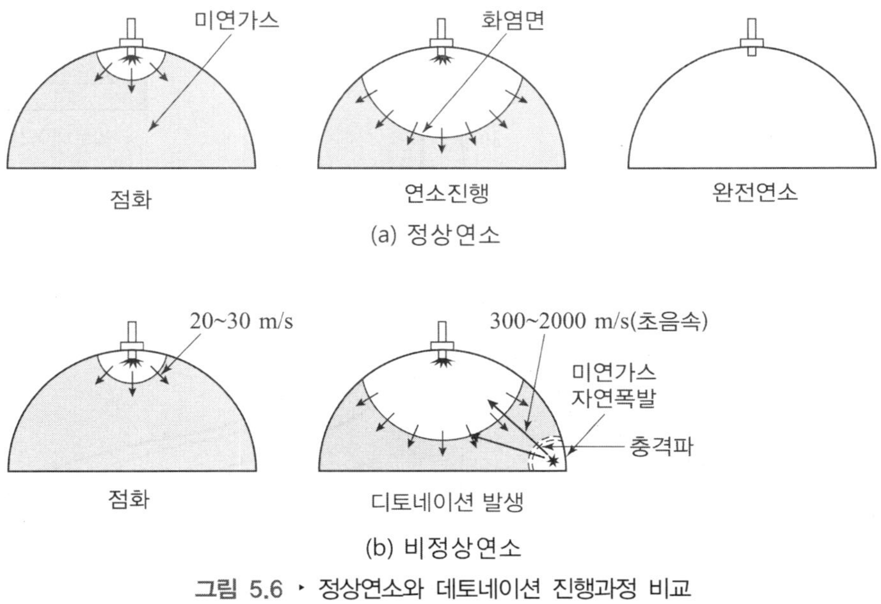

그림 5.6 ‣ 정상연소와 데토네이션 진행과정 비교

300 ~ 2000 m/s로서 초음속이기 때문에 불꽃면에서 충격파가 발생한다. 아음속유동의 경우 압력파를 통하여 유동 전방에 있는 물체의 존재를 인지하여 유동은 물체를 피해가려는 특성을 가지고 있는데 반해서 초음속유동은 유동속도가 매우 빨라서 물체의 존재를 인지하기 전에 그 물체에 부딪친다. 충격파가 실린더 벽에 부딪치면 순간적으로 압력이 크게 증가하는데, 그림 5.7에 나타나 있는 것처럼 실린더 내부 최고압력이 정상연소에 비해서 크게 증가한다. 그리고 충격파가 연소실 벽면에 부딪치면 그림 5.8에 나타나 있는 것처럼 마치 피스톤을 망치로 때리는 듯한 충격음이 발생하는데, 이것을 노킹이라 한다. 이는 정상연소인 경우 피스톤을 부드럽게 밀어내리는 듯한 반응이 나타나는 것과 쉽게 비교된다. 노킹이 발생하면 심각한 경우 그림 5.9에 나타나 있는 것처럼 피스톤 등에 손상이 발생한다.

데토네이션이 발생하면 그림 5.7에서 볼 수 있는 것처럼 최고압력에 도달한 후 압력이 급격하게 낮아졌다 높아졌다를 수차례 반복하는데, 이는 충격파가 실린더 벽에 부딪친 후 반사충격파가 또 다시 벽면에 연쇄적으로 부딪치기 때문이다. 여기서 중요한 것은 데토네이션이 발생하면 음(−)의 일은 커지고 양(+)의 일의 크기는 작아진다는 것이다. 따라서 데토네이션이 발생하면 엔진출력이 낮아지며, 심한 경우에는 엔진이 정지한다.

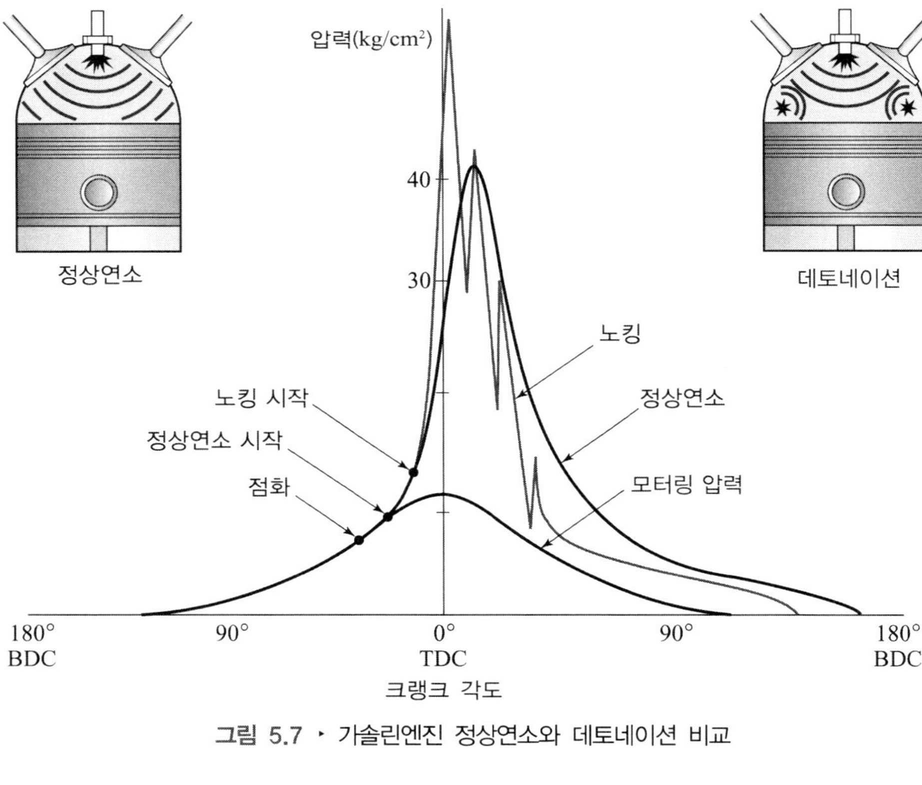

그림 5.7 ‣ 가솔린엔진 정상연소와 데토네이션 비교

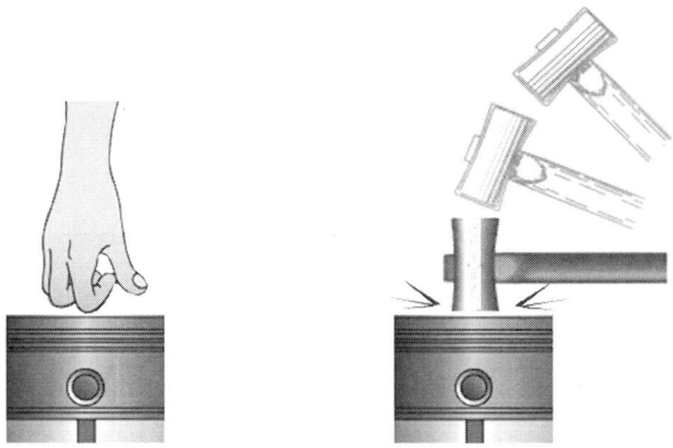

그림 5.8 • 정상연소와 노킹 효과 비교

그림 5.9 • 데토네이션에 의한 피스톤 손상

데토네이션이 발생하는 원인과 해결책을 표 5.3에 정리하였다.

표 5.3 • 데토네이션 원인 및 해결 방법

데토네이션 원인	해결 방법
높은 혼합기 온도	인터쿨러
과도한 압축비	엔진 개조
엔진 과부하	물분사(water injection), 농후혼합기
과도한 희박혼합기	혼합비 조정(화염전파속도 증진)
낮은 옥탄가 연료 사용	옥탄가 높은 연료
너무 이른 점화시기	점화시기 조정
엔진 과열 (냉각장치 불량)	냉각공기 유량 증가 또는 냉각공기 유동통로 개선

엔진으로 유입되는 공기의 온도가 높으면 연료-공기 혼합기의 온도가 상승하여 데토네이션의 원인이 된다. 터보차저를 장착하여 과급하는 엔진에서는 압축된 공기의 온도가 증가하기 때문에 데토네이션 발생을 억제하기 위해서 인터쿨러를 설치하여 압축공기 온도를 낮추어 준다. 압축비가 과도하게 커지면 압축공기 온도가 증가하여 데토네이션이 쉽게 발생한다. 그러나 압축비를 낮추기 위해서는 엔진을 개조해야 하기 때문에 많은 어려움이 따른다. 엔진의 부하가 증가하는 경우 엔진에는 많은 연료가 주입되며, 이로 인해 연소실 내부 온도가 증가한다. 이 경우 냉각면적이 동일하기 때문에 과부하 운전을 지속하면 실린더 및 피스톤 온도가 상승하여 데토네이션이 발생한다. 이런 경우 엔진 내부에 물을 분사하여 연소온도를 낮추어 주면 데토네이션 발생이 억제된다. 한편, 농후혼합기를 만들어 주면 연소되지 못하는 연료가 냉각제 역할을 수행하기 때문에 연소온도가 낮아지면서 데토네이션 발생이 억제된다. 그러나 이 방법은 연료 소비 측면에서 비경제적인 방법이다. 한편, 연료-공기 혼합비가 과도하게 희박해지면 연소온도가 낮아지며, 이로 인해 화염전파속도가 느려지기 때문에 연소실 말단 부위에서 폭발이 일어날 가능성이 커진다. 이런 경우 혼합비를 증가시키면 화염전파속도가 빨라져서 데토네이션 발생이 억제된다. 옥탄가가 낮은 연료를 사용하면 데토네이션 발생 가능성이 증가한다. 따라서 데토네이션 발생을 억제하기 위하여 옥탄가가 높은 연료를 사용해야 한다. 점화시기가 너무 이르면 연소가 정상적인 경우보다 빠르게 진행되기 때문에 연소실 내부에 고압이 형성되며, 이로 인해 데토네이션 발생 가능성이 증가한다. 엔진의 냉각장치가 불량한 경우에는 실린더헤드 온도가 증가하여 데토네이션 발생이 증가한다. 이런 경우 냉각공기 유량을 증가시키고, 냉각공기 통로를 개선하여 냉각공기가 원활하게 흐를 수 있도록 해주어야 한다. 데토네이션이 발생하면 엔진에 다음과 같은 여러 가지 문제가 발생한다.

① 소음 발생
② 엔진 과열
③ 엔진출력 저하
④ 배기가스온도 저하
⑤ 피스톤과 실린더 사이 소결 발생
⑥ 배기밸브, 점화플러그, 피스톤 등의 소손
⑦ 구성품 응력증가 및 수명 단축

5.5.3 조기점화

조기점화는 그림 5.10에 나타나 있는 것처럼 연료-공기 혼합기가 점화플러그에 의해 점화되기 전에 연소실 내부에 형성된 열점(hot spot)에 의해 비정상적으로 연소되는 현상이다. 정상연소가 지속되는 경우에는 일반적으로 열점이 형성되지 않지만 데토네이션이

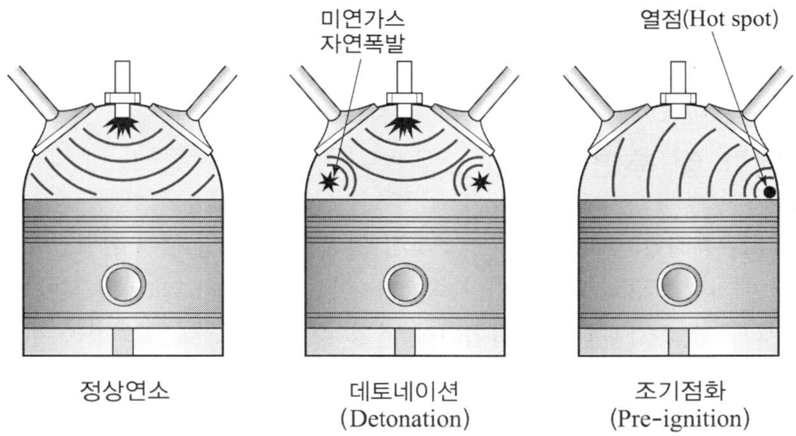

그림 5.10 • 정상연소와 비정상연소

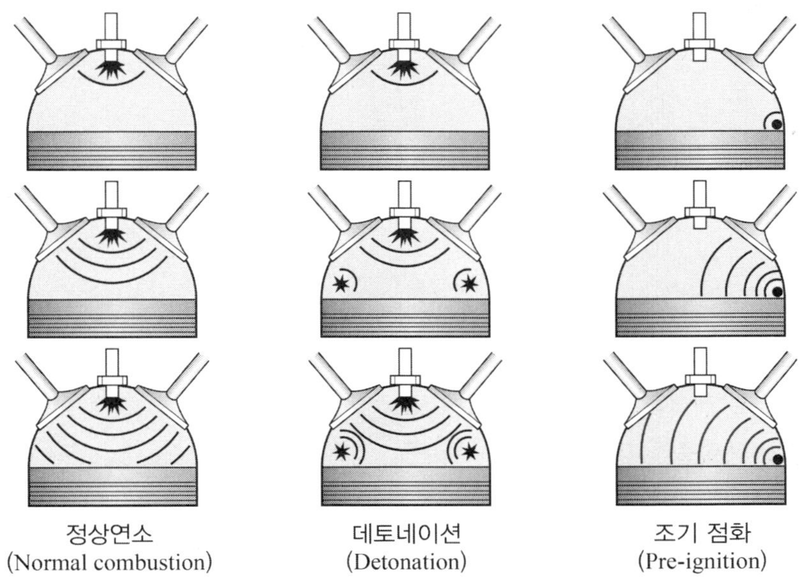

그림 5.11 • 정상연소와 비정상연소 진행 과정

지속적으로 발생하면 연소실 내부 온도가 상승하여 점화플러그 일부가 녹아 떨어지거나 엔진 구성품에서 떨어져 나온 작은 쇳조각이 연소실 내부에서 빨갛게 달아올라 열점을 형성한다. 그림 5.11에 조기점화를 더욱 자세하게 이해하기 위하여 연소 진행과정을 정상연소 및 데토네이션과 비교하여 나타냈다. 조기점화가 일어나면 대부분의 경우 점화플러그에서 점화가 이루어지기 이전에 조기점화가 완료된다.

조기점화가 일어나면 연소가 일찍 시작되기 때문에 압축행정이 완료되기 전에 연소실 내부 압력이 증가하기 때문에 음(−)의 일의 크기가 증가하여 데토네이션이 일어나는 경우와 마찬가지로 엔진출력이 저하된다.

5.5.4 역화 및 후연

혼합기가 희박해지면(fuel lean) 연소온도가 낮아지며, 이로 인해 화염전파속도가 느려지기 때문에 배기행정 끝까지 연소가 지속된다. 이런 경우 밸브 오버랩 시에 흡기관 내의 혼합기가 점화되어 흡기계통으로 화염이 전달될 수 있는데, 이를 역화라 한다.

혼합기 농도가 지나치게 농후한 경우에도 연소온도가 낮아지며, 이로 인해 화염전파속도가 느려져서 미처 연료가 모두 연소되지 못하고 배기계통으로 배출된다. 아울러 산소와 반응하지 못한 연료도 배기계통으로 배출된다. 이렇게 배출되는 미연가스가 배기계통에 있는 공기와 반응하여 점화되는 경우에 이를 후연이라 한다. 점화플러그 고장으로 실화가 일어나는 경우에도 배기계통에서 후연이 일어난다.

실 • 전 • 문 • 제

1. 데토네이션과 조기점화의 주 차이는?
   가. 데토네이션은 정상점화 전에 일어나고, 조기점화는 정상점화 후에 일어난다.
   나. 조기점화는 정상점화 전에 일어나고, 데토네이션은 정상점화 후에 일어난다.
   다. 양쪽 모두 과도한 온도상승이 되는 것 이외에는 차이점이 없다.
   라. 양쪽 모두 실린더 내에서 일어난다는 점 이외에는 차이점이 없다.

2. 연료의 퍼포먼스 수(Performance number) 115란 무엇을 의미하는가?
   가. 옥탄가 100의 연료를 사용할 때보다 4에틸납을 첨가하여 기관의 출력을 15% 증가하여 노크현상을 일으키지 않는 연료
   나. 옥탄가 100의 연료에 질량비로서 4에틸납을 15% 더 첨가한 연료
   다. 옥탄가 100의 연료에 체적비로서 4에틸납을 15% 더 첨가한 연료
   라. 옥탄가 115에 해당하는 내폭성을 갖는 연료

   해설 항공기에 사용되는 가솔린은 avgas라 불리며, 옥탄가 100 이상인 것을 사용한다. 옥탄가 100 이상인 연료의 안티노크 특성을 구분하기 위해서 PN(Performance Number)를 사용하는데, 이는 연료에 첨가되는 4에틸납(TEL: Tetraethyl Lead)의 양에 따라 결정된다. 순수한 이소옥탄의 경우 옥탄가는 100, PN도 100이다. 여기에 4에틸납을 첨가하면 PN는 100 이상으로 증가된다. 안티노크 특성은 동일한 연료인 경우에도 혼합기 농도에 따라 변한다. 따라서 PN는 두 개의 숫자로 표시한다. 예를 들면, PN가 115/145인 연료의 경우 115는 Lean-Performance Number, 145는 Rich-Performance Number를 나타낸다.

3. 항공기 왕복엔진 연료의 안티노크제로 가장 많이 사용하는 물질은?
   가. 메틸알코올(CH_3OH)
   나. 4에틸납($Pb(C_2H_5)_4$)
   다. 톨루엔($C_6H_5CH_3$)
   라. 벤젠(C_6H_6)

4. 왕복엔진에서 노킹 발생과 관계가 먼 것은?
   가. 점화시기
   나. 연료-공기 혼합비
   다. 회전속도
   라. 연료의 기화성

5. 데토네이션을 일으키는 원인으로 맞는 것은?

가. 너무 늦은 점화시기
나. 너무 낮은 옥탄가의 연료 사용
다. 오버홀 시 부정확한 밸브 사용
라. 너무 높은 옥탄가의 연료 사용

6. 항공기 왕복엔진에서 후연(After firing)의 가장 큰 원인은?

가. 빠른 점화시기
나. 흡입밸브의 고착
다. 너무 희박한 혼합비
라. 너무 농후한 혼합비

해설 혼합기가 엷으면 화염전파속도가 느려져서 배기행정 끝까지 연소가 계속된다. 이런 경우 밸브 오버랩 시에 흡기관 내의 혼합기가 점화되어 흡기계통으로 화염이 전달될 수 있는데, 이를 역화라 한다. 혼합기가 너무 진한 경우에도 화염전파속도가 느려져서 미처 연료가 다 연소되지 못하고 배기계통으로 배출된다. 배기계통에 있는 공기와 이 미연가스가 반응하여 점화되는 경우 이를 후연이라 한다. 점화플러그 고장으로 실화(misfire)가 일어나는 경우에도 배기계통에서 후연이 일어난다.

7. 연료-공기 혼합비에 대하여 이론적인 공연비보다 실제 공연비에 대한 설명으로 맞는 것은?

가. 실제의 출력을 내는 경제적인 혼합비는 농후하다.
나. 정상 혼합비보다 희박한 혼합비가 더 빨리 연소된다.
다. 정상 혼합비보다 농후한 혼합비가 더 빨리 연소된다.
라. 설계상의 최적 혼합비가 가장 잘 연소된다.

8. 연료의 연소 후에 발생하는 저위발열량(LHV: Lower Heating Value)에 대한 설명으로 맞는 것은?

가. 연소 중 탄소만의 발열량이다.
나. 연소 후 생성되는 물이 기체상태일 때의 발열량이다.
다. 연소 후 생성되는 물이 액체상태일 때의 발열량이다.
라. 연소 후 생성되는 물이 고체상태일 때의 발열량이다.

9. 가솔린엔진에서 노킹을 방지하는 방법으로 틀린 것은?

가. 제폭성이 좋은 연료를 사용한다.
나. 화염전파 거리를 짧게 해준다.
다. 착화지연을 길게 한다.
라. 연소속도를 느리게 한다.

10. 항공용 가솔린 규격 가운데 10% 유출점은 무엇과 관계가 있는가?

가. 제폭성　　　　나. 시동성

다. 가속성　　　　라. 전반적인 엔진성능

정답

1. 나　2. 라　3. 나　4. 라　5. 나　6. 라　7. 다　8. 나　9. 라　10. 나

제6장

연료계통

본 장에서는 기화기를 통한 엔진에 연료공급에 관련된 내용을 살펴볼 예정이다. 소형 및 중형급 왕복엔진에 사용되는 부자식 기화기에 대해서는 이론 및 구조에 대해서 자세히 살펴볼 예정이다. 그리고 구형 엔진에 사용되었던 압력분사식 기화기에 대해서는 간단하게 살펴볼 예정이다. 현대식 항공기용 왕복엔진은 더 이상 기화기를 사용하지 않고 연료분사장치를 사용한다. 연료분사는 분사펌프를 이용해서 엔진의 흡입계통이나 각각의 실린더 내부로 직접 연료-공기 혼합기를 분사하는 방법이다. 그런데 항공기용 왕복엔진 연료분사장치와 자동차용 왕복엔진 연료분사장치에는 차이가 있다. 항공용 연료분사장치에 대한 특징을 이해하기 위해 여기서는 자동차용 연료분사장치에 대한 내용도 간단하게 살펴볼 예정이다.

6.1 • 연료계통

연료계통은 연료를 저장하고 연료를 엔진으로 공급해주는 계통이다. 연료계통의 기본적으로 연료탱크, 부스터펌프(booster pump), 연료관, 선택밸브, 연료필터, 연료펌프, 연료압력계 등으로 구성된다. 일반적으로 항공기에는 많은 양의 연료를 저장하기 위해서 다수의 연료탱크가 설치된다. 선택밸브는 엔진에 연료를 공급해주는 탱크를 선택하도록 조종석에서 세팅된다. 부스터펌프는 연료탱크 하부에 설치되며, 연료를 가압하여 규정된 압력으로 연료탱크로부터 필터까지 이송한다. 연료필터는 연료계통 가장 낮은 곳에 설치하며, 연료에 포함되어 있는 불순물을 제거한다. 연료펌프는 연료를 가압하여 엔진으로 보내준다.

연료계통은 엔진 성능에 직접적으로 영향을 미치기 때문에 매우 중요하게 취급해야 한다. 연료계통은 연료를 이송하는 데 필요한 압력을 얻는 방법에 따라 중력공급 연료계통과 압력공급 연료계통으로 구분한다. 아울러 연료와 공기를 혼합하는 방식에 따라 기화기와 연료분사계통으로 나눌 수 있다. 기화기는 부자식 기화기와 압력분사식 기화기 두 종류가 있다. 항공기용 왕복엔진에 사용하는 연료분사계통에는 TCM(Teledyne Continental Motors)과 RSA(Precision Airmotive, formally Bendix) 두 회사에서 개발된 제품을 사용하고 있다.

6.1.1 연료계통 구비조건

항공기 연료계통은 두 가지 주요 부분, 즉 기체연료계통과 엔진연료계통으로 구분한다. 기체연료계통은 연료탱크, 부스터펌프, 탱크 여과기, 연료탱크 벤트, 연료관, 연료조절 또는 선택 밸브, 연료필터, 연료 유량계 및 압력계, 연료 드레인밸브 등으로 구성된다. 엔진연료계통은 엔진구동펌프(연료펌프)로 연료가 공급되는 곳에서 시작되며, 이 펌프로부터 기화기 또는 다른 연료계량장치 등 모든 연료조절장치를 포함한다. 연료계통 구비조건은 다음과 같다.

① 중력공급 연료계통의 경우 항공기 이륙에 필요한 연료유량의 150%에 해당하는 연료유량을 공급할 수 있는 압력을 확보할 수 있도록 연료탱크를 기화기 상부 충분히 높은 위치에 설치해야 한다.

② 압력공급 연료계통은 항공기 이륙마력당 0.41 kg/h(0.9 lb/h)에 해당하는 연료유량을 공급할 수 있어야 하거나 항공기 이륙 최대마력에서 엔진에 공급되는 실제 연료유량의 125%를 공급할 수 있도록 설계되어야 한다.

③ 압력공급 연료계통에서 부스터펌프는 대부분 연료탱크 하부에 설치하는데, 연료탱크 내부 또는 외부에 설치할 수도 있다. 부스터펌프는 원심형 펌프를 주로 사용하고 있다. 부스터펌프는 엔진 시동 시에 연료를 공급해주며, 고고도 운전, 이륙 및 착륙 시에 적당한 연료 압력이 형성될 수 있도록 작동된다. 아울러 엔진구동 주연료펌프가 고장 난 경우에도 부스터펌프를 작동시켜 이륙 및 착륙할 수 있다. 따라서 부스터펌프는 주연료펌프를 대체할 수 있도록 충분한 용량을 갖추어야 한다.

④ 연료계통은 엔진으로의 연료 흐름을 차단하고 연료 흐름을 막을 수 있도록 밸브를 설치해야 하며, 이런 밸브들은 조종사가 쉽게 조작할 수 있도록 조종석 근처에 있어야 한다.

⑤ 출구가 서로 연결된 연료계통에서 연료탱크가 가득차서 흘러넘치기 가장 쉬운 조건에서 비행기가 운전될 때 연료탱크 벤트로 연료가 흘러넘치면 안되기 때문에 연료탱크 사이로 연료가 흘러갈 수 없도록 설계해야 한다.

⑥ 다발항공기의 경우 각 엔진은 각각 별도의 연료탱크, 연료관, 연료펌프로부터 연료가 공급되도록 설계해야 한다. 그러나 비상시를 대비하여 연료를 다른 탱크로 이동시킬 수 있는 장치를 마련하든지 아니면 하나의 연료탱크로부터 두 개의 엔진을 동시에 운전할 수 있는 장치를 마련할 수 있다. 이는 교차흐름장치(cross-flow system)와 밸브를 설치하면 가능하다.

⑦ 중력공급 연료계통에서 각각의 연료탱크 내부에 공기가 존재하는 공간을 서로 연결하여 동일한 연료공급이 이루어지도록 한 경우를 제외하고는 각각의 엔진은 각각의 연료탱크로부터 연료를 공급받아야 한다.

⑧ 연료관은 모든 운전조건에서 요구되는 최대의 연료유량을 공급할 수 있는 충분한 크기를 가져야 한다. 아울러 증기폐쇄로 이어지는 기포 발생의 원인으로 작용하는 연료관의 급격한 휘어짐을 피해야 하며, 연료관이 급격히 위로 향하지 않도록 해야 한다. 그리고 연료관은 엔진의 뜨거운 부품으로부터 가능한 멀리 위치시켜야 한다.

⑨ 연료탱크에는 연료탱크 바닥에 물과 이물질이 고일 수 있도록 오목한 섬프(sump)를 설치해야 하며, 이 물질들을 제거할 수 있도록 배출구를 설치해야 한다. 아울러 연료탱크에 낮은 압력이 형성되면 연료흐름이 제한되어 엔진이 정지할 가능성이 있으므로 이런 문제를 해결하기 위한 양압분출장치(positive-pressure venting system)를 설치해야 한다. 그리고 연료탱크는 운전 중에 가해지는 모든 하중을 견딜 수 있어야 한다.

⑩ 만약 연료탱크 설계에 있어서 연료의 위치 이동이 항공기 균형에 큰 영향을 미치는 경우에는 연료탱크에 배플을 설치하여 연료의 이동을 막아야 한다. 이는 주로 날개에 있는 연료탱크에 적용되는데, 항공기의 급격한 자세변화에 의해 연료가 갑자기 이동하는 경우 항공기는 통제를 상실할 수 있다. 한편, 배플은 증기폐쇄의 원인으로 작용하는 연료의 슬로싱을 방지하는 역할도 수행한다.

6.1.2 중력공급 연료계통

중력공급 연료계통은 중력에 의해 발생하는 압력수두를 이용하여 연료를 엔진으로 공급한다. 대부분의 항공기 연료탱크는 그림 6.1에 나타나 있는 것처럼 엔진 상부인 항공기 날개에 설치하며, 항공기 엔진은 날개 하부인 동체 내부에 설치한다. 따라서 연료탱크와 엔진 사이에는 높이 차이가 존재하게 되며, 이 높이 차이로 인하여 연료를 연료탱크로부터 엔진으로 보내주기에 충분한 압력수두가 발생하는 경우에는 중력공급 연료계통을 채택할 수 있다. 중력공급 연료계통에는 부스터펌프가 필요 없다. 중력공급 연료계통은 그림 6.2에 나타나 있는 것처럼 연료탱크, 연료관, 연료차단밸브, 여과기, 프라이밍계통, 연료유량계 등으로 구성된다.

엔진시동 시에는 희박혼합기(lean mixture)가 만들어지는데, 희박혼합기 상태에서는 점화가 일어나기 어렵기 때문에 원활한 시동이 이루어지기 어렵다. 희박혼합기가 만들어지는 이유는 엔진시동 시에 엔진 회전수가 증가하면 유입되는 공기량이 갑자기 증가되는데

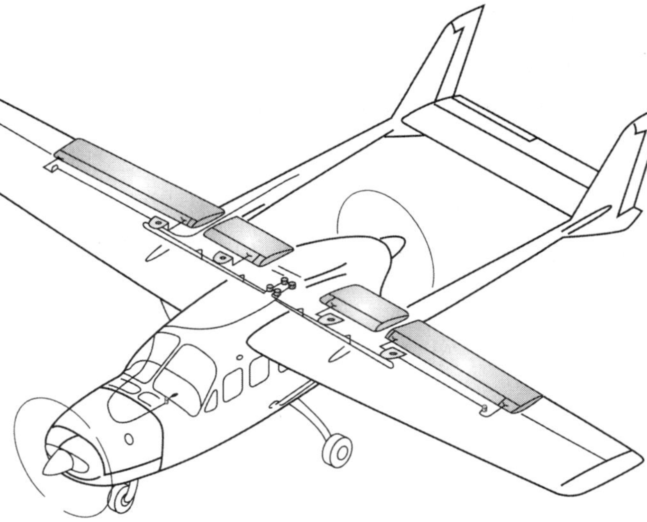

그림 6.1 ‣ 중력공급 연료계통 (Cessna Skymaster 337)

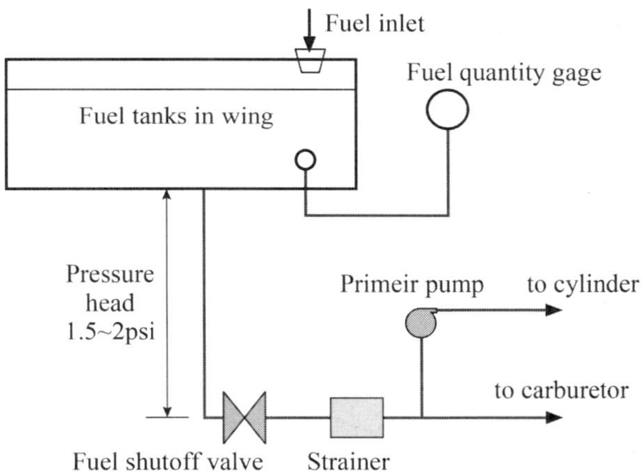

그림 6.2 ‣ 중력공급 연료계통 개략도

반하여 연료는 약간 지연되어 기화기로 유입되기 때문이다. 아울러 엔진시동 시 유입되는 공기는 실린더 및 흡기계통에 잔존하는 공기와 합쳐져서 연료량에 비해서 공기량이 많아지게 된다. 더욱 중요한 것은 엔진시동 시에는 엔진의 온도가 낮기 때문에 분무되는 연료가 미처 기화되지 못할 뿐만 아니라 차가운 표면에서 연료의 응축이 일어나기 때문에 희박혼합기가 만들어지기 쉽다는 점이다. 이런 엔진시동의 어려움을 해결하기 위한 방법은 점화가 원활하게 일어날 수 있는 최적의 연료-공기 혼합비를 맞추어주는 것인데,

이를 위해 스로틀밸브 하류에 프라이머(primer)를 설치하여 별도로 추가의 연료를 분사시켜 준다. 프라이밍 해주는 연료량은 외기온도, 기화기 유입 공기온도, 오일온도, 실린더헤드 온도 등을 계측해서 결정한다. 외기온도와 기화기 유입 공기온도는 연료의 휘발능력을 파악하는 데 이용하며, 오일온도는 엔진시동 시 엔진상태를 파악하는 데 사용한다. 한편, 실린더헤드 온도는 연료-공기 혼합기가 실린더 벽에 달라붙는 경향을 지시하고 흡입구에서 프라이밍의 증발에 이용할 수 있는 열량을 지시한다.

6.1.3 압력공급 연료계통

그림 6.3에 나타나 있는 것처럼 엔진을 주날개 하부에 설치하여 요구되는 연료유량을 중력에 의해서 확보할 수 있는 높이에 연료탱크를 설치할 수 없거나 중력에 의해서 발생하는 압력보다 더 높은 압력이 요구되는 경우에는 압력공급 연료계통을 사용한다. 압력공급 연료계통에서의 연료공급은 전적으로 연료펌프에 의존한다.

엔진구동 주연료펌프는 그림 6.3과 6.4에서 볼 수 있듯이 부스터펌프와 직렬로 설치하기 때문에 연료를 공급하기 위해서는 이 펌프를 반드시 통과해야 한다. 주연료펌프로는

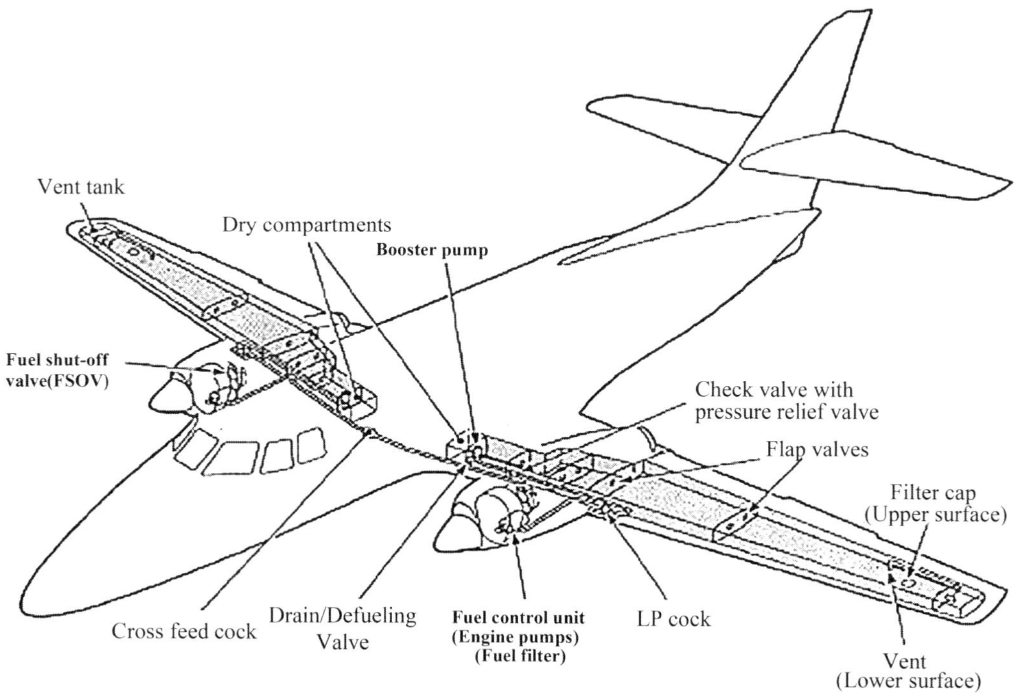

그림 6.3 · 압력공급 연료계통을 갖춘 항공기

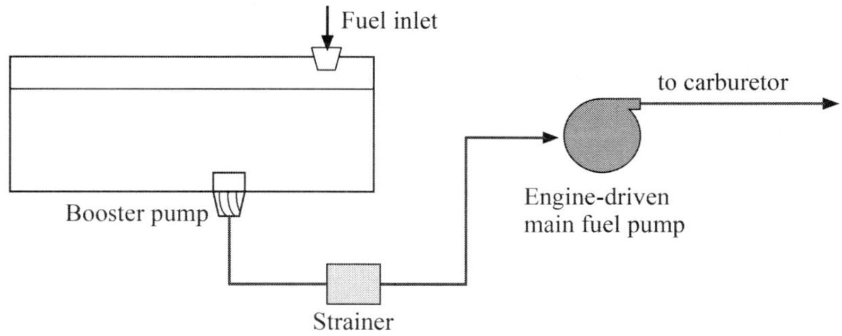

그림 6.4 • 압력공급 연료계통 개략도

대개 베인형 펌프를 사용하며, 기어형 펌프를 사용하기도 한다. 주연료펌프는 엔진이 작동하지 않을 때 연료를 펌프 입구로 다시 보내줄 수 있도록 설계해야 한다. 이를 위해 일반적으로 바이패스밸브가 사용된다.

모든 항공기 연료계통에는 연료에 포함되어 있는 불순물을 제거하기 위하여 스트레이너와 필터 같은 연료여과장치가 설치되어 있다. 연료탱크에는 최대 1인치당 8메시를 가지는 비교적 성근 메시의 스트레이너를 사용한다. 주 스트레이너 또는 마스터 스트레이너라고 불리는 연료 섬프 스트레이너는 연료탱크와 엔진 사이의 가장 낮은 지점에 설치하며, 대개 1인치당 40메시 이상의 훨씬 미세한 메시로 구성된다. 대부분의 필터는 40 μm 이상의 불순물 입자를 걸러내도록 설계되어 있다.

부스터펌프는 엔진 시동 시 연료를 공급해주며, 정상운전 시에는 엔진 펌프가 필요한 압력으로 연료를 공급해준다. 고고도 운전, 이륙, 착륙하는 동안에는 부스터펌프가 작동해서 적당한 연료압력을 유지시켜준다. 부스터펌프는 엔진 펌프가 고장 난 경우에 착륙과 이륙하는 데 있어서 특히 중요하다.

6.1.4 연료계통 취급 주의사항

연료계통을 취급하는 데 있어서 주의할 점은 연료는 가연성 물질이기 때문에 화재나 폭발의 위험성이 상존한다는 점이다. 따라서 연료계통 취급 시 다음 사항을 주의해야 한다.

① 항공기 점검이나 연료계통 수리 시에는 적절한 방법으로 접지시켜야 한다.
② 엎질러진 연료는 최대한 빨리 중화시키거나 제거해야 한다.
③ 열려진 연료관은 뚜껑을 닫아야 한다.
④ 소화장비를 항상 비치해야 한다.

⑤ 금속 연료탱크의 경우 연료증기를 배출하지 않은 상태에서 용접이나 납땜을 해서는 안 된다. 금속 연료탱크의 용접은 화염으로 인한 폭발을 방지하기 위해 탱크 내부를 이산화탄소로 채운 상태에서 실시해야 한다.

6.1.5 증기폐쇄

증기폐쇄(vapor lock)는 연료계통 다양한 곳에서 연료가 기화되어 발생한 연료증기와 공기가 모여서 형성되는 기포 덩어리에 의해 발생하는 연료 흐름의 부분적 혹은 완전한 단절을 의미한다. 연료계통은 액체를 기준으로 설계하기 때문에 충분한 양의 증기가 모이게 되면 펌프, 밸브, 기화기 등이 비정상적으로 작동하여 엔진출력이 급격히 저하되며, 연료 흐름이 완전히 두절되는 경우에는 엔진이 정지한다. 증기폐쇄가 발생하는 세 가지 원인은 연료압력 저하, 연료온도 상승, 연료 흐름의 과도한 교란이다.

연료압력이 저하되면 증기폐쇄가 발생한다. 항공기가 고고도에서 비행하는 경우 대기압 저하로 인해서 연료탱크 내부에 작용하는 압력이 낮아진다. 이 경우 연료의 비등점이 낮아지기 때문에 쉽게 기포가 형성되어 증기폐쇄가 발생한다. 이런 현상을 방지하기 위해서 연료계통에 부스터펌프를 설치한다. 연료탱크 하부에 부스터펌프를 설치하면 연료탱크 출구와 연료펌프 사이의 연료관에 있는 연료가 가압되어 기포 발생이 억제된다. 연료에 압력이 가해지면 기포 형성이 억제되고 기포 덩어리를 한 군데 정체되어 있지 않게 밀어낸다. 이밖에도 연료가 너무 빨리 기화되지 않도록 연료의 휘발성을 제조 단계에서 조정하여 증기폐쇄 발생을 방지한다.

연료온도가 상승하면 증기폐쇄가 발생한다. 연료펌프나 연료관이 열원인 엔진에 가깝게 배치되어 있으면 연료온도가 상승하여 연료가 쉽게 증발한다. 이런 현상은 연료탱크 내부에 있는 연료의 온도가 높을수록 더 쉽게 일어난다. 특히 무더운 날씨에 항공기가 이륙하여 짧은 시간에 고고도에 진입하는 경우 연료온도가 서서히 낮아지기 때문에 연료의 증발이 촉진되어 쉽게 증기폐쇄가 발생할 수 있다.

연료 흐름이 과도하게 교란되면 증기폐쇄가 일어난다. 연료 흐름이 과도하게 교란되는 원인은 연료탱크 내부에 있는 연료에서 발생하는 슬로싱(sloshing), 연료펌프의 기계적인 작용, 연료관의 급격한 방향 전환이다. 연료탱크에서 슬로싱이 일어나면 연료에 공기가 혼합되기 쉬워진다. 연료에 갇힌 공기는 연료관을 지나는 동안 연료로부터 이탈하여 증기폐쇄의 원인이 되는 기포 덩어리를 형성한다. 따라서 연료탱크에 배플(baffle)을 설치하여 슬로싱이 발생하지 않도록 해야 한다. 연료관의 방향이 급격하게 바뀌면 연료관 내부에 재순환영역이 생기며, 이로 인해 국부적으로 연료의 흐름속도는 빨라지고 압력이

표 6.1 ‣ 증기폐쇄 원인 및 방지 방법

발생 원인	기여 요인	방지 방법
1) 연료압력 저하	• 고고도 비행	• 부스터펌프 설치 • 연료 휘발성 억제
2) 연료온도 상승	• 연료펌프 또는 연료관의 열원인 엔진에 근접 배치	• 연료펌프와 연료관을 열원인 엔진으로부터 격리
3) 연료 흐름의 과도한 교란	• 연료탱크 내부 연료의 슬로싱 • 연료펌프의 기계적 작용 • 연료관의 급격한 방향 전환	• 연료탱크 내부 배플 설치 • 증기분리기 설치 • 연료관의 급격한 휘어짐 방지

낮아지는 교축과정이 발생하여 연료가 쉽게 증발한다. 따라서 연료관은 급격하게 휘어지는 부분이 없도록 설계해야 한다. 연료펌프에서 발생하는 기포는 일반적으로 증기분리기(vapor separator)를 이용하여 제거한다. 표 6.1에 증기폐쇄 원인과 방지 방법에 대한 내용을 요약하여 정리하였다.

6.2 • 부자식 기화기

6.2.1 시스템 구성 및 운전원리

부자식 기화기가 장착된 엔진의 연료계통도를 그림 6.5에 나타냈다. 연료탱크를 빠져나온 연료는 스트레이너에서 이물질이 제거된 후에 연료펌프에서 승압되어 기화기로 보내진다. 기화기는 연료와 공기를 혼합시켜 실린더로 보내준다. 이 과정을 좀 더 자세하게 살펴보기 위하여 그림 6.6에 기화기 연료계통을 나타냈다. 연료탱크에 있는 연료는 연료펌프에 의해 부자실로 보내진다. 부자실에는 일정한 양의 연료가 채워지면 부자에 의해서 연동되어 작동하는 니들밸브에 의하여 연료통로가 막혀서 더 이상 연료가 유입되지 못하도록 되어 있다. 한편, 공기필터를 통해서 흡기계통으로 유입된 공기는 기화기에 있는 벤츄리를 지나면서 연료와 혼합된다. 벤츄리는 그림 6.7에 나타나 있는 것처럼 목 부분이 잘록해서 좁아지는 구조로 되어 있기 때문에 공기가 이 부분을 지날 때 속도가 증가한다. 공기의 속도가 증가하면 베르누이 원리에 의하여 압력이 낮아진다. 따라서 공기가 흐르는 경우 부자실과 벤츄리 목 사이에 압력 차이가 발생하여 부자실에 있는 연료가 벤츄리 목으로 자연스럽게 유입된다. 벤츄리 목에 있는 분사노즐(discharge nozzle)을 빠져나와 공기흐름에 합류된 연료와 공기 사이에는 액체와 기체의 상경계가 생기는데, 이 상경계에는 빠른 공기속도로 인해서 발생하는 전단력에 의해서 연료가 무수히 많은 작은 액적으로 잘게 쪼개져서 연료-공기 혼합기가 만들어진다. 이것이 분무기 원리이다. 이렇게 만들어진 연료-공기 혼합기는 스로틀밸브를 거쳐서 실린더 내부로 들어간다. 조종실에 있는 스로틀에 의해 연동되어 개폐되는 스로틀밸브가 많이 열리면 공기통로 면적이 증가되어 더 많은 공기가 유입되며, 이 경우 벤츄리 목에서의 공기속도는 더욱 증가하고 압력은 더욱 낮아져서 더 많은 연료가 벤츄리 목으로 유입되어 엔진이 가속된다. 기화기는 스로틀밸브 개폐 정도에 관계없이 항상 일정한 연료-공기비가 유지되도록 설계한다.

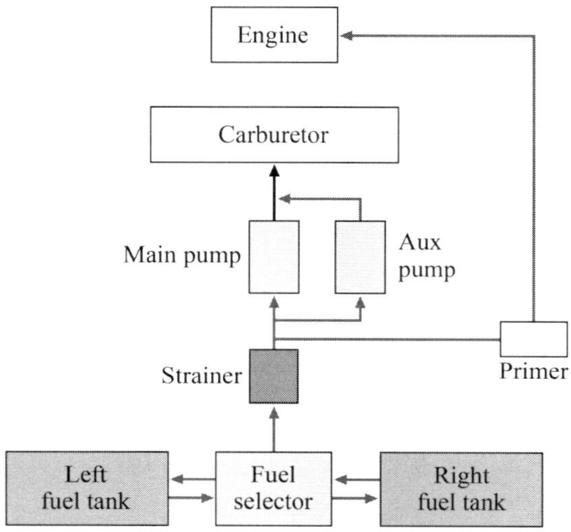

그림 6.5 · 기화기 연료계통

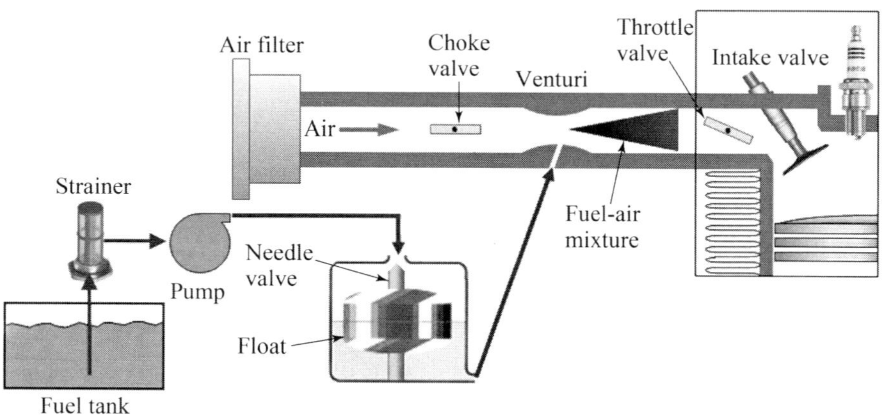

그림 6.6 · 기화기 구성 및 원리

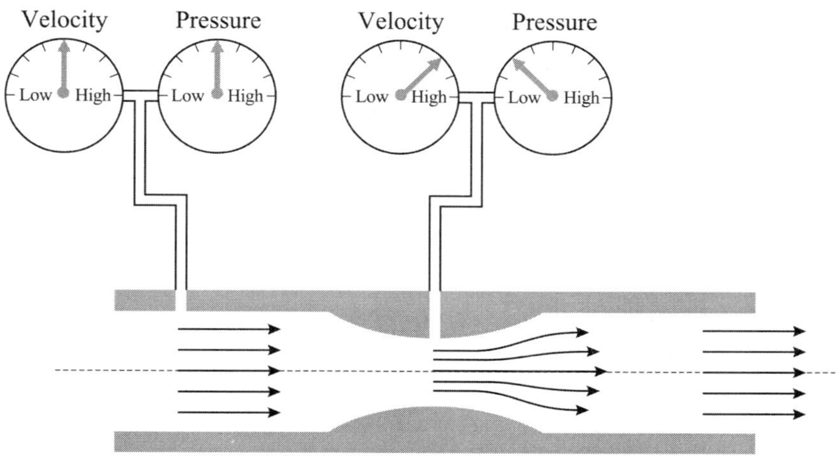

The operation of venturi tube is based on Bernoulli's principle.

그림 6.7 • 벤츄리 원리

기화기에서 분무되어 공기와 혼합되어 있는 연료액적의 크기는 다양하며, 실린더로 흘러가면서 더욱 작은 액적으로 쪼개진다. 이런 각각의 연료액적 표면에서는 기화가 일어나기 때문에 매우 작은 액적은 사라지고 큰 액적은 크기가 작아진다. 실린더로 유입되기 전에 모든 연료액적이 기화된다면 연료와 공기를 균일하게 혼합해주는 데 따른 문제가 없어진다. 그러나 일부 연료는 액적상태로 실린더로 유입되는데, 이런 액적들은 압축행정에서 모두 기화되어야만 한다. 연료액적의 기화에 영향을 미치는 요소로는 연료의 휘발성, 공기온도, 무화도 등이 있다. 휘발성이 높은 연료는 쉽게 기화된다. 온도가 높아지면 기화가 촉진된다. 이런 이유 때문에 기화기로 유입되는 공기의 온도를 높이기 위한 히터를 설치하는 경우도 있다. 일부 엔진에는 열점히터가 장착되어 있는데, 열점히터란 배기가스의 열을 이용하여 기화기와 실린더 사이에 있는 흡기매니폴드를 가열하는 것을 말한다. 이 밖에도 흡기매니폴드가 엔진의 오일탱크를 통과하면서 뜨거운 오일의 열을 받아들여 흡입공기의 온도를 높이는 열점히터도 있다. 무화도가 높아지면 연료액적의 크기가 작아져서 연료액적 전체의 표면적이 증가한다. 따라서 무화도가 증가하면 연료의 기화가 촉진된다.

기화기의 성능은 엔진성능과 직결되기 때문에 매우 중요하다. 기화기는 다음과 같은 조건을 구비해야 한다.

① 엔진의 출력이 변하는 경우에도 항상 일정한 연료-공기 혼합비를 유지해야 한다.
② 연료가 잘 무화되고 기화되어서 균일한 혼합기가 만들어져야 하며, 각 실린더에는

동일한 양의 혼합기를 공급해야 한다.

③ 엔진시동 및 가속 시에 응답이 빨라야 한다.

④ 기화기에서 결빙이 발생하지 않아야 한다.

⑤ 흡입저항이 적어야 한다.

⑥ 공회전 조절이 쉽고 작동이 정확해야 한다.

6.2.2 부자식 기화기 구성 및 원리

부자식 기화기 형상을 그림 6.8에 나타냈다. 부자실에는 연료의 자유표면 밑에 잠겨있는 부자(float, 뜨개라고도 불림)가 있으며, 이 부자는 연료의 자유표면과 함께 움직여서 일정량의 연료가 채워지면 니들밸브를 밀어내려 연료 주입구를 막아서 부자실에 항상 일정한 양의 연료가 채워지도록 해준다. 부자실은 외부와 연결되어 있기 때문에 부자실에는 대기압(램압력)이 작용한다. 따라서 기화기 내부에 있는 연료는 두 가지 다른 작동압력, 즉 부자실에 작용하는 대기압(램압력)과 분사노즐에 작용하는 부압이 작용한다. 이 두 가지 압력 차이에 의해서 연료가 분사노즐을 통해서 공기 흐름 속으로 분사된다. 연료 분사량은 스로틀밸브에 의해 조절되는데, 부자실 내부의 압력이 거의 일정하게 유지되는데 반해서 스로틀밸브가 더 열릴수록 공기 흐름이 증가하여 벤츄리를 통과하는 공기의 압력이 낮아지기 때문에 연료 유량이 증가한다. 한편, 연료 유량은 공기의 체적유량 증가에 비례하여 증가하기 때문에 항상 정확한 공연비가 유지된다.

부자식 기화기는 엔진의 다양한 운전조건 변화에 대응하여 정확한 공연비를 유지하고 엔진에 필요한 혼합기량을 만들어낼 수 있도록 해주는 다음과 같은 여섯 가지 중요한 장치를 포함하고 있다.

① 주계량장치(main metering system)

② 완속장치(idling system)

③ 가속장치(accelerating system)

④ 이코노마이저(economizer system) 또는 출력증강장치(power enrichment system)

⑤ 혼합기 조절장치(mixture control system)

⑥ 연료 차단장치(idle cutoff system)

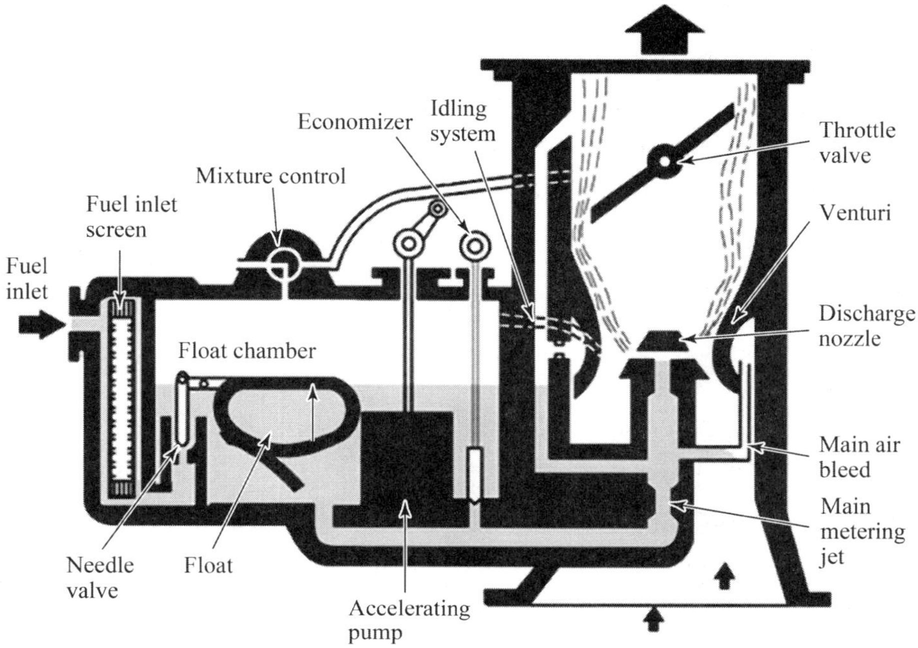

그림 6.8 ‣ 부자식 기화기 (from Kroes and Wild, 1994)

(1) 주계량장치

주계량장치(main metering system)는 아이들링(idling, 무부하 완속운전) 이상의 모든 속도 범위에서 엔진에 연료를 공급한다. 아울러 주계량장치는 엔진이 출력을 낼 수 있는 모든 스로틀 개도(throttle openings)에서 일정한 연료-공기 혼합비를 유지시킨다. 이는 주계량장치가 엔진으로 유입되는 공기량을 측정하고 이 공기에 무화시킬 연료량을 조절하는 기능을 수행하기 때문이다. 주계량장치는 그림 6.8에 나타나 있는 벤츄리, 뜨개실을 빠져나오는 연료의 유량을 측정하는 주미터링제트(main metering jet), 주공기블리드(main air bleed)를 포함한 분사노즐, 완속계통으로 연결된 통로, 스로틀밸브 등으로 구성되어 있다.

주계량장치에서 엔진에 연료를 공급하는 기능은 벤츄리가 담당한다. 앞에서 설명했듯이 엔진으로 유입되는 공기가 기화기 내부에서 가장 좁은 통로인 벤츄리 목을 통과하는 동안 가장 낮은 압력이 나타나며, 이 벤츄리 목에 공기 블리드 노즐(air bleed nozzle)인 연료분사노즐을 위치시키면 뜨개실 내부에 형성되는 대기압(램압력)과 벤튜리 목에 나타나는 낮은 압력 차이에 의해서 뜨개실로부터 분사노즐로 연료가 흐른다. 한편, 기화기로 유입되는 공기량이 증가하면 벤츄리 목에 걸리는 압력도 낮아지기 때문에 더 많은 연료가 흐르게 되어 일정한 공연비가 유지된다. 따라서 주계량장치는 엔진이 출력을 낼 수 있는 모든 스로틀 개도에서 일정한 연료-공기 혼합비를 유지시킨다.

주공기블리드(main air bleed)는 연료가 분사노즐을 빠져나가기 전에 연료에 공기를 혼합시켜 연료의 밀도를 낮추고 표면장력을 파괴하여 연료의 기화 특성을 높여준다. 만약 기화기의 주공기블리드가 제한을 받거나 막힌다면 연료에 포함되는 공기량이 줄어들고 분사노즐을 빠져나가는 연료량이 증가하기 때문에 연료-공기 혼합기가 과도하게 농후해지는 문제가 발생한다.

(2) 완속장치

완속장치(idling system)는 아이들링 운전 시에 스로틀밸브 후방에 연료를 분사하여 스로틀밸브가 거의 닫힌 상태에서도 엔진이 정지하지 않고 무부하 상태로 운전되게 해주는 장치이다. 엔진의 아이들링 운전 시에는 그림 6.9와 그림 6.10에서 확인할 수 있는 것처럼 스로틀밸브가 거의 닫히고 엔진이 느리게 운전되기 때문에 벤츄리를 통과하는 공기의 속도가 낮아져서 부자실의 연료가 더 이상 분사노즐로 끌려오지 않는다. 따라서 기화기는 엔진을 계속해서 회전시키기 위한 충분한 연료를 공급할 수 없게 된다. 그러나 스로틀밸브가 거의 닫힌 상태에서 그림 6.10에 나타나 있는 것처럼 스로틀밸브 가장자리와 공기통로 벽 사이에 고속의 공기 흐름이 나타나면서 낮은 압력이 형성된다. 아울러 피스톤이 하강하면서 만들어지는 부압에 의해서 스로틀밸브 뒤에는 매우 낮은 압력이 형성된다. 따라서 완속장치 연료 출구를 스로틀밸브 약간 후방에 위치시키면 스로틀밸브가 거의 닫힌 상태에서 엔진에 지속적으로 연료가 공급되어 엔진이 계속해서 회전할 수 있게 된다. 즉 완속장치는 오직 스로틀밸브가 거의 닫혔을 때만 스로틀밸브 후방에 연료를 공급하여 엔진의 아이들링 운전을 유지시켜 준다. 한편, 아이들링 운전 시에는 연료량이 증가되어 농후혼합기(rich mixture)가 만들어진다. 이는 아이들링 운전 시에 실린더 주위를 흐르는 냉각공기량이 충분하지 못하기 때문에 발생하기 쉬운 엔진 과열을 방지하기 위함이다.

그림 6.10을 통해서 확인할 수 있는 것처럼 완속장치는 분사노즐로 향하는 연료 통로에서 연료를 공급받는다. 아울러 완속장치는 벤츄리 외곽에서 공기를 공급받기 때문에 공기는 기화기 입구압력을 가진다. 완속장치는 두 개의 분사노즐을 가지는데, 이들 노즐을 통해서 공급되는 상대적인 연료 유량은 스로틀밸브 위치에 따라 결정된다. 매우 느린 완속운전 시에는 스로틀밸브에 의해서 하부노즐이 가려지기 때문에 모든 연료가 상부노즐을 통해서 공급된다. 이때 하부노즐은 상부노즐로 공급되는 연료에 추가적인 공기 블리드(air bleed)를 공급해주는 역할을 한다. 스로틀밸브가 약간 더 열리면, 하부노즐이 노

출되면서 하부노즐을 통해서도 연료가 공급되기 때문에 완속장치를 통해서 엔진에 공급되는 연료유량이 증가한다.

완속장치에서 만들어지는 연료-공기 혼합기의 요구조건은 기후조건과 고도에 따라 달라지기 때문에 상부노즐에 연결되어 있는 연료관의 오리피스를 조절하기 위하여 니들밸브 형태의 혼합기 조정장치(mixture adjustments)가 설치되어 있다. 이 니들을 오리피스

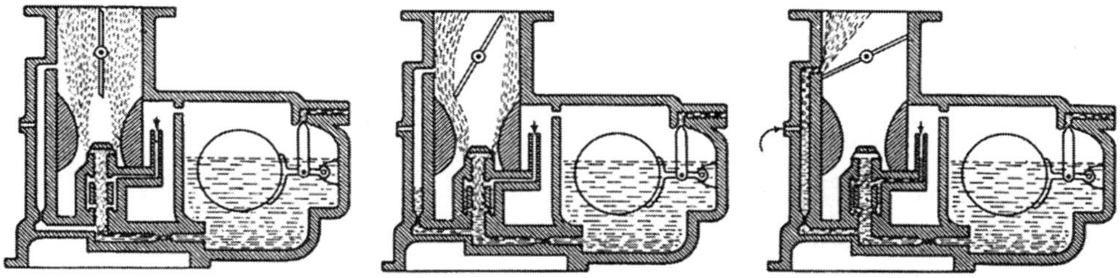

(a) Full speed (b) Medium speed (c) Idling speed

그림 6.9 • 부자식 기화기의 다른 속도에서 연료 분사 (from Kroes and Wild, 1994)

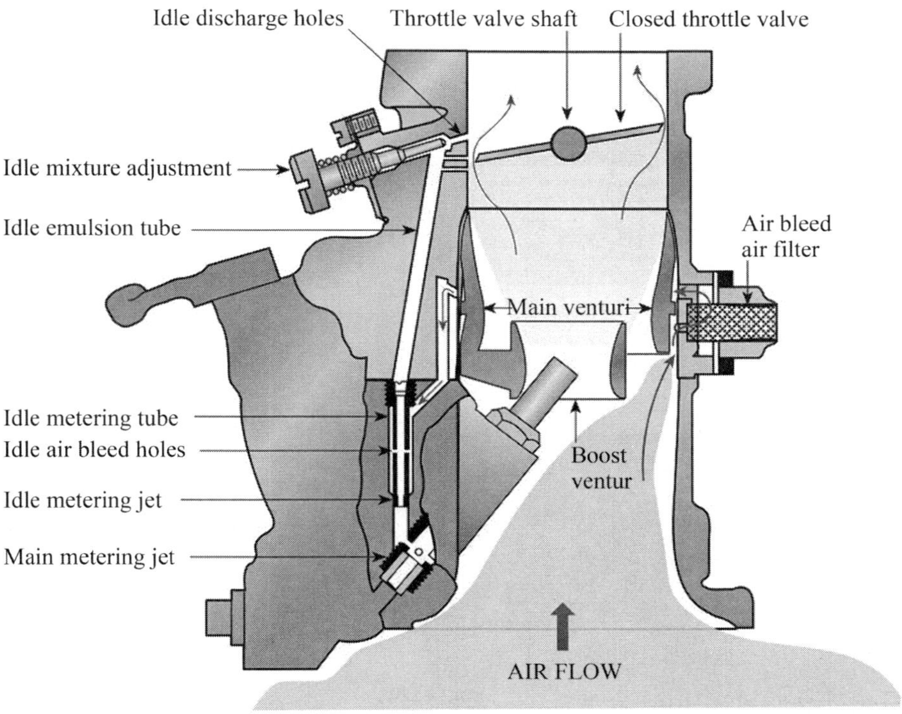

그림 6.10 • 대표적인 부자식 기화기의 완속장치 (from Crane, 2001)

안팎으로 움직임에 따라 완속장치를 흘러가는 연료유량이 달라지면서 엔진에 정확한 공연비를 가지는 혼합기가 공급된다.

(3) 가속장치

가속장치(accelerating system)는 스로틀밸브가 갑자기 열렸을 때 농후혼합기를 만들어 주기 위해서 기화기를 지나는 공기유동 속에 추가적으로 연료를 공급해주는 장치이다. 스로틀밸브가 갑자기 열리는 경우 농후혼합기를 만들어주면 엔진이 부드럽게 가속된다. 엔진을 가속시키기 위하여 스로틀밸브가 갑자기 열리면 공기유량은 스로틀밸브 개방 정도에 비례하여 동시에 증가하지만 연료는 관성 때문에 공기유량 증가에 비례하여 증가하지 못하는 연료뒤짐(fuel lag) 현상이 발생한다. 연료뒤짐이 발생하면 순간적으로 희박혼합기가 만들어지면서 점화가 일어나지 않거나 역화가 일어나기도 한다. 아울러 순간적으로 엔진 출력이 줄어들어 엔진의 가속 특성이 불량해진다.

가속장치는 가속펌프나 가속웰(accelerating well)로 이루어진다. 가속펌프는 작은 연료펌프로써 기화기에 별도로 설치된다. 가속웰은 그림 6.11에 나타나 있는 것처럼 분사노즐 주변의 공간으로써 분사노즐과 통로로 연결되어 있다. 스로틀밸브가 갑자기 열리면 갑자기 많은 공기가 유입되어 오리피스에 고속유동이 형성되어 주 분사노즐에 순간적으로 높은 흡입력이 생기며, 이때 가속웰에 있던 여분의 연료가 흘러 나와 농후혼합기가 만들어져 엔진에 공급됨으로써 엔진이 부드럽게 가속된다.

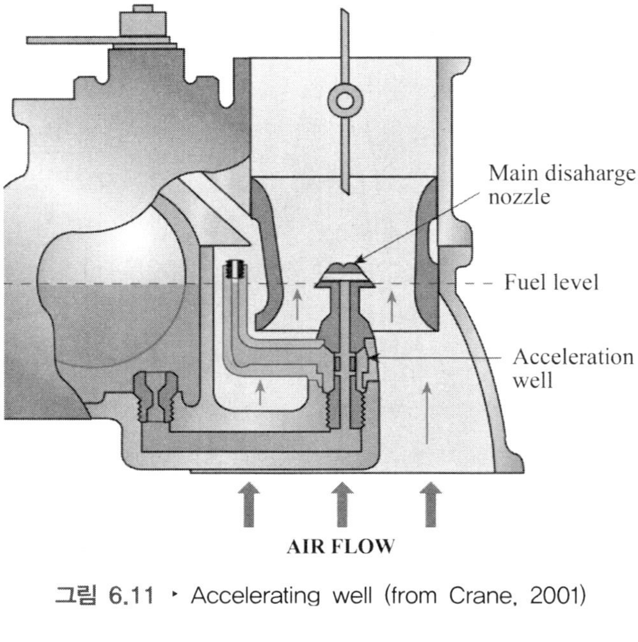

그림 6.11 ‣ Accelerating well (from Crane, 2001)

(4) 이코노마이저 또는 출력증강장치

이코노마이저(economizer system) 또는 출력증강장치(power enrichment system)는 엔진의 저속회전 및 순항속도에서 닫혀있는 하나의 밸브이다. 이 밸브는 스로틀밸브가 완전히 개방된 상태에서 엔진이 최대출력을 생산할 때 열려서 연료를 추가적으로 공급하여 농후혼합기를 만든다. 엔진이 최대출력을 생산하는 동안에는 데토네이션이 발생하기 쉬운데, 농후혼합기에 포함되어 있는 잉여 연료는 연소가스 온도를 낮추는데 사용되며, 이로 인해 데토네이션 발생이 억제된다.

이코노마이저라는 명칭은 이 장치가 순항비행을 하는 동안에는 희박혼합기를 만들어서 가장 경제적으로 연료를 소비하게 하며, 최대출력으로 비행하는 경우에는 농후혼합기를 만들어주기 때문에 붙여졌다. 대부분의 현대식 이코노마이저는 단지 농후혼합기를 만드는 장치이다. 이코노마이저가 장착된 기화기는 순항속도에서 실제적으로 가장 희박한 혼합기를 공급하며, 고출력이 요구되는 경우에 농후혼합기를 제공한다. 부자식 기화기에는 니들밸브형 이코노마이저, 피스톤형 이코노마이저, MAP작동 이코노마이저(MAP-operated economizer) 세 가지 형태가 사용되고 있다.

(5) 혼합기 조절장치

혼합기 조절장치(mixture control system)의 주요 기능은 공기의 압력 및 온도 변화에 따라 기화기로 공급되는 연료 유량을 조절하여 정확한 공연비를 맞추어 주는 것이다. 고도 18,000 ft(5,486 m) 상공에서 공기 압력은 해수면에 비해 절반으로 낮아진다. 따라서 정확한 공연비를 가지는 혼합기를 만들어주기 위해 기화기로 공급되는 연료 유량도 약 절반으로 줄어들어야 한다. 그러나 기화기 벤츄리는 고고도에서도 저고도에서와 동일한 연료 유량을 분사노즐로부터 끌어내기 때문에 연료-공기 혼합기가 과도하게 농후해진다. 혼합기 조절장치는 공기 압력 및 온도 변화에 대응하여 기화기로 공급되는 연료 유량을 조절하여 정확한 공연비를 맞추어 준다.

고도가 높아지면 공기의 압력과 온도가 낮아지고 동시에 공기의 밀도도 낮아진다. 자연흡기식 엔진의 경우 엔진으로 유입되는 공기의 무게는 밀도가 낮아짐에 따라 작아지며, 거의 같은 비율로 엔진동력 또한 줄어든다. 그런데 이 경우 엔진으로 유입되는 산소량이 감소하기 때문에 정상적인 운전의 경우 연료-공기 혼합기가 지나치게 농후해진다. 한편, 공기밀도는 온도와 압력의 변화에 의해 달라진다. 만약 압력이 일정하다고 가정하고 고도 증가에 따른 온도 저하만 고려한다면, 고도가 증가하면 공기 온도가 저하되므로 공기 밀도는 증가한다. 따라서 이 경우 연료-공기 혼합기가 희박해진다. 이제 온도가 일정하다고 가정하고 고도 증가에 따른 압력 강하를 고려한다면, 고도가 증가하면 공기 압력이 낮아지므로 공기 밀도는 감소한다. 그러나 공기의 압력 변화에 따른 공기의 밀도 변화는 공기의 온도 변화에 따른 공기의 밀도 변화에 비해서 훨씬 크게 나타난다. 따라서 고도가 증가하면 공기 밀도가 작아지기 때문에 기화기 분사노즐에서 분사되는 연료 유량을 줄여주어야 한다. 따라서 혼합기 조절장치의 주요 기능은 공기의 압력과 온도의 변화를 보상하기 위하여 기화기에 공급하는 연료 유량을 조절하는 것이다. 혼합기 조절장치는 정상적인 운전고도 모든 영역에 걸쳐서 작동되어야 한다.

혼합기 조절장치는 작동원리에 따라 세 가지 형태로 구분할 수 있다. 첫째, 역흡입형(back-suction type)으로써 뜨개실을 채우고 있는 공기의 압력을 조절하여 연료유량을 조절하는 방식이다. 둘째, 니들형(needle type)으로써 계량계통을 통과하는 연료 유량을 제한하는 방식이다. 셋째, 공기포트형(air-port type)으로써 추가적인 공기를 분사노즐과 스로틀밸브 사이에 공급해주는 방식이다.

(6) 연료 차단장치

연료 차단장치(idle cutoff system)는 기화기에서 배출되는 연료를 차단하여 엔진을 정지시키는 장치이다. 연료 차단장치의 수동 혼합비 조종레버를 'idle cutoff' 위치에 놓으면 기화기에서 배출되는 연료가 차단되어 엔진이 정지한다.

항공기 엔진은 점화장치를 꺼서 엔진을 정지시키는 것이 아니라 연료를 차단하여 엔진을 정지시킨다. 만약 기화기에서 연료가 계속 공급되는 상태에서 점화장치를 끄면 연료-공기 혼합기가 계속해서 실린더로 공급된다. 이때 연소실 내부에 열점이 있으면 혼합기가 연소되면서 엔진이 계속 작동하거나 역회전하는 킥백(kick back)이 일어날 수 있다. 한편, 점화장치가 꺼진 후에 공급되는 혼합기는 실린더 내부에서 연소되지 않고 빠져나갈 수도 있는데, 이 경우 혼합기는 뜨거운 배기매니폴드에서 발화될 수도 있다. 아울러 엔진이 정지된 상태라도 가연성 혼합기가 흡기계통, 실린더, 배기계통에 남아있게 된다. 이로 인해 엔진이 정지된 후에 갑자기 시동(kick over)이 걸려서 프로펠러가 회전함에 따라 작업자가 다칠 수 있는 중대한 사고가 발생할 수도 있다. 따라서 연료 차단장치에 의해 연료 흐름이 차단되는 경우에 점화플러그는 기화기로부터 연료 분사가 완전히 종료될 때까지 혼합기를 계속 점화시킨다. 일부 엔진의 경우 프로펠러가 정지하기 직전에 스로틀밸브를 충분히 열고 피스톤이 작동하여 흡기계통, 실린더, 배기계통에 신선한 공기를 주입하도록 함으로써 시동이 우발적으로 걸리지 않게 대비하고 있다.

6.2.3 기화기 결빙

흡기계통 결빙에는 두 가지가 있다. 하나는 기화기 결빙이며, 다른 하나는 기화기 엔진과 연료분사 엔진 모두에 영향을 미치는 공기입구 결빙에 의한 막힘이다. 흡기계통 결빙에 의한 항공기 사고는 전체 결빙 사고 가운데 약 52%를 차지하고 있다. 그런데 흡기계통 사고 가운데 대부분을 기화기 결빙에 의한 사고가 차지하고 있다.

기화기 결빙은 기화기의 벤츄리 목에서 공기의 속도가 증가하고 온도가 내려가기 때문에 발생한다. 아울러 이곳에서 연료가 분무되어 기화되면서 공기온도는 더 내려간다. 공기의 온도가 0℃ 이하로 내려가면 공기 중에 포함되어 있는 수분이 결빙되어 얼음입자가 만들어지는데, 이 얼음입자들이 스로틀밸브에 부딪치는 경우 그림 6.12에서 볼 수 있는 것처럼 스로틀밸브에 부착되어 기화기 결빙이 진행된다. 기화기 결빙이 발생하면 공기통로가 좁아져서 최고출력에 필요한 공기량보다 적은 양의 공기가 유입되기 때문에 스로틀을 조작하지 않은 상태에서 엔진출력이 점점 줄어든다. 한편, 스로틀밸브에 부딪치지 않고 실린더로 향한 얼음입자는 그림 6.12에서 볼 수 있는 것처럼 하류에서 흡기매니폴드 벽면에 부착되어 결빙을 형성한다.

기화기 결빙은 상대습도가 50%를 상회하는 경우 하늘이 맑고 대기온도가 32℃까지

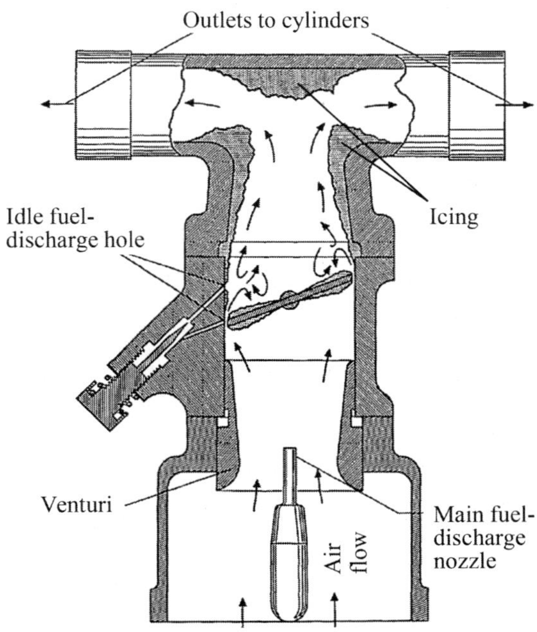

그림 6.12 ‣ 기화기 결빙

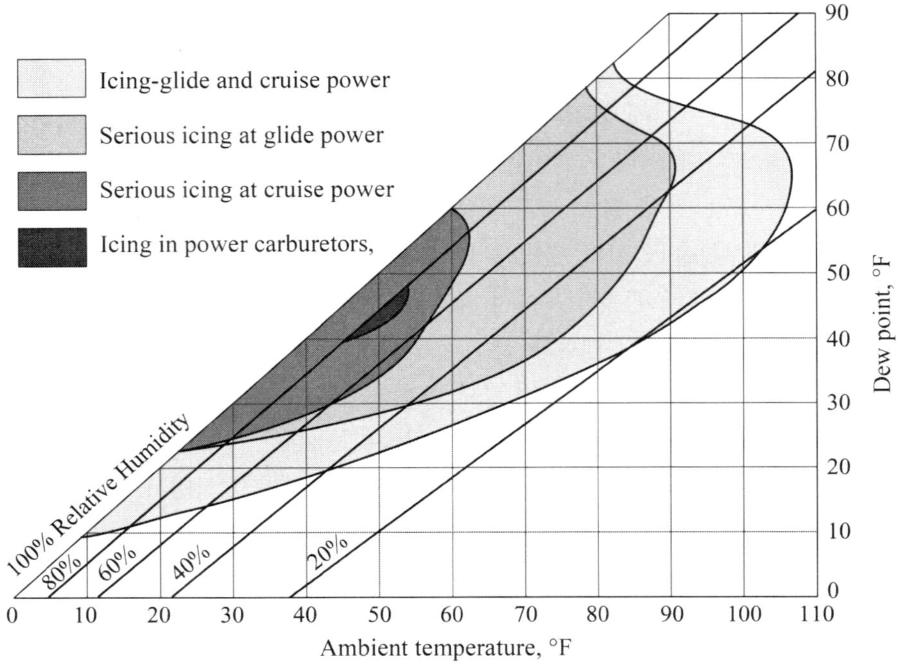

그림 6.13 ‣ 기화기 결빙 확률 차트

올라가더라도 발생한다. 따라서 기화기 결빙은 언제든지 쉽게 발생할 수 있다. 기화기 결빙은 그림 6.13에 나타나 있듯이 상대습도가 60% 이상이며, 공기온도가 −4℃(24°F)와 16℃(60°F) 사이인 경우 가장 심각하게 발생한다.

기화기 결빙은 충돌결빙, 스로틀결빙, 연료증발결빙으로 분류한다. 충돌결빙(impact ice)은 대기 중에 존재하는 눈, 진눈깨비, 과냉각 수증기 형태로 존재하는 물 등이 흡기계통으로 유입되어 0℃ 이하의 흡기계통 물체에 부딪쳐서 발생하는 결빙이다. 충돌결빙이 발생하는 부분은 흡기계통 입구, 흡기도관 벽면, 기화기 입구 스크린, 외부로 노출된 계측기, 스로틀 및 기타 흡기계통에서 돌출되어 있는 물체 등에서 발생한다. 수퍼차저나 터보차저가 설치되어 있는 항공기의 경우에는 이들 앞에 있는 항공기 흡기계통에만 충돌결빙이 발생한다. 만약 계측기와 기화기 벤츄리 부분에 결빙이 발생하면 연료-공기 혼합비에 큰 영향을 미치기 때문에 매우 위험하다.

스로틀결빙(throttle ice)은 그림 6.14에 나타나 있는 것처럼 스로틀밸브 가장자리와 혼합기 흐름 통로 벽면에 결빙이 발생하는 것을 말한다. 스로틀결빙은 착륙을 위해 고도를 낮추는 경우처럼 스로틀밸브가 부분적으로 닫힐 때 유로가 좁아져서 유속이 증가하고 압력은 낮아져서 수증기 기화가 일어나서 주변 온도가 내려가는 경우 발생한다. 스로틀결빙이 발생하면 엔진 출력이 점차 줄어든다. 고정피치 프로펠러를 장착한 항공기의 경우

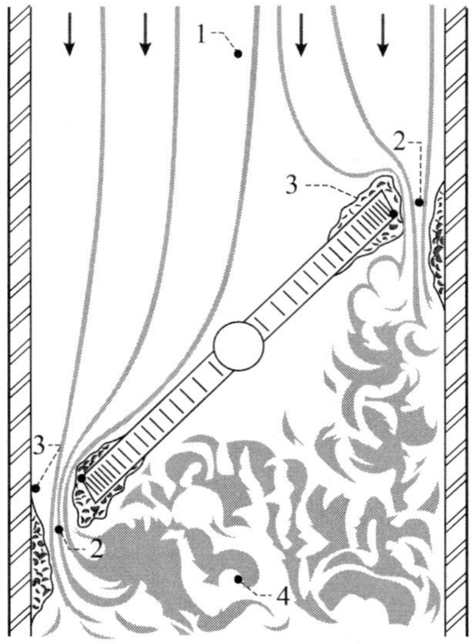

그림 6.14 ‣ Throttling ice (from NACA-Report-982)

스로틀결빙이 발생하면 스로틀이 고정된 상태에서 엔진 회전수가 감소하며, 고도 및 비행속도가 떨어진다. 정속프로펠러를 장착한 항공기에서 스로틀결빙이 발생하면 엔진 회전수에는 변함이 없으나 엔진이나 항공기 성능저하를 감지하기 이전에 MAP이나 배기가스온도가 감소한다. 만약 조종사가 이런 현상을 감지하지 못하여 대응하지 못하는 경우에는 엔진 출력이 계속해서 줄어들고 역화가 일어나기도 한다.

연료증발결빙(fuel evaporation ice)은 연료를 분사하고 증발이 일어나는 과정에서 증발열을 빼앗기기 때문에 기화기를 지나는 공기의 온도가 낮아져서 발생하는 결빙이다. 연료증발결빙은 대개 스로틀결빙과 함께 일어난다. 이 결빙은 부자식 기화기에서 잘 일어나며, 압력분사식 기화기에서는 잘 일어나지 않는다. 연료증발결빙은 습도가 50% 이상인 경우 0℃부터 최대 38℃(100°F)까지 발생한다. 그러나 엔진에서 발생하는 열을 이용하여 연료를 따뜻하게 유지시키는 경우 이런 결빙이 발생하는 것을 막을 수 있다.

6.2.4 물분사

물분사(water injection)는 연료-공기 혼합기에 물을 분사시켜 줌으로써 혼합기 및 실린더 온도를 낮게 유지시켜 데토네이션이 발생하는 것을 방지시킨다. 따라서 물분사는 데토네이션 방지 분사(ADI; antidetonant injection)라고도 불린다. 물분사를 이용하면 데토네이션 발생 위험 없이 엔진으로부터 더 큰 출력을 얻을 수 있다. 항공기가 이륙하거나 복행(go around)하는 경우에 엔진은 최대출력을 발휘해야 한다. 그러나 물분사 장치를 갖추지 않은 엔진은 데토네이션의 위험 때문에 엔진출력이 제한적일 수밖에 없다. 그런데 연료-공기 혼합기에 물을 분사하면 연료에 데토네이션 방지제를 첨가하는 것과 동일한 효과를 얻을 수 있다. 이는 연료-공기 혼합기에 물을 분사하면 혼합기가 냉각되기 때문에 MAP을 증가시켜 더 많은 엔진출력을 생산할 수 있기 때문이다. 아울러 최대출력 운전 시에는 미연소 연료를 데토네이션 방지용 냉각제로 사용하기 위하여 혼합비를 농후하게 만들어 주는데, 물분사를 하는 경우 데토네이션의 염려가 없기 때문에 연료-공기 혼합비를 낮추어 효율적인 혼합기를 만들어 사용할 수 있다. 물분사를 하는 경우 엔진의 이륙마력은 8 ~ 15% 증가한다.

물분사에는 순수한 물 대신에 수용성 오일을 소량 첨가한 물-알코올 혼합액(메탄올)을 사용한다. 알코올은 온도가 낮거나 고고도에서 비행하는 경우 물이 결빙되지 않도록 해준다. 수용성 오일을 첨가하는 이유는 엔진의 부식을 방지하기 위함이다. 이 물-알코올-오일 혼합액은 데토네이션 방지 분사액이라 불리며, 간단하게 ADI액이라고 불린다.

6.3 • 압력식 기화기

일반적으로 압력식 기화기라고 불리는 압력분사식 기화기(pressure injection carburetor)는 기본적으로 부자식 기화기에서 출발했지만 전혀 다른 방법으로 연료를 계량(fuel metering)한다. 즉 압력식 기화기는 펌프 압력으로 연료를 분사하는 새로운 기능과 함께 벤츄리에 나타나는 낮은 압력과 공기 충격압(impact pressure) 차이를 이용하여 유입 공기량을 측정하고, 고정된 오리피스를 통해서 연료를 계량하여 정확한 연료-공기 혼합비를 유지하는 간단한 방법을 사용하고 있다. 큰 출력을 생산하는 대형 엔진에 적합하도록 개발된 압력식 기화기는 대부분의 구형 항공기에 사용하였지만 소형 엔진을 주로 사용하는 현대식 항공기에는 사용하지 않고 있다. 압력식 기화기는 부자식 기화기에 비해서 다음과 같은 장점을 가지고 있다.

① 기화기 스로틀 몸체에서 연료의 증발에 의한 결빙이 나타나지 않는다.
② 계통이 완전히 닫혀있기 때문에 어떤 형태의 비행에서도 정상적으로 작동하며, 중력이나 관성에 의해서도 거의 영향을 받지 않는다.
③ 고도, 프로펠러 피치, 스로틀 위치 변화에 관계없이 어떠한 엔진 속도와 부하에서도

연료가 정확하게 자동으로 공급된다.

④ 압력으로 연료를 분무하기 때문에 엔진 작동이 유연하며 경제적이다.

⑤ 출력 세팅이 간단하고 균일하다.

⑥ 연료 비등과 증기폐쇄 방지장치가 설치되어 있다.

압력식 기화기는 기화기로 유입되는 공기의 질량유량을 사용하여 연료 계량장치에 작용하는 연료 압력을 조절한다. 그러므로 기화기는 공기의 질량유량에 비례하여 연료 흐름이 증가하고 기화기의 스로틀과 혼합기 맞춤에 따라 정확한 연료-공기 혼합비를 유지한다. 그림 6.15에 압력식 기화기의 기본적인 작동이 나타나 있으며, 그림 6.16에는 벤딕스 압력식 기화기가 나타나 있다. 압력식 기화기는 스로틀장치, 조정장치(regulator unit), 연료조절장치(FCU; Fuel Control Unit), 분사노즐 등으로 구성되어 있다.

기화기가 작동할 때 공기는 스로틀 개도에 의해 결정되는 양만큼 스로틀장치를 통과하여 흐른다. 공기통로 입구에는 공기의 유입 속도에 비례하여 압력이 발생하는 충격관(impact tube, or impact orifice)이 설치되어 있다. 이 충격관의 압력은 조정장치의 A실에 작용한다. 공기가 벤츄리를 통과할 때 공기가 가속되면서 압력이 감소한다. 이 감소한 압력은 조정장치의 B실에 작용한다. A실의 비교적 높은 압력과 B실의 낮은 압력으로 인해서 두 실 사이의 다이어프램(diaphragm)에 압력차가 발생한다. 이 압력차에 의해서 발

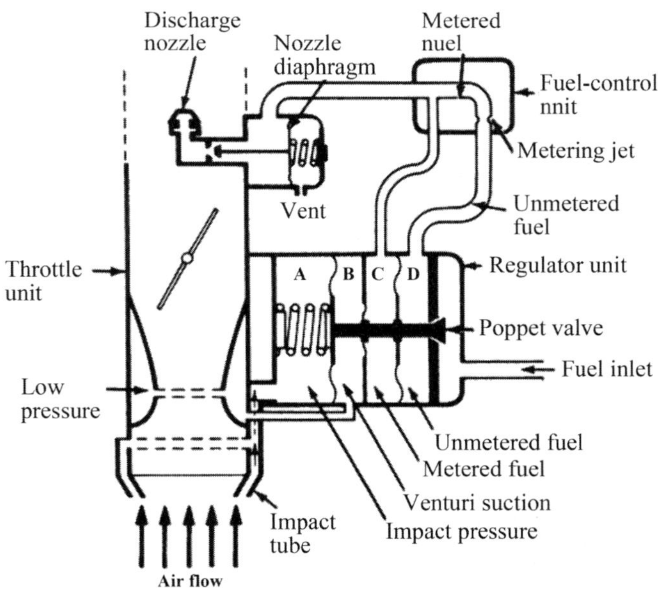

그림 6.15 • 압력분사식 기화기 개략도 (from Kroes and Wild, 1994)

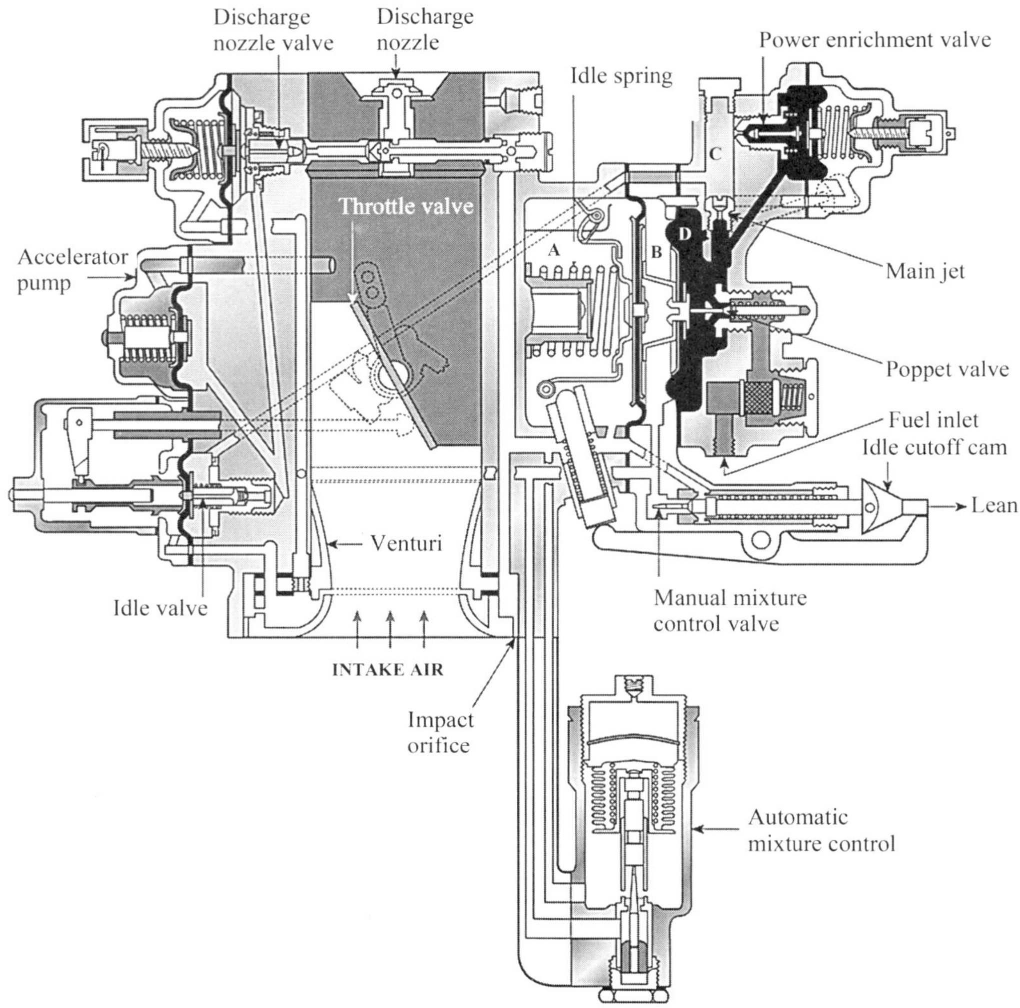

그림 6.16 • 벤딕스 PS7BD 압력식 기화기 (from Crane, 2011)

생하는 힘을 공기 계량 힘(air metering force)이라 하는데, 이 힘이 증가함에 따라 포핏 밸브(poppet valve)가 열려서 연료펌프에 의해 압력이 작용하고 있는 연료가 D실로 흘러 들어 간다. 이 계량되지 않은 연료는 D실과 C실 사이의 다이어프램에 힘을 가하여 포핏 밸브를 닫으려고 한다. 조정장치의 D실로 유입된 연료는 연료조절장치에 있는 하나 또는 그 이상의 미터링 제트(metering jet)를 통과한 후에 분사노즐로 흐른다. 조정장치에 있는 C실은 계량된 연료의 압력이 작용하도록 연료조절장치 출구에 연결된다. 그러므로 계량되지 않은 연료 압력은 다이어프램의 D쪽에서 작용하며, 계량된 연료 압력은 C쪽에서 작용한다. 이렇게 연료 압력 차이에 의해서 연료 계량 힘(fuel metering force)이 발생한다.

스로틀 개도가 증가하면 기화기를 통과하는 공기유량이 증가하고 벤츄리 압력은 낮아진다. 그러므로 B실의 압력이 더욱 낮아지며, A실에 작용하는 충격압은 더욱 증가하여 A실과 B실 사이의 다이어프램은 증가된 압력 차이(공기 계량 힘)에 의해 오른쪽으로 이동한다. 이 이동으로 인해서 포핏밸브가 더 많이 열리고 더 많은 연료가 D실로 흘러간다. 따라서 D실의 압력이 증가하여 다이어프램을 이동시키려 하고 공기 계량 힘에 대항해서 포핏밸브를 왼쪽으로 이동시키려 한다. 그러나 이 이동은 C실에 작용하는 계량된 연료의 압력에 의해 완화된다. C실과 D실 사이의 차압(연료 계량 힘)은 어떤 주어진 세팅으로 엔진을 운전할 때 항상 공기 계량 힘에 대항해서 균형을 맞춘다. C실에 작용하 압력은 스프링 힘과 다이어프램에 의해 작동하는 메인 분사노즐밸브에 의해 약 5 psi로 설정된다. 이 밸브는 엔진이 작동하지 않을 때는 노즐에서 연료가 새는 것을 방지해준다.

스로틀 개도가 줄어들 때는 공기 계량 힘이 줄어들어 연료 계량 힘이 포핏밸브를 닫기 시작한다. 이는 공기 계량 힘에 의해서 다시 균형이 맞아질 때까지 연료 계량 힘이 줄어드는 원인이 된다. 중요한 점은 기화기를 지나는 공기유량이 증가하면 결과적으로 연료 조절부에 있는 미터링 제트를 통과하는 연료 계량 압력이 증가하여 분사노즐로 더 많은 연료가 흐른다는 것이다. 한편, 기화기를 지나는 공기 유량이 줄어들면 이와 반대의 효과가 나타난다.

압력식 기화기의 조정장치는 저속에서 벤츄리 흡입과 공기 충격압이 영향을 받지 않기 때문에 아이들링 속도에서 정확하게 연료 압력을 조정하지 못한다. 따라서 아이들링 범위에서 연료를 계량하기 위해 스로틀 연결장치(throttle linkage)에 의해 작동되고 포핏밸브가 완전히 닫히지 않도록 압력 조정기에 스프링을 갖는 아이들밸브를 설치할 필요가 있다.

압력식 기화기의 각 실의 기능을 정리하면 다음과 같다.

① A실: 기화기 형태에 따라 대기압 또는 공기 충격압을 받는다. 이 압력은 주 연료 포핏밸브를 열어서 조정장치 D실로 연료가 흘러 들어오게 한다.

② B실: 기화기의 메인 벤츄리 또는 부스트 벤츄리에서 벤츄리 흡입압력을 받는다. 이 흡입압력은 A실과 B실 사이의 다이어프램을 주 연료 포핏밸브가 열리는 방향으로 움직이게 돕는다. 즉 A실에서 생긴 힘과 B실에서 생긴 힘이 함께 작용하여 포핏밸브를 열리게 한다. 두 실 사이의 다이어프램이 파열되면 포핏밸브는 엔진이 정지될

정도로 충분히 닫히거나 엔진 출력이 크게 줄어든다.

③ C실: 계량된 연료는 D실 압력보다 약간 낮은 압력(약 1/4 psi)으로 C실로 들어온다. 이렇게 함으로써 D실의 훨씬 높은 압력 때문에 포핏밸브가 닫히는 것을 방지하고 C실과 D실 사이의 다이어프램에 작은 압력 차이를 유지하게 해준다.

④ D실: 연료펌프로부터 계량되지 않은 연료가 D실로 들어온다. 이 연료 압력이 연료 다이어프램에 작용하여 포핏밸브를 닫히게 한다.

6.4 • 자동차용 전자식 연료분사장치

자동차용 왕복엔진의 전자식 연료분사장치는 항공기용 연료분사장치와 큰 차이가 있다. 자동차용 연료분사장치를 먼저 살펴보는 이유는 항공기용 왕복엔진 연료분사장치의 특징을 자동차용과 비교함으로써 항공기용 왕복엔진의 연료분사장치 특징을 더 쉽게 이해하기 위함이다.

가솔린을 포함한 대부분의 액체연료는 액체 상태에서는 연소가 일어나지 않기 때문에 기화시켜야 한다. 아울러 연료가 연소되기 위해서 연료는 적당한 양의 산소와 혼합되어 있어야 한다. 왕복엔진은 공기 중에 있는 산소를 이용하여 연료를 연소시키기 때문에 공기를 흡입하여 연료-공기 혼합기를 만든다. 그런데 공기의 양이 충분하지 못하면 농후혼합기가 형성되어 연소가 일어나더라도 완전연소가 일어나지 못하고 미연소 연료가 남게 되어 경제적이지 못할 뿐만 아니라 후연이 발생할 수도 있다. 아울러 공기가 상대적으로 너무 많으면 희박혼합기가 형성되어 점화가 일어나지 않거나 연소가 일어나더라도 연소속도가 느려지며, 이로 인해 데토네이션 또는 역화가 발생할 가능성이 있다. 이와 같은 이유 때문에 연료계통에서는 정확한 공연비를 가지는 연료-공기 혼합기를 만들어 주어야 한다.

연료-공기 혼합기는 실린더에서 압축에 따른 온도증가로 인하여 기화되어 연소되기 쉬운 상태로 바뀐다. 연료가 완전히 기화되지 않는 경우에는 실린더 내에 형성된 화염에 의한 열로 인하여 연료 액적이 기화됨과 동시에 연소가 진행된다. 따라서 연료-공기 혼합기를 만들어 주는 이유는 일차적으로 연료와 공기를 균일하게 혼합시켜주기 위함이며, 이차적으로는 연료를 작은 액적으로 잘게 쪼개서 연료의 표면적을 크게 하여 기화되기 쉽도록 하기 위함이다.

자동차용 왕복엔진의 경우 과거에는 연료와 공기를 혼합시켜 주기 위하여 기화기를 사용하였으나 현재는 전자식 연료분사장치를 사용하고 있다. 연료분사 방법은 그림 6.17에 나타나 있는 것처럼 흡기밸브 앞에서 흡기매니폴드 내부로 연료를 분사시켜 주는 것이다. 이 장치는 엔진 회전수, 흡입공기 온도, 스로틀 위치, 실린더헤드 온도 등을 포함한 엔진의 작동상태를 각종 센서를 통해서 감지하여 전자제어장치(ECU; Electronic Control Unit)에서 계산된 연료량을 분사하여 엔진 운전조건에 따라 정확한 연료-공기 혼합기를 만들어 준다. 이렇게 전자제어장치를 이용하여 연료를 분사시켜 주면 다음과 같은 장점이 있다.

① 연료 기화에 따른 결빙이 없다.
② 연료-공기 혼합기를 더욱 균일하게 각각의 실린더로 공급한다.
③ 혼합비 조절이 용이하여 아이들에 도달한 후 실속 없이 엔진을 순간적으로 가속시킬 수 있다.
④ 엔진의 열효율이 증가한다.
⑤ 연료-공기 혼합 촉진을 통한 유해가스 배출이 감소한다.
⑥ 기화기가 없기 때문에 정비가 쉬워진다.

그림 6.18에 커먼레일(common rail, or fuel rail)을 가지는 자동차용 연료분사 계통도를 나타냈다. 연료탱크를 출발한 연료는 연료필터를 거쳐서 연료펌프에서 승압된 후 커먼레일로 보내진다. 커먼레일에서는 각 실린더에 설치되어 있는 연료분사기로 연료를 공급한다. 연료분사기에서는 ECU에서 계산된 양의 연료를 흡기밸브가 열렸을 때 흡기밸브

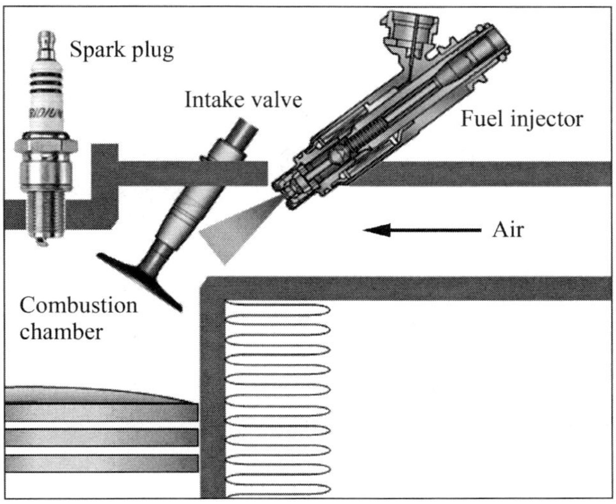

그림 6.17 • 자동차용 전자식 연료분사장치 연료분사 개념

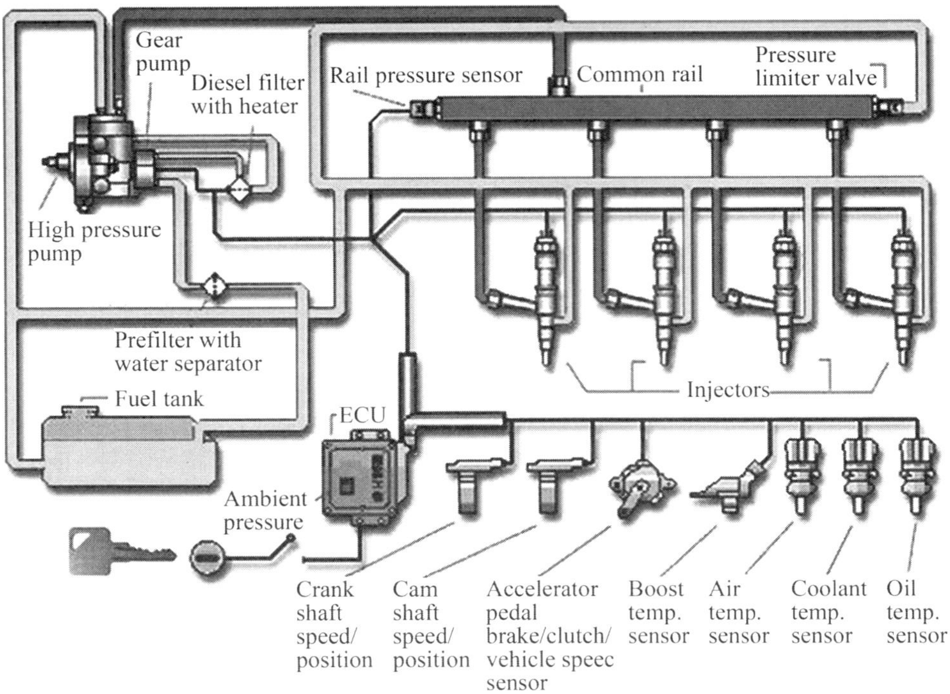

그림 6.18 ‣ 자동차용 연료분사 계통도

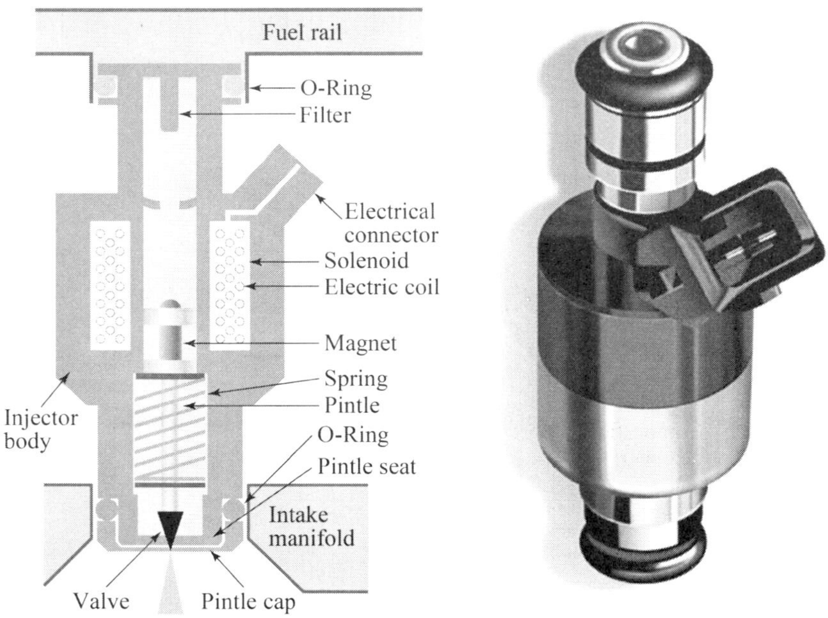

그림 6.19 ‣ 대표적인 자동차용 연료분사기

바로 앞에서 분사하거나 아니면 실린더 내부로 직접 분사한다.

자동차용 전자식 연료분사장치의 가장 큰 특징은 ECU와 더불어 연료분사기에 있다. 그림 6.19에 연료분사기와 그 단면을 나타냈다. 뒤에서 살펴볼 항공기용 왕복엔진에 사용하는 연속흐름 연료분사장치는 연료가 끊임없이 분사노즐을 통해서 분사되지만 이 자동차용 연료분사기는 연료를 단속적으로 분사시킨다. 그림 6.20에 솔레노이드 작동에 따른 연료분사를 나타냈는데, 그림 6.20(a)에서와 같이 솔레노이드에 전류가 흐르지 않으면 스프링이 핀틀을 눌러서 핀틀시트에 부착되어 연료흐름이 차단된다. 그러나 그림 6.20(b)

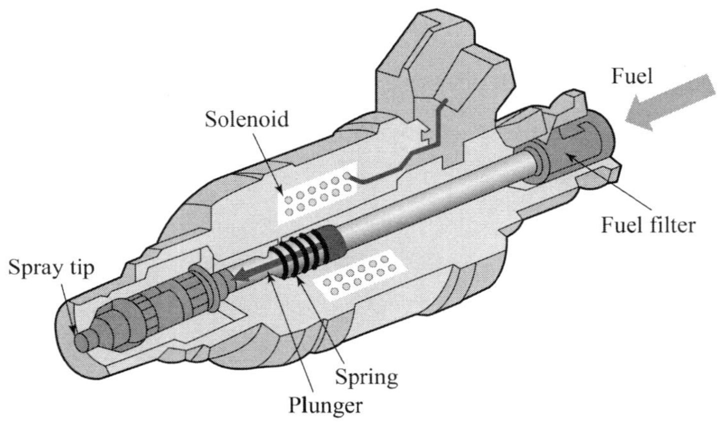

(a) Solenoid off

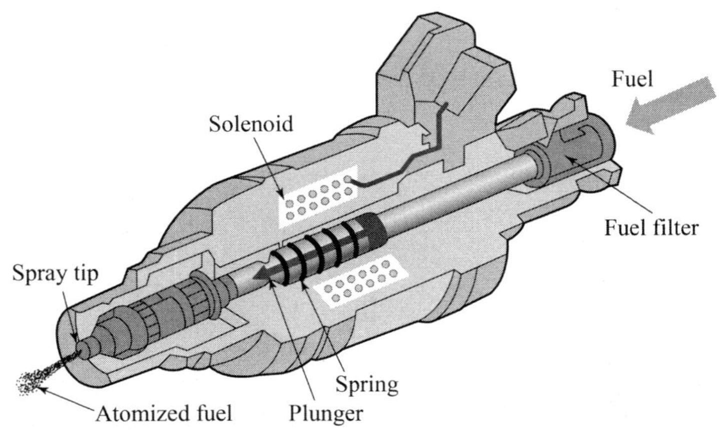

(b) Solenoid on

그림 6.20 ‣ 솔레노이드 작동에 따른 연료분사

에서와 같이 솔레노이드에 전류가 흐르면 핀틀 상부에 있는 자석이 이동하는 힘에 의해 핀틀과 핀틀시트가 분리되어 연료의 흐름통로가 형성되어 고압의 연료가 분사된다.

연료분사기를 자세하게 이해하기 위하여 그림 6.19와 6.20에 나타나 있는 연료분사기를 구성하는 각각의 부품에 대한 내용을 살펴보기로 한다. 연료레일로부터 공급된 연료는 필터에서 불순물을 제거하여 핀틀과 핀틀시트 사이가 막히는 것을 방지한다. 참고로, 연료에 포함되어 있는 불순물은 연료계통에 있는 필터에서 일차적으로 걸러지며, 연료분사기에 있는 필터에서 이차적으로 불순물이 걸러진다.

분사기 몸체는 분사기 내부의 부품들이 제자리에 있도록 잡아준다. 분사기 몸체는 밀봉되어 있기 때문에 내부에 있는 부품들은 교환할 수 없으며, 단지 O-링, 핀틀캡, 필터만을 교환할 수 있다.

상부에 있는 O-링은 분사기와 커먼레일 사이에 기밀을 유지시키며, 하부에 있는 O-링은 분사기와 흡기매니폴드 사이에 기밀을 유지시킨다.

솔레노이드를 작동시키면 연료분사기를 통하여 연료가 분사된다. 솔레노이드는 감겨있는 코일로 구성되어 있으며, 이 코일에 전류가 흐르면 코일 내부에 있는 자석에 움직이는 힘이 발생하여 핀틀을 들어올린다. 이 경우 핀틀은 핀틀시트로부터 분리되고 연료의 흐

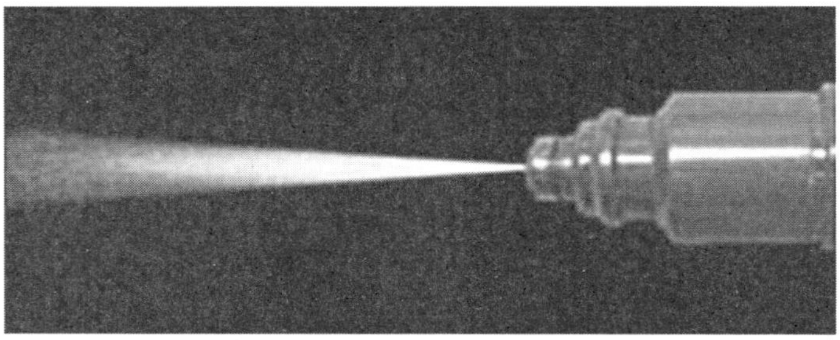

(a) 불량

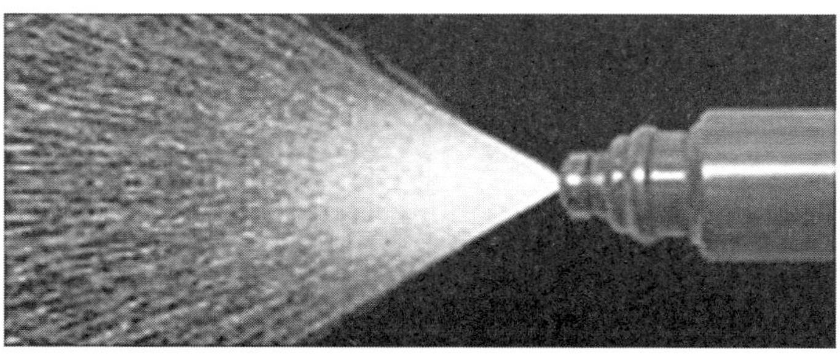

(b) 양호

그림 6.21 • 연료분사 형태

름통로가 형성되어 연료가 분사된다.

핀틀은 정밀가공 부품으로서 정상적으로는 핀틀시트에 놓여 있어서 연료가 연료분사기를 통과하지 못하도록 해준다. 대개의 경우 핀틀은 단지 수천분의 1인치를 움직여서 연료의 흐름통로를 형성한다. 이런 이유 때문에 연료계통을 깨끗하게 유지하는 것이 중요하다.

핀틀시트는 핀틀과 조화를 이루도록 정밀가공 표면으로 되어 있다. 핀틀시트의 설계 및 크기와 핀틀에 의해서 연료분사 형태와 연료유량이 결정된다.

핀틀캡은 하부의 O-링이 제자리에 위치하도록 해주며, 엔진에서 발생하는 열을 차단시키는 역할을 수행한다. 또한, 핀틀캡은 연료분사기가 제거되는 동안에 핀틀이 손상되는 것을 방지시켜준다. 그림 6.21에는 불량한 연료분사 형태와 양호한 연료분사 형태를 비교하여 나타냈다.

6.5 • 항공기용 왕복엔진 연료분사장치

현대식 항공기용 왕복엔진은 기화기 대신에 연료분사장치를 사용하고 있다. 그러나 항공기용 연료분사장치는 자동차용 연료분사장치와 차이가 있다. 자동차용 연료분사장치가 전자식이라고 하면, 항공기용 연료분사장치는 기계식이라고 할 수 있다. 이는 항공기용 연료분사장치는 전자식 분사에 관련된 많은 부품을 줄여서 연료의 효율성 대신 고장이 없는 신뢰성을 채택했기 때문이다. 즉 자동차용 연료분사장치는 연료분사 시기를 조정하여 단속적으로 연료를 분사하는데 반해서 항공기용 연료분사장치는 비교적 간단한 연속흐름 연료분사 방식을 채택하고 있다. 항공기용 연료분사장치는 텔레다인-컨티넨탈에서 개발한 TCM(Teledyne Continetal Motors)과 Precision Airmotive(formally Bendix)에서 제작하고 라이코밍사 엔진에 사용하고 있는 RSA 두 가지 종류가 있다.

6.5.1 TCM 연료분사장치

TCM 연속흐름 연료분사장치는 연료를 각각의 실린더 흡입구로 단절 없이 계속해서 흘려보낸다. 이 장치는 연료가 낭비되기는 하지만 스프링에 의해 작동하는 전자식 분사 노즐과 복잡한 분사시기 조절장치가 없기 때문에 연료계통이 매우 간단하다. 따라서 이 장치는 효율적인 연소를 선택하는 대신에 연료분사계통을 구성하는 구성품 가운데 움직

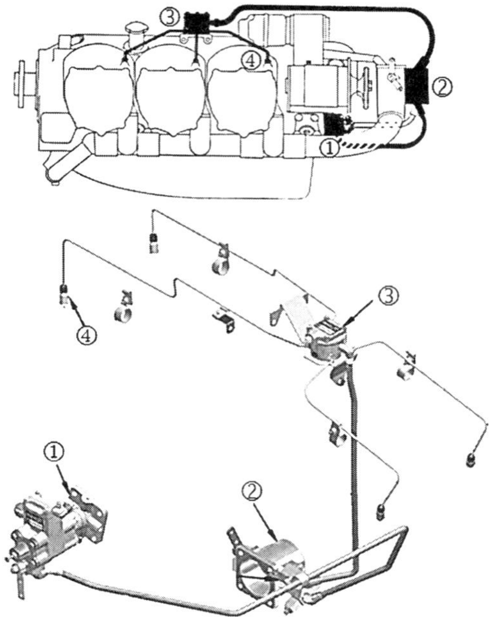

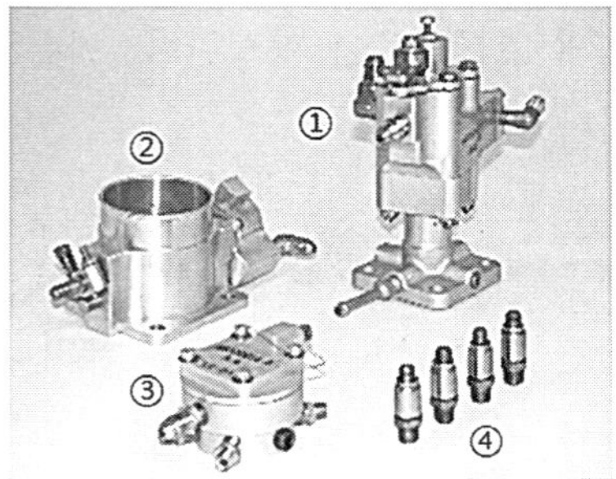

① Fuel pump & vapor separator
② Fuel control unit(Throttle bBody)
③ Fuel manifold valve
④ Fuel discharge nozzle

그림 6.22 • 연속흐름 연료분사계통 개략도

이는 구성품의 개수를 줄여서 비교적 고장 없이 운전되도록 설계한 것이 특징이다. 이 장치의 또 다른 특징은 연료유량은 엔진 rpm에 의해 결정되며, 연료유량 계산을 위해 공기유량은 감지되지 않는다는 것이다. 따라서 고도나 공기밀도 변화에 따른 보상장치가 존재하지 않는다. 아울러 터보차저가 설치되어 있지 않는 경우에는 MAP에 대해서도 교정하지 않는다. 그림 6.22 ~ 24에 나타나 있는 연료계통 개략도에서 알 수 있듯이 연료는 실린더에 도달하기 위해서 연료펌프를 출발하여 계측장치인 연료조절장치를 거쳐서 연료매니폴드밸브로 보내진다. 연료매니폴드밸브는 연료관을 통하여 각각의 실린더로 동일한 연료량이 공급되도록 균등하게 분배한다. 이들 주요 네 가지 부품의 형상이 그림 6.22에 나타나 있다.

(1) 연료펌프

TCM 연료분사장치에서 엔진이 작동하는 동안 계속적으로 움직이는 부품은 오직 로터리 베인펌프 하나이다. 이 펌프의 토출압력은 엔진 rpm에 비례한다. 그런데 그림 6.23에 나타나 있는 것처럼 펌프에 오리피스를 가지는 우회통로가 설치되어 있다면 펌프 토출압력은 펌프 속도에 따라 변하고, 어떤 주어진 속도에서의 압력은 오리피스 크기에 의해서 결정된다. 만약 오리피스 크기가 커지면 토출압력은 작아진다. 이 조정 가능한 오리피스

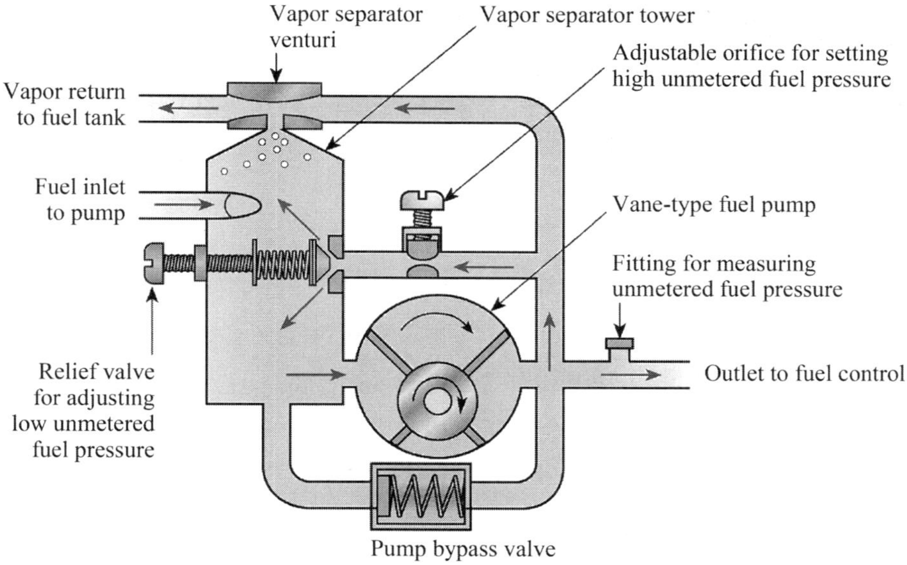

그림 6.23 · 연료펌프 (TCM, 자연흡기식 엔진용)

는 일단 조정이 끝나면 실제 운전 중에는 고정된다. 그런데 이렇게 펌프와 연료 우회장치만 있는 경우 순항 또는 고출력 운전의 경우에는 아무런 문제가 없으나 아이들링 같이 적은 연료유량이 요구되는 경우에는 일정한 토출압력을 유지하기 어렵다. 이런 문제를 극복하기 위해서 펌프에 조정 가능한 압력릴리프밸브를 설치한다. 엔진을 아이들링 상태로 운전하는 경우에 펌프의 토출압력은 릴리프밸브에 의해서 결정되며, 오리피스는 영향을 미치지 못한다. 그러나 고출력운전 중에는 릴리프밸브는 작동되지 않고 닫혀 있으며, 토출압력은 오리피스에 의해서 결정된다. 이 펌프는 모든 회전수 영역에서 요구되는 압력보다 훨씬 높은 압력을 만들어낼 수 있으며, 잉여 연료는 펌프에서 내부적으로 재순환된다.

모든 연료계통에는 증기분리기를 반드시 설치해야 한다. TCM 연료분사장치는 그림 6.23에 나타나 있는 것처럼 증기분리기가 연료펌프에 일체형으로 설치되어 있다. 펌프로 이송되는 연료는 펌프에 있는 선회실로 선회하면서 유입되기 때문에 연료에 포함되어 있는 증기는 선회실 상부로 모인다. 연료펌프는 엔진에서 요구되는 연료량에 비해 더 큰 용량의 연료를 이송하기 때문에 연료펌프에 이송되는 연료의 일부는 연료탱크로 돌아간다. 따라서 연료회기관에 벤츄리를 설치하여 펌프의 선회실 상부에 연결시키면 벤츄리에서 형성되는 낮은 압력으로 인해서 선회실 상부에 있는 증기가 빠져나와 연료와 함께 연료탱크로 되돌아간다.

이 펌프는 바이패스 체크밸브를 가지고 있기 때문에 엔진 시동 시에 부스터펌프로부터 연료조절장치로 연료를 흘려보낼 수 있다. 이 밸브는 연료펌프의 압력이 부스터펌프 압력보다 커지는 순간에 닫히며, 이때부터 연료펌프가 연료조절장치로 연료를 공급한다. 아울러 이 바이패스 체크밸브는 연료펌프 고장 시에도 작동되어 엔진이 정상적으로 운전되도록 해준다.

(2) 연료조절장치

연료펌프를 나온 연료는 연료-공기 조절장치(fuel-air control unit)라고도 불리는 연료조절장치로 보내진다. 그림 6.24에 나타나 있는 것처럼 연료조절장치는 스트레이너, 혼합기 조절장치(mixture control), 주미터링제트(main metering jet), 스로틀 연료밸브 및 버터플라이밸브(butterfly valve)로 구성되어 있다. 그림 6.25에 나타나 있는 버터플라이밸브는 스로틀 연료밸브와 연계되어 있으며, 버터플라이밸브가 열려 있는 정도에 따라 연

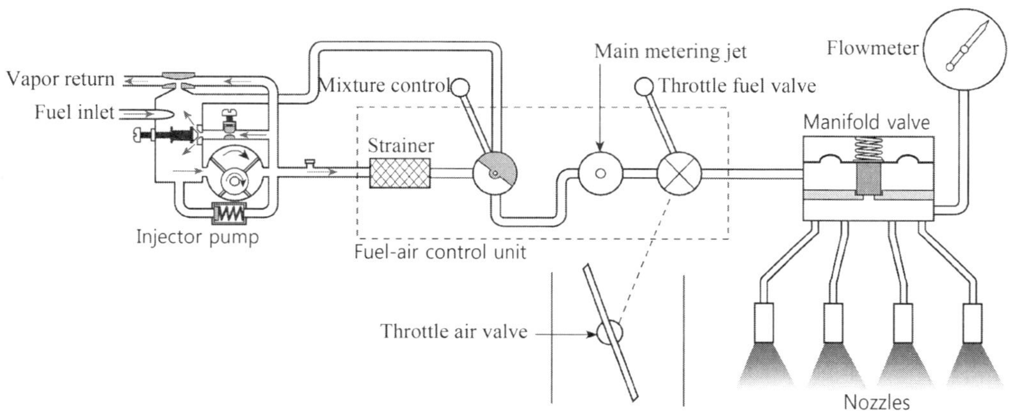

그림 6.24 · 연료–공기 조절장치 구성품 및 개략도

그림 6.25 · Butterfly valve

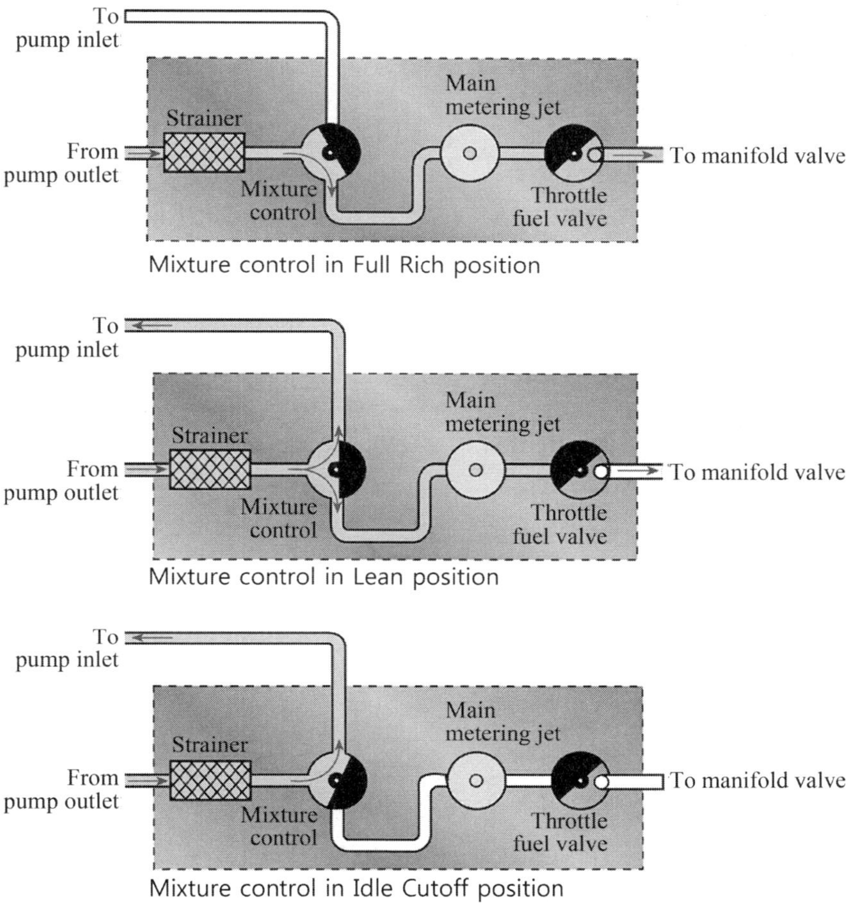

그림 6.26 · 연료조절장치

료 배분 형태가 달라진다. 즉 버터플라이밸브가 완전히 열려 있는 'full rich position'의 경우에는 그림 6.26에서 볼 수 있는 것처럼 연료펌프로부터 공급된 전량의 연료가 연료매니폴드밸브로 보내진다. 버터플라이밸브가 'part lean position'에 있는 경우에는 일부의 연료만 연료매니폴드밸브로 공급하고 나머지는 연료펌프 입구로 보내진다. 버터플라이밸브가 'idle cut-off position'에 있는 경우에는 매니폴드밸브로 보내지는 연료를 완전히 차단하며, 펌프로부터 공급하는 전량의 연료가 연료펌프 입구로 보내진다.

(3) 연료매니폴드밸브

연료조절장치를 떠나서 엔진으로 공급되는 연료는 연료매니폴드밸브로 보내진다. 일반적으로 연료매니폴드밸브는 엔진 상부에 설치하며, 두 가지 기능을 가지고 있다. 첫째,

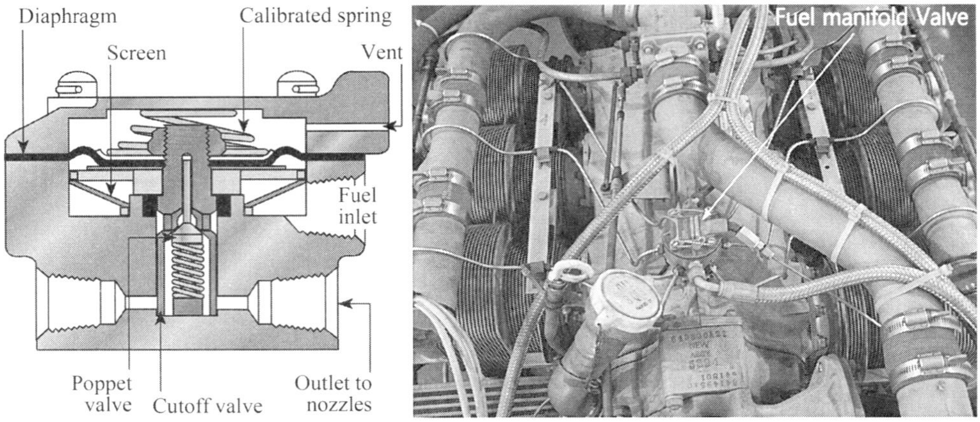

그림 6.27 · 연료매니폴드밸브

연료매니폴드밸브는 모든 연료분사노즐로 균등하게 연료를 분배한다. 둘째, 연료조절장치가 idle cut-off position에 있는 경우 연료조절장치와 연료분사노즐 사이에서 연료흐름을 차단시킨다. 그림 6.27에 연료매니폴드밸브 구조와 TSIO-360 엔진에 설치되어 있는 모습이 나타나 있다.

(4) 분사노즐

그림 6.28에 나타나 있는 분사노즐은 가장 간단하면서도 연료분사계통에서 가장 중요한 부품이다. 분사노즐은 각각의 실린더에 하나씩 설치되어 있다. 연료매니폴드밸브로부터 공급된 연료는 교정 오리피스(calibrated orifice)를 통과하여 분사노즐에 있는 스크린을 통해서 유입된 공기와 혼합되어 실린더헤드에 있는 흡기밸브실로 분사된다. 노즐을 둘러싸고 있는 실드는 스크린을 보호하기 위한 장치로서 절대로 제거하면 안 된다.

그림 6.29에 터보차저 엔진에 사용하는 분사노즐이 나타나 있다. 이 노즐은 그림 6.28에 있는 자연흡기식 엔진용 분사노즐과 작동원리가 동일하다. 단지 차이점은 이 분사노즐의 경우 연료와 혼합되는 공기가 터보차저로부터 공급된다는 것이다.

노즐이 막히는 경우 엔진의 운전이 거칠어지는데, 엔진에 문제가 발생하는 경우 분사노즐은 첫 번째 점검대상이다. 분사노즐은 래커시너나 아세톤에 담가서 세척한 후 연료흐름 반대방향으로 깨끗한 압축공기를 불어 넣는다. 오리피스를 가로막고 있는 물질을 제거하기 위하여 철사나 드릴을 사용해서는 절대로 안 된다. 만약에 정상적인 세척절차를 거친 후에도 분사노즐이 막혀 있는 경우에는 분사노즐을 교체해야 한다. 그림 6.30에 TSIO-360 엔진에 설치한 분사노즐을 나타냈다.

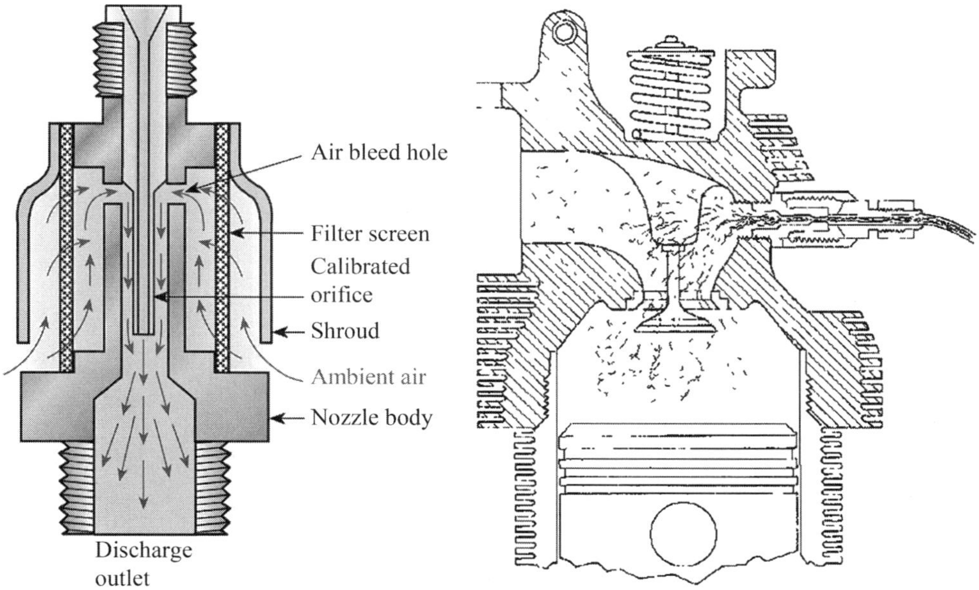

그림 6.28 ‣ 자연흡기식 분사노즐 (TCM)

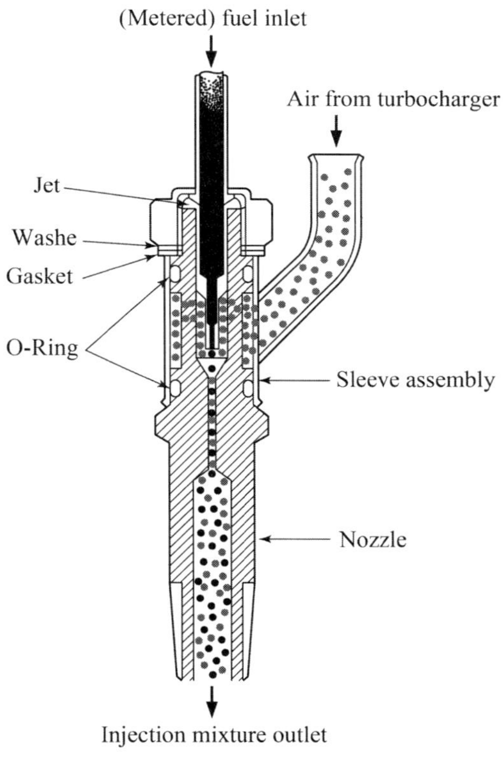

그림 6.29 ‣ 터보차저 엔진의 분사노즐 (TCM)

그림 6.30 ▸ TSIO-360 엔진에 설치되어 있는 분사노즐

6.5.2 RSA 연료분사장치

RSA 연료분사장치는 연속흐름장치이며, 그림 6.31에 나타나 있는 연료분사장치 계통도를 통해서 알 수 있듯이 압력식 기화기 원리와 동일하다. 그림 6.32에 나타나 있는 RSA 연료분사장치는 주어진 시간에 엔진에서 소비하는 공기 체적에 직접 비례하는 연료를 공급하도록 설계되어 있다. 이는 스로틀 몸체에서 벤츄리 흡입압력과 공기 충격압력을 계측해서 이루어진다. 스로틀 밸브를 열거나 닫으면 그림 6.31에 나타나 있는 것처럼 충격관을 지나서 벤츄리를 통과하는 공기의 속도가 변하게 된다. 공기 속도가 증가하면 충격관에 작용하는 압력은 입구덕트 형상과 공기필터 위치 등에 따라 비교적 일정하게 유지되지만 벤츄리 목 압력은 줄어든다. 이렇게 압력이 줄어들면 압력 차이(충격압력−흡입압력)가 발생하며, 이 압력 차이는 RSA 연료분사장치 전체 운전영역에 걸쳐서 소비되는 공기의 체적유량에 대한 측정 자료로 이용된다(Kroes and Wild, 1994).

모든 왕복엔진은 매우 좁은 영역의 공연비 범위에서 가장 효율적으로 작동한다. RSA 연료분사장치는 엔진에 공급되는 공기 유량에 비례해서 엔진에 공급할 연료 유량을 조절하기 위한 힘을 발생시키기 위하여 공기의 체적유량을 측정하여 사용한다. 즉 충격압력과 벤츄리 흡입압력을 그림 6.31에 나타나 있는 것과 같이 통로를 통해 다이어프램 서로 반대쪽에 작용하게 한다. 그러면 이 두 압력 차이는 다이어프램 면적에 압력차를 곱해준

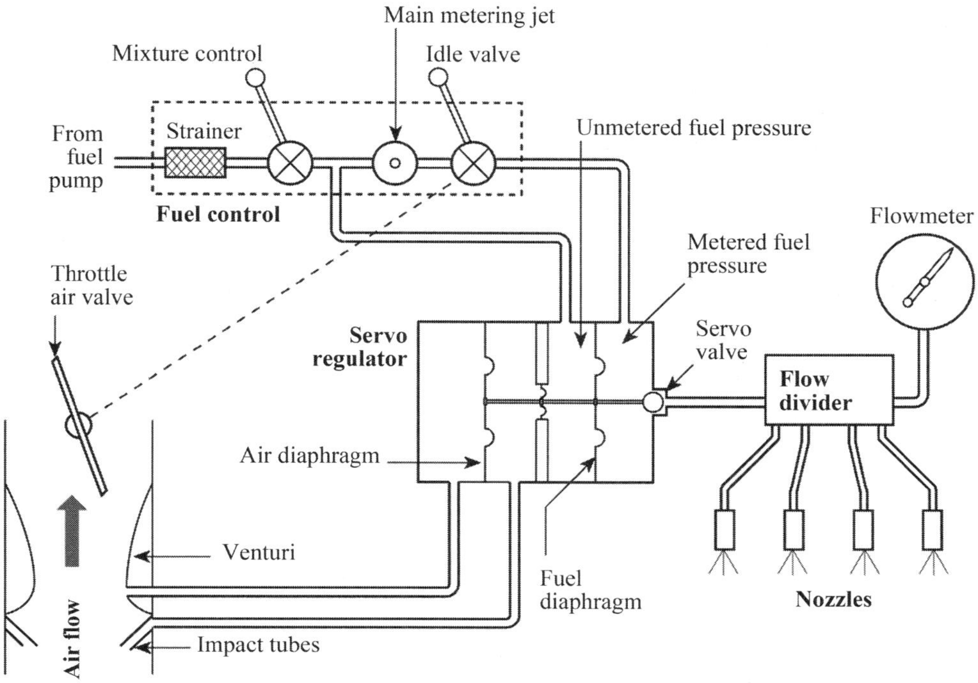

그림 6.31 ‣ RSA 연료분사장치 계통도

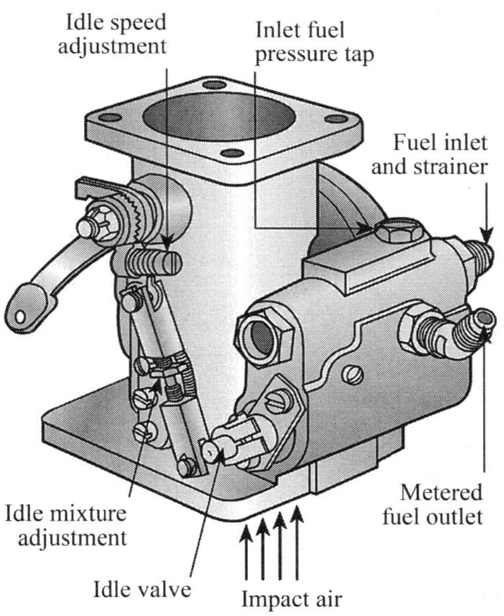

그림 6.32 ‣ RSA 연료분사장치 (from Kroes and Wild, 1994)

크기의 힘을 발생시킨다.

연료는 연료탱크나 연료탱크와 엔진 사이의 연료관에 설치되는 부스터펌프를 포함하는 항공기 연료계통으로부터 공급된다. 엔진구동 연료펌프는 항공기 연료계통으로부터 연료를 공급받아서 비교적 일정한 압력으로 연료분사기 입구로 공급한다. 엔진 제작자는 상세한 연료분사기 설치에 적용하는 연료압력 설정값을 규정한다. 연료분사기는 입구압력에 맞게 조정된다. 부스터펌프의 정상적인 on/off 작동에 따라 변하는 입구 연료압력에 의해서 계량된 연료유량이 영향을 받지 않는지 설정값을 점검한다.

RSA 연료분사계통은 적절하게 조립되고 교정되어졌다면 매우 넓은 입구 연료압력 범위에 걸쳐서 모든 성능 요구조건을 만족시킨다. 연료분사계통의 핵심은 서보 압력조정기이다. 이 조정기의 작동과 메인 미터링 제트와의 관계를 설명할 수 있는 가장 쉬운 방법은 연료유량 변화를 발생시키는 출력 변화를 이해하는 것이다.

우선 스로틀 몸체를 통과하는 공기 속도가 충격압력에서 벤츄리 흡입압력을 뺀 압력차가 이론적으로 2의 값을 가지는 순항조건을 살펴보자. 이 2의 공기압력 차이는 그림 6.33

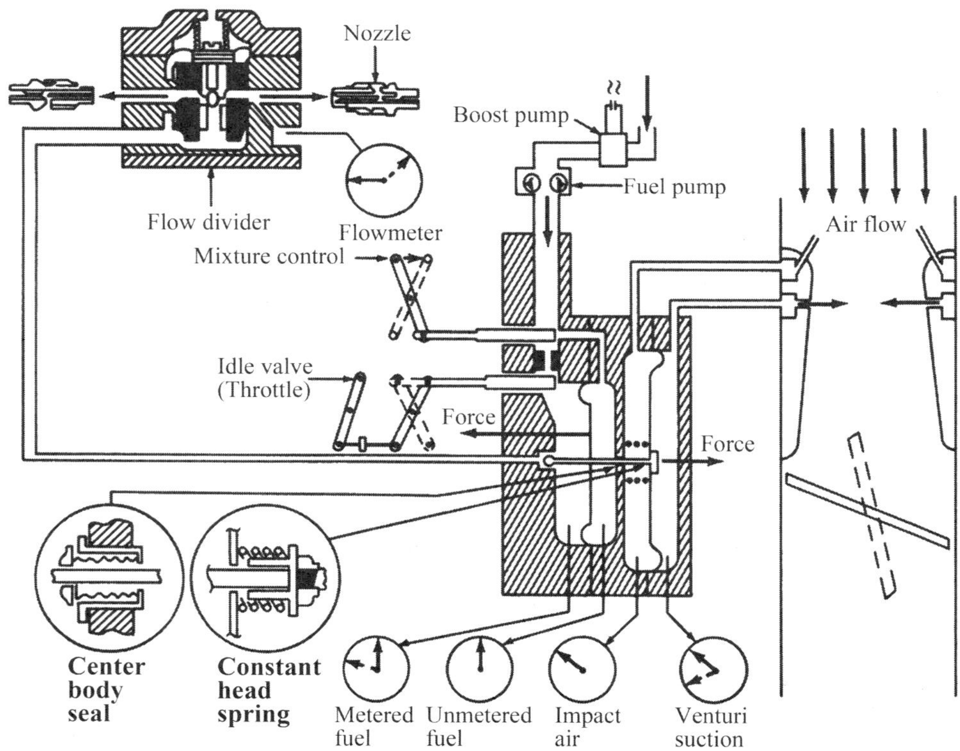

그림 6.33 ▸ 서보 압력 조정기 및 일정 헤드 아이들 스프링 (from Kroes and Wild, 1994)

에 나타나 있는 것처럼 오른쪽으로 힘을 발생시킨다. 미터링 제트를 통과하여 엔진으로의 연료 흐름은 연료압력 차이(비계량 연료압력 – 계량 연료압력)를 발생시킨다. 두 번째 다이어프램에 작용하는 이 압력 차이는 2의 값을 가지는 힘을 만든다. 이 2의 힘은 그림 6.33에 나타나 있는 것처럼 왼쪽으로 작용한다.

이렇게 서로 반대방향으로 작용하는 두 힘(연료압력 및 공기압력 차이에 의한 힘)은 크기가 동일하며, 스템에 의해 양쪽 다이어프램에 연결되어 있는 조정기 서보밸브는 압력 균형을 정확히 유지할 만큼의 계량된 연료를 배출하게 하는 고정된 위치에 있게 된다. 만약 출력을 증가시키기 위하여 스로틀을 열면 공기 유량이 즉시 증가하여 공기 다이어프램 사이의 압력차가 이론적으로 3으로 증가한다. 따라서 조정기 서보밸브가 즉시 오른쪽으로 이동한다. 이렇게 서보밸브가 더 많이 열리면 계량 연료실 압력은 줄어들고 메인 미터링 제트를 가로지르는 연료압력 차이는 증가한다. 이렇게 증가한 연료 차압에 의한 힘이 3의 값에 도달하여 공기 다이어프램에 작용하는 힘의 크기와 같아졌을 때 조정기는 이동을 멈추고 서보밸브는 압력 차이의 균형을 유지할 수 있는 위치에서 안정된다. 그리고 엔진으로의 연료 흐름은 요구된 고출력을 유지하기 위하여 증가된다. 메인 미터링 제트를 가로지르는 압력강하에 의해 발생하는 연료 다이어프램에 작용하는 힘은 벤츄리에 의해 발생하는 공기 다이어프램에 작용하는 힘과 같아진다.

이런 작동절차는 모든 출력운전 영역과 모든 출력 변경에 적용된다. 조정기 서보밸브는 효율적인 공기 다이어프램 압력 차이 힘의 변화에 응답하고 계량연료 압력 차이에 의한 힘에 따라서 비계량 연료를 조절하기 위하여 서보밸브 위치를 조정한다. 미터링 제트를 흐르는 연료 유량은 자체 크기와 제트를 가로지르는 압력 차이의 함수이다. 서보밸브는 연료를 계량하지 않고 단지 미터링 제트를 가로지르는 압력 차이만을 조절한다.

스로틀 연결장치에 연결되어 있는 아이들밸브는 아이들 영역에서 연료의 정확한 계량을 위해 메인 미터링 제트의 면적을 효과적으로 줄여준다. 그림 6.34에 아이들밸브의 기능과 작동이 나타나 있다. 아이들밸브는 외부에서 조절할 수 있어서 적절한 아이들 혼합기를 만들기 위하여 정비사가 연료분사기를 조절할 수 있게 되어 있다. 아이들 혼합기는 혼합기 조절이 'idle cutoff'에 위치함에 따라 엔진이 아이들 속도 설정값으로부터 약 25 ~ 50 rpm 증가했을 때 정확하게 맞아진다. 아이들 혼합기를 수동으로 조절하는 것도 필요한데, 이는 아이들 영역에서 벤츄리를 통과하는 공기 유량이 매우 적어서 공기 계량 힘이 연료 유량을 정확하게 조절하기에 충분하지 못하기 때문이다.

일부 엔진의 경우 상세 설치 요구조건에 따라 농후제트(enrichment jet)를 메인 미터링 제트와 나란하게 설치하기도 한다. 이런 경우 슬라이딩(회전) 아이들밸브는 그림 6.34에 나타나 있는 것처럼 미리 설정한 스로틀 위치에서 농후제트 덮개를 열기 시작한다. 이런

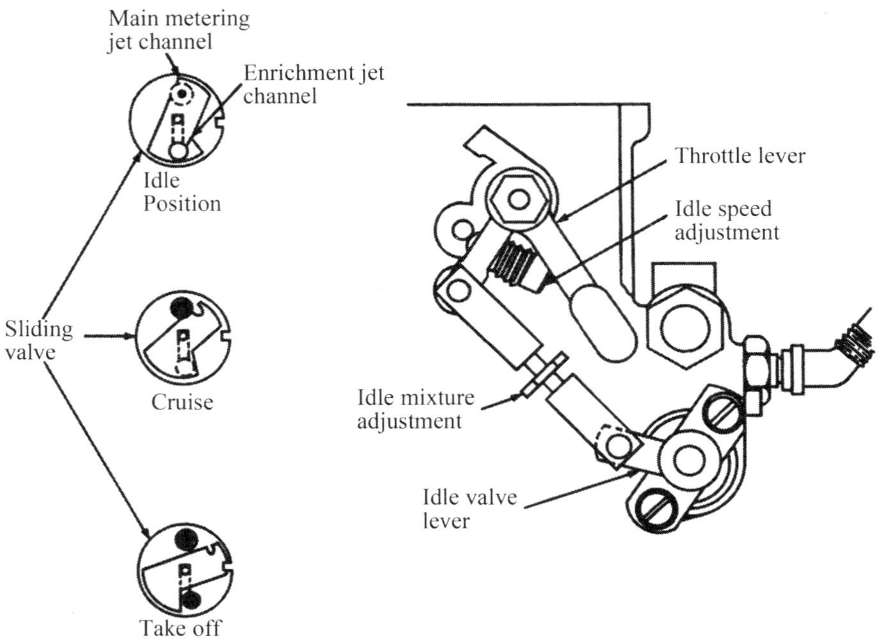

그림 6.34 ‣ 아이들밸브와 수동 혼합기 조절 (from Kroes and Wild, 1994)

평행 흐름 통로는 고출력 범위에서 엔진의 연료냉각(fuel cooling)을 위해 연료-공기 혼합기 강도를 증가시킨다. 즉 고출력 운전 시에 연료 소비를 증가시켜 농후혼합기를 만들어 주면 엔진이 냉각되어 데토네이션 발생이 억제되기 때문에 엔진 수명이 연장된다.

그림 6.34에 슬라이딩 밸브로 나타나 있는 수동 혼합기 조절장치는 미터링 제트의 크기를 효과적으로 줄이기 위해 조종사가 조작할 수 있다. 공기의 체적유량에 비례하여 미터링 제트를 가로지르는 압력 차이를 유지하는 기능을 하는 서보 압력 조정기는 미터링 제트 유효 크기를 변화시킴으로써 제트를 통과하는 유량을 변화시킬 수 있다. 이는 조종사에게 최적의 순항출력이나 최적의 SFC를 위하여 수동으로 혼합기를 희박하게 할 수 있는 선택권을 주는 것이다. 이는 또한 엔진 정지 시 엔진으로 흘러가는 연료를 차단하는 수단이 되기도 한다.

일정 수두 아이들 스프링(CHIS; Constant Head Idle Spring)은 공기압력 차이가 서보밸브를 열기에 충분하지 않을 때 아이들 범위에서 공기 다이어프램의 힘을 증가시킨다. 그림 6.33에 나타나 있는 아이들 스프링은 연료가 유량 분할기로 흘러가게 하기 위하여 아이들밸브에 의해서 연료가 계량될 수 있도록 조정기 서보밸브가 충분히 열려지도록 해준다. 공기 유량이 아이들 이상으로 증가함에 따라 공기 다이어프램은 증가하는 공기압력 차이에 반응하여 오른쪽으로 이동하기 시작한다. 이때 스프링 리테이너와 가이드가 다이어프램 판에 접촉할 때까지 CHIS를 압축시킨다. 이 지점에서 나아가서 공기 유량, 연료 유량 또는 출력과 관련하여 CHIS 어셈블리는 공기 다이어프램과 함께 움직이는 강체이며, 그 자체로 작용하는 힘은 없다. 그림 6.35에 나타나 있는 일정 수두 스프링(constant head spring)은 다양한 강도로 공급되기 때문에 정비사는 아이들 연료 유량과 과도상태로부터 서보 조정기에 의해 조절되는 연료유량을 위해 분사기를 적절하게 교정할 수 있어야 한다.

아이들로부터 서보 조정기로 조절되는 연료 유량으로 변화시키려면 그림 6.35에 나타나 있는 연속작동 스프링(constant-effort spring)으로 보완되어야 한다. 이 스프링도 공기 다이어프램을 보조하여 아이들 공기 흐름 속에서 고출력 작동 범위로 부드럽게 움직이게 해준다. 또한 정비사들이 스프링 강도를 선택하여 장치를 조정할 수 있도록 되어 있다.

서보압력 조정기 연료 부분은 그림 6.35에 나타나 있는 것처럼 중앙 몸체 실 어셈블리에 의해 공기 부분과 분리되어 있다. 중앙 몸체 실에서 누설이 발생하면 과도한 농후혼합기가 되고 차단이 어렵게 된다. 충격관에서 누설된 연료가 나오면 실이 누설된다. 손상 실은 현장에서 교체할 수 없으며, 정비창에서 수리해야 한다.

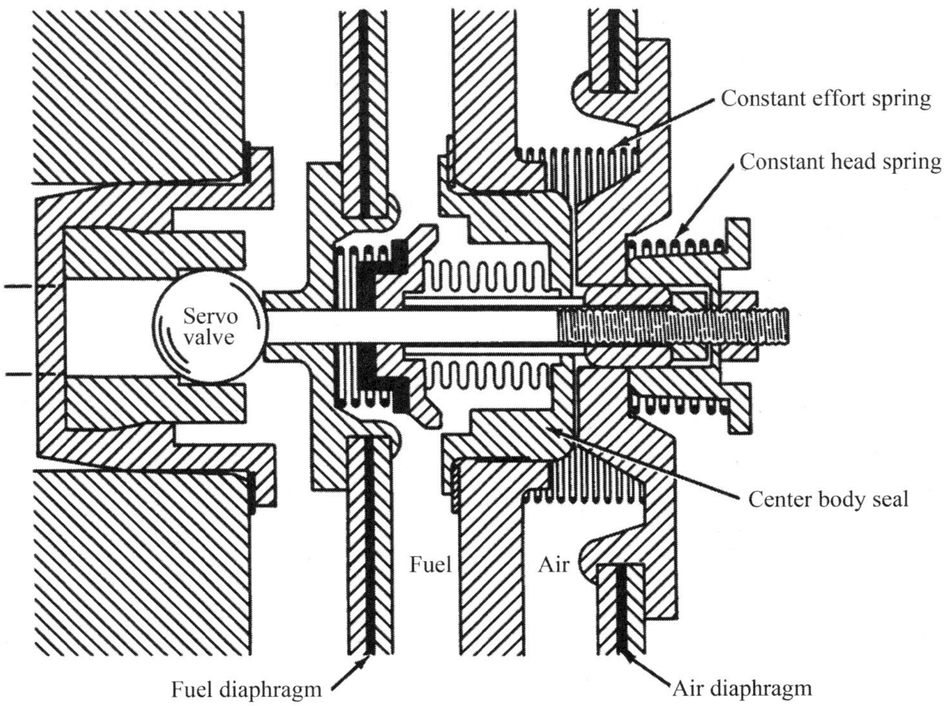

그림 6.35 • 연속 작동 스프링

실 • 전 • 문 • 제

1. 항공기엔진의 부자식 기화기에서 이코노마이저 밸브(economizer valve)의 가장 큰 목적은 무엇인가?

가. 분사계통에 들어가는 연료의 양을 감소시켜준다.

나. 엔진의 순간적 가속에 따른 추가연료를 공급한다.

다. 고출력 시 농후혼합비를 제공한다.

라. 최상의 순항출력 동안 희박혼합비 지속을 가능하게 한다.

해설 밸브는 저속과 순항 시에는 닫혀 있지만 고속에서는 밸브가 열려 농후혼합기(rich mixture)를 만들어 연소온도를 낮추고 데토네이션을 방지한다. 이 경우 출력이 증강되어 이 장치를 출력증강장치(power enrichment system)라고도 한다. 이 시스템을 갖춘 기화기는 순항속도에서 가장 희박한 혼합비를 유지시키므로 연료가 절감된다.

2. 이코노마이저 밸브가 닫힌 위치에서 고착된다면 무슨 일이 일어나겠는가?

가. 순항속도 이상에서 데토네이션이 발생한다.

나. 순항속도 이상에서 조기점화가 발생한다.

다. 순항속도 이하에서 데토네이션이 발생한다.

라. 순항속도 이하에서 조기점화가 발생한다.

3. 부자식 기화기에서 부자의 높이를 조절하는 데 사용하는 가장 일반적인 방법은?

가. 부자의 축을 길거나 짧게 조절

나. 부자의 무게를 증감시켜 조절

다. 니들 밸브시트(needle valve seat)에 심(shim)을 추가하거나 제거시켜 조절

라. 부자의 피봇 암(pivot arm) 길이를 변경

4. 근래 기화기의 자동연료흐름 미터링 기구는 다음 어느 것에 의하여 작동하는가?

가. 기화기를 통과하는 공기의 질량과 속도

나. 기화기를 통과하는 공기의 속도

다. 기화기를 통하여 움직이는 공기의 질량

라. 스로틀 위치

5. 압력식 기화기의 농후(enrichment) 밸브는 어느 압력에 의하여 열려지는가?

가. 공기압
나. 수압
다. 연료압
라. 벤츄리 공기압

6. 왕복기관에 사용되는 부자식 기화기에서 가속펌프의 주목적은?

가. 고출력 고장 시 부가적인 연료를 공급하기 위하여
나. 이륙 시 엔진 구동펌프를 가속시키기 위하여
다. 높은 온도에서 혼합가스를 농후하게 하기 위하여
라. 스로틀(Throttle)이 갑자기 열릴 때 부가적인 연료를 공급하기 위하여

해설 스로틀이 갑자기 열리는 경우 공기는 즉각적으로 응답하여 스로틀 개방 정도에 비례하여 엔진으로 유입되지만 연료는 관성으로 인하여 즉각적으로 응답하지 않는다. 이렇게 되는 경우 순간적으로 혼합기가 묽어져(fuel lean) 실화나 역화(backfire)의 원인이 되며, 엔진 추력이 저하되어 원활한 가속이 되지 않는다. 가속시스템(accelerating system)은 스로틀이 갑자기 열리는 경우 연료를 추가적으로 공급하여 부드러운 가속이 되도록 해준다.

7. 항공기의 고도 변화에 따라 왕복엔진의 기화기에서 공급되는 연료량은 AMCU에 의해서 조절된다. 다른 조건이 동일한 경우 다음 중 옳은 것은?

가. 고도가 증가하면 연료량은 감소한다.
나. 고도가 증가하면 연료량은 증가한다.
다. 고도가 증가하면 연료량은 증가했다가 감소한다.
라. 고도가 증가하면 연료량은 변화가 없다.

8. 항공기용 왕복엔진 기화기에 고도와 온도변화에 따른 장비를 갖추지 않은 경우 혼합비는 어떻게 되겠는가?

가. 고도나 온도가 증가하면 희박해진다.
나. 고도나 온도가 증가하면 농후해진다.
다. 고도가 증가하면 농후해지고, 온도가 증가하면 희박해진다.
라. 고도가 증가하면 희박해지고, 온도가 증가하면 농후해진다.

해설 고도가 증가하면 공기밀도가 감소되어 일정량의 공기부피에 대한 무게는 줄어든다. 따라서 연료량을 조절해주는 장치를 구비하지 않은 엔진의 혼합기는 농후해진다. 이런 현상은 온도가 증가하는 경우에도 똑같이 발생한다.

9. 고고도에서 비행 시 조종사가 연료-공기 혼합비를 희박 혼합비로 맞추는 가장 큰 이유는?

가. 혼합비가 너무 농후해지는 것을 방지하기 위하여

나. 실린더를 냉각하기 위하여

다. 역화를 방지하기 위하여

라. 출력을 증대시키기 위하여

10. 왕복기관을 시동할 때 실린더 안에 연료를 직접 분사시켜 농후한 혼합가스를 만들어서 시동을 쉽게 하는 장치는 무엇인가?

가. 프라이머

나. 기화기

다. 과급기

라. 주연료펌프

해설 시동 시의 가연 혼합기는 프라이밍에 의한 연료와 실린더, 흡기계통 내부의 공기 및 기관회전에 의해서 유입되는 공기에 의해서 형성된다. 기관회전이 증가되면 유입되는 공기량이 증가되기 때문에 희박혼합기가 만들어지게 된다. 아울러 시동 시에는 엔진 온도가 낮기 때문에 연료가 미처 기화되지 못하여 희박혼합기가 만들어지게 된다. 따라서 혼합기에 점화해서 시동이 걸리기까지 프라이밍해서 적정 혼합비를 유지해야 한다. 즉 시동 시에는 온도가 낮은 관계로 일정량의 연료 베이퍼(기체)를 얻는 데는 액체 연료를 더 많이 프라이밍해주어야 한다. 프라이밍해주는 양은 다음 계기의 지시로 결정한다.

① 외기 온도계: 공기온도를 이용하여 연료의 증발능력을 추정

② 기화기 입구 공기온도: 연료의 증발능력 파악

③ 오일 온도: 시동 시 기관 상태 파악

④ 실린더 헤드 온도: 연료 베이퍼가 실린더 벽에 달라붙는 경향을 지시하고 흡입구에서 프라이밍의 증발에 이용할 수 있는 열량을 지시

11. 왕복기관에서 기화기 결빙이 발생하면 어떤 현상이 나타나는가?

가. CHT(Cylinder Head Temperature)에 이상이 생긴다.

나. 흡입압력(Manifold pressure)이 증가한다.

다. 엔진 회전수가 증가한다.

라. 흡입압력(Manifold pressure)이 감소한다.

해설 기화기에 결빙이 발생되면 유동통로가 좁아져서 흡입계통에서 발생되는 압력손실이 증가한다. 따라서 흡입압력이 감소한다.

12. 부자식 기화기에서 부자실의 유면이 높아지면 혼합비는?

가. 희박해진다.　　　　나. 농후해진다.

다. 변화 없다.　　　　라. 조금 희박해진다.

해설 유면이 높아지면 부자실 바닥의 압력이 증가하기 때문에 연료 송출량이 증가되고, 결국 혼합비는 농후해진다.

13. 왕복엔진 가운데 직접연료분사 엔진에서 연료가 분사되는 곳이 아닌 곳은?

가. 흡기밸브　　　　나. 흡기다기관

다. 실린더　　　　라. 벤츄리 목 부분

정답

1. 다　2. 가　3. 다　4. 가　5. 다　6. 라　7. 가　8. 나　9. 가　10. 가
11. 라　12. 나　13. 라

제 7 장

윤활계통

7.1 • 윤활 일반사항

윤활의 목적은 운동하고 있는 부품 표면에 발생하는 고체마찰을 유체마찰로 전환시켜 엔진의 손상을 방지하고 동력손실을 줄이는 것이다. 항공기용 왕복엔진은 운동하는 부품을 다수 포함하고 있다. 피스톤 같은 일부 부품은 왕복운동, 크랭크축 같은 일부 부품은 회전운동을 한다. 그러나 운동의 종류에 관계없이 각각의 운동하는 부품은 운동 경로가 일정하도록 안내되거나 정해진 위치에 있어야 한다. 이 과정에서 운동하는 부품의 표면 사이에 접촉이 일어나면서 에너지 손실을 수반하는 마찰이 발생한다. 마찰이 발생하는 부품간 표면에서 금속간 접촉이 일어나면 동력손실이 증가하고, 마찰열과 소음이 발생하고, 마모가 동반되며, 심한 경우에는 부품이 서로 녹아서 눌러 붙는 소결이 발생하기 때문에 엔진 수명도 줄어든다. 육안으로 매끈하게 보이는 엔진 부품들의 금속 표면을 현미경으로 확대해서 살펴보면 그림 7.1에 나타나 있는 것처럼 그 표면이 매우 거칠다. 따라서 이런 거친 금속면끼리 접촉하면 마찰저항이 커져서 동력손실이 증가하고 마찰열이 발생한다. 윤활계통은 마찰이 일어나는 금속 접촉면 사이에 윤활유를 주입하여 유막을 형성시켜 줌으로써 금속간 접촉에 의해 발생하는 고체마찰을 유체마찰로 전환시켜 준다. 유체마찰은 고체마찰에 비해 마찰저항이 작기 때문에 엔진의 동력손실이 줄어들고, 마모와 마찰열 발생 또한 크게 줄어든다. 아울러 윤활유는 금속표면이 산소와 접촉하는 것을 막아주기 때문에 부식 발생을 막아준다.

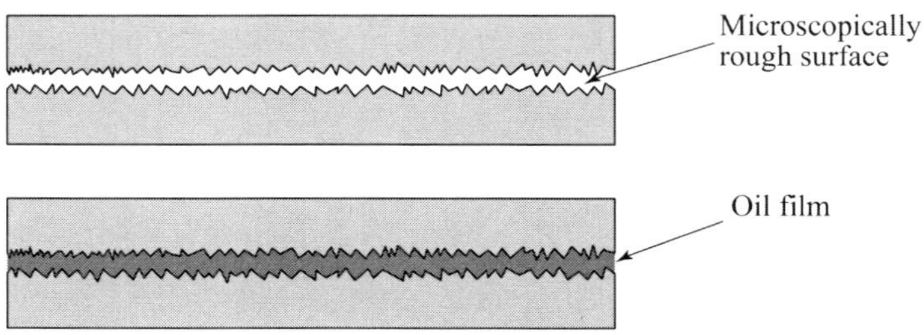

그림 7.1 • 윤활 원리

7.2 • 윤활유

7.2.1 윤활유 종류

윤활유는 윤활특성을 가지는 자연물질이나 인공물질로 만들어지며, 그 원천물질을 기준하여 분류한다.

(1) 동물성 윤활유

동물성 윤활유는 쇠기름, 돼지기름, 향유고래기름, 돌고래기름 등을 이용해서 만든다. 동물성 윤활유는 상온에서 매우 안정된 특성을 가지고 있기 때문에 총기류, 재봉틀, 시계 등에 사용하고 있으며, 특히 돌고래 기름은 시계와 각종 계기 종류에 광범위하게 사용하고 있다. 그러나 동물성 윤활유는 고온에서 지방산이 만들어지기 때문에 고온에서 작동하는 내연기관에는 사용할 수 없다.

(2) 식물성 윤활유

식물성 윤활유는 피마자유, 올리브유, 평지기름, 목화씨유 등을 이용해서 만든다. 이런 기름들은 공기에 노출되는 경우 산화되는 경향이 있다. 식물성 윤활유와 동물성 윤활유는 광물성 윤활유에 비해 작은 마찰계수를 가지지만 철금속 표면에서 철의 접착력을 약화시켜 철의 마모를 촉진시킨다. 식물성 윤활유는 고온에서 쉽게 산화되고 끈적끈적해지기 때문에 내연기관에 사용하지 않는다.

(3) 광물성 윤활유

광물성 윤활유는 고체윤활유, 반고체윤활유, 액체윤활유로 구분한다. 고체윤활유에는 운모, 흑연, 동석 등이 있다. 고체윤활유는 열을 빠르게 방출시키지 못하기 때문에 고속으로 회전하는 기계장치에 사용하기 어려우며, 저속으로 운동하는 기계장치에 미세한 가루 형태로 사용한다. 고체윤활유를 금속 표면에 골고루 뿌려주면 베어링 효과로 인해 미끄럼 막이 형성되어 금속 표면의 마모를 줄여준다. 일부 고체윤활유는 무거운 하중을 견디는 역할을 하기도 하며, 액체윤활유와 섞어 사용하기도 한다. 분말로 된 흑연은 차가운 날씨에 액체윤활유나 그리스 대신에 사용하기도 한다. 이는 액체윤활유나 그리스는 낮은 온도에서 점도가 상승하여 서로 엉겨 붙는 현상이 일어나기 때문이다.

반고체윤활유로는 액체윤활유와 비누의 혼합체인 그리스가 있다. 그리스는 연속적으로 작동하는 기계장치에 사용하기 좋은 윤활유이다. 일반적으로 기어와 열을 받는 기계장치에는 액체윤활유와 나트륨 지방산을 혼합한 그리스를 사용하고, 볼베어링과 같이 높은 압력이 작용하는 기계장치에는 액체윤활유와 알루미늄 지방산을 혼합하여 만든 그리스를 사용한다.

액체윤활유를 일반적으로 오일이라 부른다. 원유를 분류하고 정제하여 만드는 액체윤활유는 압축과 분무가 용이하며, 열을 잘 흡수하고 충격을 완화시켜주는 효과도 우수하기 때문에 항공기용 내연기관을 포함한 모든 형식의 내연기관에 사용하고 있다.

(4) 합성 윤활유

합성 윤활유는 고온에서 우수한 윤활 특성을 유지하도록 인공적으로 석유계 윤활유를 증발시키고 탄화수소를 분해하여 만든 것으로서 고온에서 증발하지 않고 쉽게 분해되지도 않으며, 코크스(coke)나 다른 침전물이 생기지 않는다. 합성 윤활유는 고온에서 운전하는 기계장치에 사용하기 위해 개발된 윤활유로써 가스터빈에 주로 사용하고 있다.

대개의 윤활유는 원유로부터 얻어진다. 원유로부터 윤활유를 얻기 위하여 증류, 왁스제거, 화학정제, 여과 등의 과정을 거친다. 원유는 증류과정에서 끓는 온도에 따라 가솔린으로부터 가장 무거운 윤활유까지 다양하게 분류된다. 왁스제거 과정은 저온상태에서 왁스 성분을 결정화시켜 고형왁스를 만들고 이를 여과시켜 걸러낸다. 왁스를 제거한 후에는 화학정제를 통해 수지 및 아스팔트 물질을 제거한다. 그 후에 화학정제에 사용된 물질을 제거하기 위해 흡수제로 처리한다. 일반적으로 윤활유는 사용하기 전에 색상을 개선한다.

7.2.2 윤활유 특성

윤활유는 여러 가지 성질을 가지고 있는데, 항공기용 왕복엔진에 요구되는 가장 중요한 특성으로는 인화점, 점성, 유동점, 화학안정성 등이 있다.

(1) 점성

점성(viscosity)이란 윤활유 액체분자 사이의 마찰에 의한 내부저항을 말하는 것으로서 점성이 커질수록 윤활유 흐름이 느려지며, 유막 두께가 증가한다. 점성이 너무 크면 윤활유의 내부마찰이 증가하여 운전 중에 많은 동력을 흡수하며, 시동할 때에도 큰 회전력이 필요하고, 열전달이 불량하여 유막 형성이 어렵게 된다. 반면에 점성이 너무 작으면 윤활유 흐름이 빨라져 유막을 만들기는 쉽지만 하중이 증대하면 유막이 파괴되기 쉬워진다.

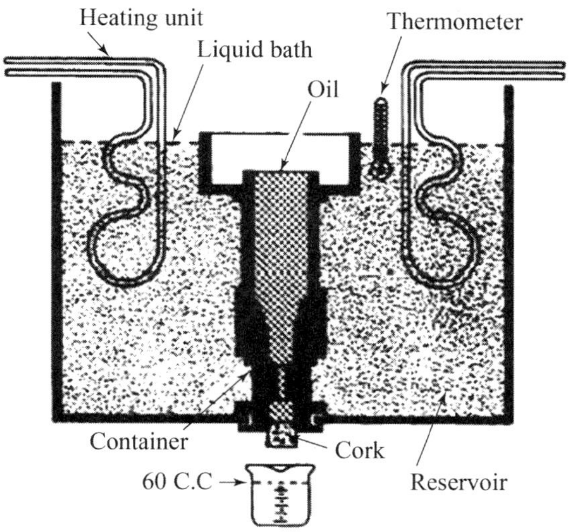

그림 7.2 ‣ Saybolt viscosimeter

점성은 온도변화에 가장 큰 영향을 받으며, 압력변화에 의해서도 영향을 받는다. 온도가 높아지면 점성이 낮아지고 압력이 증가하면 점성이 증가한다. 마찰이 일어나는 부위에 유막이 얇게 형성되어 있으면 운전상황이 돌발적으로 변할 때 유막이 쉽게 파괴되어 금속면이 마모된다. 이런 현상이 일어나는 것을 방지하려면 점성이 큰 윤활유를 사용하면 된다.

세이볼트 점도계(Saybolt viscosimeter)는 석유류 제품과 윤활유를 실험하는 표준 계측기이다. 대개의 경우 실험은 100, 130, 210°F (38, 54, 99°C)에서 실시한다. 이 계측기는 그림 7.2에 나타나 있는 것처럼 특정한 양의 오일이 담겨 있는 튜브로 이루어져 있으며, 이 오일은 튜브를 둘러싸고 있는 주위의 액체 용기에 의해 요구되는 온도에 도달하게 된다. 세이볼트 점도계를 이용해서 정확하게 보정된 출구 오리피스를 통과하여 60 cm^3의 오일이 흘러나오는 데 소요된 시간을 초 단위로 측정한 값을 세이볼트 점도 초(seconds Saybolt viscosity)라 한다.

상업용 항공기에 사용하는 오일은 80, 100, 120 등과 같은 숫자로 분류하는데, 이들 숫자는 210°F에서 측정한 세이볼트 점도 초와 거의 일치하는 값이다. 대개의 경우 오일 선택을 간단히 하기 위하여 SAE(Society of Automotive Engineers) 분류를 따르는데, 이는 모든 오일을 130°F 또는 210°F에서 점도에 따라 SAE 10에서 70까지 7개 그룹으로 분류한 것이다. 이밖에도 오일은 미 육군/해군 규격 숫자(Army and Navy Specification Number)로 분류하며, 이들 사이의 상호 관계를 표 7.1에 나타냈다.

표 7.1 ‣ 항공용 윤활유 분류 상호 관계

Commercial Aviation No.	Commercial SAE No.	Army and Navy Specification No.
65	30	1065
80	40	1080
100	50	1100
120	60	1120
140	70	

윤활유의 점성에 대한 특성은 점도지수로 나타낸다. 점도지수란 온도변화에 따른 윤활유의 점도 변화를 지수로 나타낸 것으로서 엔진시동과 관련된 윤활유의 유동특성 판단과 고온에서의 유막형성 관계를 판단하는 기준이 된다. 점도지수는 파라핀 성분이 풍부한 미국 펜실바니아산 원유를 정제하여 만든 윤활유의 점도지수를 100으로 하고 나프텐 성분이 풍부한 미국 걸프만 원유를 정제하여 만든 윤활유의 점도지수를 0으로 하여 다른 오일의 점도지수를 이것과 비교하여 나타낸다. 점도지수가 큰 것일수록 온도변화에 따른 점도변화가 작아서 넓은 온도 범위에서 사용할 수 있다. 또한 점도지수가 큰 것일수록 압력변화에 따른 점도 변화가 작다. 따라서 점도지수가 큰 것일수록 좋은 오일이다.

(2) 유성

유성(oiliness)이란 윤활유가 금속 표면에 양호하게 부착하는 성질을 의미한다. 유성은 동일한 점성을 가지는 윤활유라 할지라도 온도와 유막압력이 동일한 조건에서 마찰 감소 측면에서 서로 다른 특성을 나타내는 성질을 구분하기 위하여 사용하는 윤활유 특성이다. 유성이 우수한 윤활유는 유막에 큰 하중이 작용하여 유막이 매우 얇아지는 경우에도 완전하게 유막을 형성하려는 성질을 가지고 있다. 유성은 윤활유뿐만 아니라 윤활이 일어나는 표면에 의해서도 영향을 받는다. 유성은 마찰, 항력, 마모를 줄이는 젖음 효과이며, 금속 젖음과 비교되어 왔다. 유성은 특히 윤활부의 온도가 매우 높거나 윤활 표면이 극도로 정밀한 경우처럼 매우 엷은 유막이 형성되는 경우 중요하다.

(3) 비중

비중(specific gravity)은 제품의 성능과는 직접적인 관계는 없으나 윤활유를 구성하는 탄화수소 성분의 구조 측정, 중량 및 체적 계산, 규정제품 확인, 이물질 혼입 여부 등을 확인하기 위해 사용한다. 윤활유 비중은 15°C에서 0.9 정도이다. 일반적으로 품질이 우수한 것일수록 가볍다.

(4) 인화점 및 발화점

인화점(flash point)이란 윤활유 표면에 화염을 접근시켰을 때 순간적으로 섬광을 내면서 타기 시작하는 최초의 온도이다. 윤활유 온도가 상승하여 어떤 특정 온도에 도달하면 윤활유 자유표면에 유증기가 발생하여 연소 환경이 조성된다. 그러나 유증기 발생 초기에는 윤활유 자유표면으로부터 발생하는 유증기 양이 많지 않기 때문에 윤활유 표면에 화염을 접근시켰을 때 섬광을 내면서 탄 후에 불꽃은 사라진다. 인화점은 화재예방과 윤활유 증발의 지표로 사용한다. 항공용 엔진은 높은 온도에서 작동하기 때문에 높은 인화점을 가진 윤활유를 사용해야 한다. 따라서 어떤 특정한 엔진의 운전 온도가 정해지면 그 엔진에 사용해야 하는 윤활유의 등급이 결정된다.

발화점(fire point)이란 열원을 윤활유 표면에 접근시켰을 때 윤활유 표면에서 연속적인 연소가 시작되는 온도를 의미한다. 인화점을 초과한 상태에서 윤활유를 계속해서 가열하여 윤활유 온도가 상승하면 연속적인 연소가 일어날 수 있을 정도로 충분한 유증기가 발생하기 시작하며, 이때의 온도를 발화점이라 한다. 일반적으로 발화점은 인화점보다 약 50 ~ 60°F (28 ~ 33°C) 정도 높다.

(5) 유동점

유동점(pour point)은 윤활유가 흐를 수 있는 가장 낮은 온도이다. 석유계 윤활유는 온도가 크게 낮아지는 경우 왁스가 부분적으로 분리되거나 윤활유를 구성하는 탄화수소가 동결되어 플라스틱 같은 고체상태로 변한다. 따라서 유동점은 윤활펌프의 작동 및 윤활유 순환과 관련된 유동성에 관계되는 매우 중요한 윤활유 특성 가운데 하나이다. 윤활유의 유동성은 유동점과 점성 두 가지에 의해 영향을 받는다. 추운 날씨에 엔진을 시동하는 경우 유동성이 좋은 윤활유는 엔진을 신속하게 순환하기 때문에 우수한 윤활특성을 나타낸다. 유동점을 낮추기 위해 많은 양의 왁스를 포함하고 있는 윤활유에 유동점 강하제를 첨가하기도 한다.

유동점은 엔진의 평균시동온도를 기준으로 5°F (3°C) 이내에 있어야 한다. 날씨가 춥거나 추운 지역에서 사용하는 엔진의 경우 윤활유 선택에 주의해야 하는데, 이는 유동점과 점도를 동시에 고려하여 선택해야 하기 때문이다. 유동점에 추가해서 점도까지 고려하여 선택하는 이유는 엔진의 운전 온도에서 적당한 유막을 형성할 수 있는 충분한 점성을 가지고 있어야 하기 때문이다.

(6) 운점

운점이란 왁스나 기타 고체물질이 석출 또는 분리되기 시작하는 온도를 말하며, 응고

점보다 약간 높은 온도이다. 운점은 유동점과 함께 원유의 종류, 탈왁스 정도, 유동점 강하제 사용유무 등을 판단하는 기준으로 사용한다. 고형물질이나 석출물이 보이지 않으면 운점을 결정하지 못한다.

(7) 산화안정성

윤활유는 225℃ 이상의 높은 온도에서 공기와 접촉하면 산화작용에 의하여 침전물이 생성된다. 이런 찌꺼기는 마찰면에서 마찰손실을 증가시키고 금속표면을 부식시킨다. 또한 수지물질의 피막을 만들어 윤활유 통로를 막는다. 윤활유에 유황, 불포화 탄화수소 및 아스팔트 성분이 많이 포함되어 있을수록 산화되기 쉽다. 산화되기 쉬운 윤활유는 탄화되기 쉬운 경향이 있으며, 산화와 탄화의 두 성질이 밀접한 관계를 가지고 있으므로 산화안정성을 시험하면 탄화항력을 알 수 있다.

7.2.3 항공용 윤활유 구비조건

항공기 엔진에 사용하는 윤활유는 다음과 같은 특성을 가져야 한다.

① 엔진 운전 온도에서 적당한 점성을 가져야 한다. 윤활유는 윤활부에 신속히 분포되어야 하며, 다양한 윤활면 사이에 작용하는 압력을 견뎌내기 위하여 적당한 점성을 가져야 한다.

② 높은 마찰방지 특성을 가져야 한다. 이상적인 액체윤활유는 금속마찰을 방지하기 위하여 강한 유막을 만들어야 하는 동시에 유체마찰은 최소가 되어야 한다.

③ 저온에서 최대의 유동성을 가져야 한다. 저온에서 엔진을 시동할 때 윤활유는 신속히 흘러 윤활면에 고르게 분포하기 위해 저온에서 최대의 유동성을 가져야 한다. 일부 등급의 윤활유는 추운 날씨에 거의 고체 상태가 되어 높은 윤활항력을 가지며, 엔진 윤활부를 원활하게 순환하지 못한다. 그러므로 이상적인 오일은 엔진 운전 온도에서 가능한 얇으면서, 제 자리에 머물면서, 충분한 강도를 지닌 유막을 형성해야 한다.

④ 온도변화에 따른 점성 변화가 최소가 되어야 한다. 오일의 점성은 온도 변화에 의해 큰 영향을 받는다. 매우 높은 운전 온도에서 윤활유 점성이 낮아지면 유막이 너무 얇아져서 유막이 끊어지고 운동 부품이 급속히 마모된다. 따라서 윤활유는 큰 점도지수를 가져야 한다.

⑤ 높은 마모방지 특성을 가져야 한다. 액체윤활 이론은 유막에 의해 금속 표면을 분

리시키는 것이다. 따라서 유막이 끊어지지 않는 한 윤활유의 내부 마찰이 금속간 미끌림 마찰을 대신한다. 즉 윤활유는 고체마찰을 액체마찰로 전환하여 윤활이 일어나는 부품의 마모를 방지해야 한다.

⑥ 냉각 능력이 우수해야 한다. 윤활유는 모든 윤활면에서 가능한 많은 열을 흡수하기 위하여 최대의 냉각 능력을 보유해야 한다. 액체윤활유를 사용하는 이유 가운데 하나는 액체윤활유가 열을 흡수하고 소산시키는 데 효과적이기 때문이다. 액체윤활유를 사용하는 또 다른 이유는 액체윤활유는 신속하게 펌핑하거나 분사시킬 수 있기 때문이다. 윤활부에는 항상 열이 발생하기 때문에 이 열을 제거해주지 않으면 윤활부가 고온이 되어 윤활유 점성이 낮아진다. 윤활유 점성이 낮아지면 유막 형성이 어려워지기 때문에 금속마찰이 발생할 수 있다. 윤활유는 윤활부에서 발생한 열을 최대한 흡수해서 윤활 부위를 냉각시키며, 흡수된 열은 나중에 냉각기나 열교환기를 통해 소산시킨다. 따라서 윤활유는 냉각재 역할도 수행한다.

⑦ 높은 산화저항성을 가져야 한다.

⑧ 부식방지 특성을 가져야 한다.

7.2.4 윤활유 기능

항공기 엔진에 사용하는 윤활유는 다음과 같은 기능을 수행한다.

① 윤활작용: 윤활유의 일차적인 기능은 윤활작용이다. 윤활유는 서로 접촉하여 운동하는 부품 표면에 유막을 형성하여 고체마찰을 유체마찰로 전환시킴으로써 부품의 마모를 방지하고, 마찰저항을 최소화시켜 동력 손실을 줄여준다.

② 냉각작용: 엔진을 구성하는 다수의 부품은 냉각장치를 설치할 수는 없지만 냉각이 요구된다. 윤활유는 뛰어난 열전달 매체로서 윤활유가 이런 부품들과의 접촉을 통하여 열을 흡수하고 뜨거워진 윤활유는 오일 냉각기에서 다시 냉각된다. 따라서 윤활유는 냉각재 역할을 수행한다.

③ 청정작용: 윤활유는 엔진의 중요한 부분을 지나면서 불순물을 쓸어온다. 따라서 윤활유는 청정제 역할을 수행한다. 만약 윤활유가 청정작용을 하지 못한다면 피스톤, 피스톤 링, 밸브스템, 밀봉장치 등에는 찌꺼기가 쌓이고 산화되어 쉽게 파손될 수 있다.

④ 밀봉작용: 윤활유는 실린더 라이너, 피스톤, 밸브스템 및 다른 내부 구성품의 고르지 못한 표면을 채워줌으로써 밀봉재 역할을 수행한다.

⑤ 완충작용: 기어, 볼베어링, 롤러베어링처럼 점접촉 또는 선접촉이 일어나는 부분에는 큰 압력이 발생하기 때문에 금속부분에는 이에 대응하는 큰 응력이 발생한다. 운전 중에 이런 큰 응력이 반복되면 피로파괴가 발생한다. 윤활유는 충격 등으로 인해 큰 압력이 작용하는 경우 압력의 전달면적을 확대시켜 충격을 완화시키는 작용을 한다.

⑥ 방청작용: 윤활유는 금속면을 덮어서 물과 산소의 접촉을 차단하여 금속 표면의 부식을 방지한다.

7.2.5 윤활유 공급 방법

윤활계통의 역할은 마찰을 수반하는 엔진의 모든 부품에 윤활과 냉각을 위하여 정확한 압력으로 정확한 양의 윤활유를 공급해주는 것이다. 윤활유를 공급해주는 방법으로는 압송식, 비산식, 분무식이 있다.

압송식은 오일펌프에서 윤활유를 가압하여 각종 윤활부품과 베어링에 공급하는 방식이다. 오일펌프로는 기어펌프를 주로 사용하고 있으나 베인펌프와 지로터펌프를 사용하기도 한다.

비산식은 커넥팅로드 끝에 있는 주걱으로 오일탱크에 있는 윤활유를 떠서 원심력을 이용하여 실린더 벽에 뿌리는 방식이다. 비산식은 항공기용 엔진에 단독으로 사용할 수 없으며, 압송식에 추가적으로 사용한다. 이 밖에 분무식이 있는데, 이 방식 역시 단독으로 사용하지 못하고 압송식과 조합하여 사용한다. 따라서 조합식으로는 압송식과 비산식을 조합한 형식과 압송식과 문무식을 조합한 형식이 있는데, 후자를 많이 사용하고 있다. 대개의 경우 메인베어링과 캠축 베어링 등에는 압송식으로 윤활유를 공급하고, 그 밖의 부분은 비산식이나 분무식으로 윤활유를 공급해준다.

7.3 • 윤활계통

7.3.1 습식계통

윤활계통은 오일탱크의 설치 위치에 따라 습식계통(wet sump system)과 건식계통(dry sump system)으로 구분한다. 습식계통은 윤활유를 엔진 내부인 크랭크케이스에 저장하고 있는데 반해 건식계통은 엔진 외부에 별도의 독립된 오일탱크를 가지고 있다. 참고로, 습식계통의 경우 오일(액체윤활유)을 크랭크케이스 내부에 저장하기 때문에 오일탱크라 부르지 않고 오일섬프라 부른다. 여기서는 편의상 오일탱크로 통일하여 부르기로 한다.

습식계통은 크랭크케이스가 오일탱크 역할을 수행하기 때문에 크기가 제한되어 오일 용량에 한계가 있다. 습식계통은 그림 7.3에 나와 있는 것처럼 엔진 중앙에 크랭크케이스를 설치하는 수평대향형 엔진에 적합한 시스템이다. 흡입도관을 통해 오일펌프로 유입된 오일은 오일필터를 거쳐 오일냉각기에서 냉각시킨 후 엔진의 윤활부로 보내진다. 엔진을 순환한 오일은 오일탱크로 복귀한다.

습식계통의 장점은 간단하고 가볍다는 것이다. 그러나 윤활계통이 열원인 엔진 내부에 포함되어 있기 때문에 오일을 냉각시키기 어렵다는 문제점을 가지고 있다. 그림 7.4와 7.5에 수평대향형 엔진에 설치되어 있는 습식윤활계통의 주요 구성품과 윤활유 흐름도를 각각 나타냈다. 습식계통에는 사용한 오일을 오일탱크로 복귀시켜주는 소기펌프(scavenge pump)가 없으나 터보차저를 설치한 엔진에는 그림 7.5에서 볼 수 있는 것처럼 터보차저 내부에 모이는 오일을 오일탱크로 복귀시키기 위해 소기펌프를 설치한다.

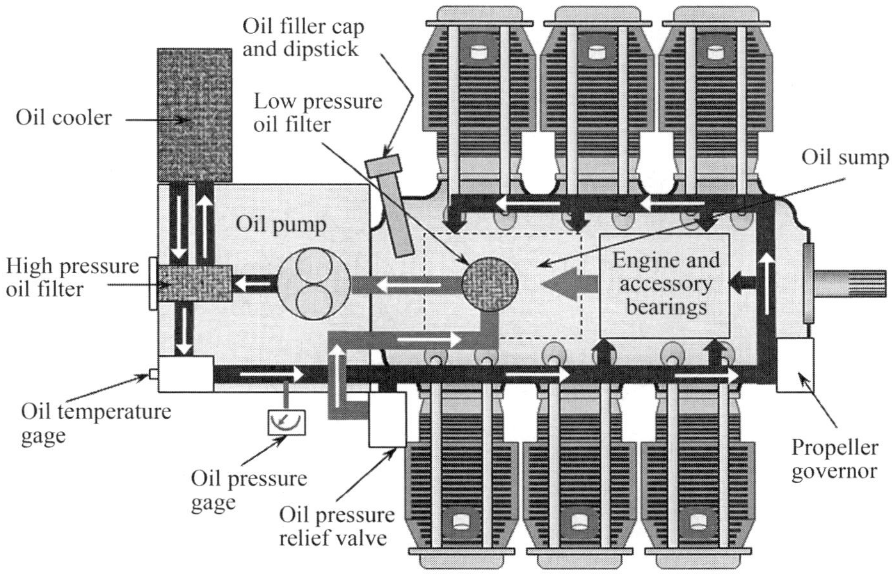

그림 7.3 • 습식계통 (수평대향형 엔진)

그림 7.4 • 습식계통 주요 구성품 설치 위치 (TSIO-360EB)

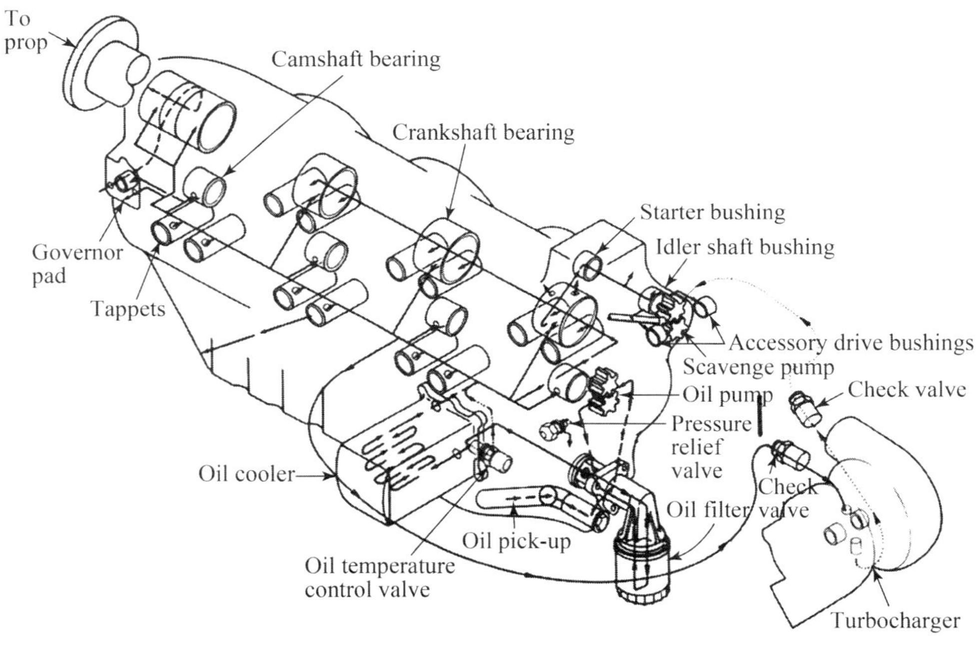

그림 7.5 • 습식계통 윤활유 흐름도 (TSIO-360EB)

7.3.2 건식계통

건식계통은 엔진 외부에 있는 별도의 오일탱크에 오일을 저장한다. 따라서 건식계통은 충분한 양의 오일을 이용할 수 있다는 장점을 가지고 있다. 건식계통에는 습식계통에는 사용하지 않는 소기펌프를 사용한다. 소기펌프의 용량은 엔진으로 윤활유를 공급해주는 압력펌프보다 용량이 크며, 엔진에서 사용한 윤활유를 엔진 외부에 있는 오일탱크로 보내주는 역할을 수행한다. 건식계통은 그림 7.6에 나타나 있는 것처럼 엔진 내부에 오일을 저장하기 위한 별도의 공간을 마련하기 어려운 대형 성형엔진에 적합한 윤활계통이다.

그림 7.6 ‣ 건식계통을 갖춘 성형엔진

그림 7.7 ‣ 건식계통을 갖춘 수평대향형엔진 (O–470, TCM)

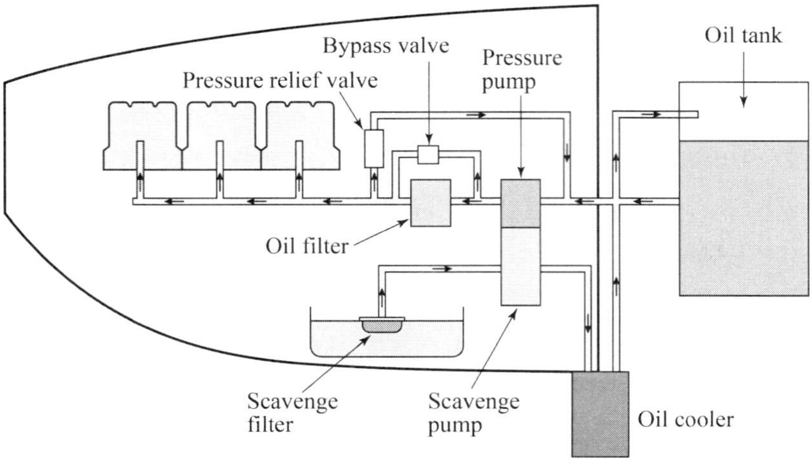

그림 7.8 • 건식계통 윤활유 흐름도

그러나 그림 7.7에서 볼 수 있는 것처럼 일부 수평대향형 엔진에도 건식계통을 적용하고 있다.

그림 7.8에 건식계통 개략도를 나타냈다. 건식계통에서 윤활유는 오일탱크 → 압력펌프 → 오일필터 → 윤활부 → 소기펌프 → 오일냉각기 → 오일탱크 순으로 흐른다.

표 7.2에 습식계통과 건식계통에 대한 내용을 비교하여 정리하였다.

표 7.2 • 윤활계통 요약

	습식계통	건식계통
오일 저장	엔진 크랭크케이스 내부	별도의 오일탱크
오일 용량	섬프 크기에 의해 제한	제한 적음
적용 엔진	수평대향형엔진에 적합	성형엔진에 적합 수평대향형엔진에도 일부 적용
오일 순환	섬프에서 오일펌프에 의해서 엔진 전체에 공급하며, 엔진 순환 후에 섬프로 귀환	오일이 엔진 순환한 후 크랭크케이스 바닥에 모이고 소기펌프를 이용하여 오일탱크로 이송
기타 사항	간단하고 가볍지만 오일탱크가 열원인 엔진 내부에 포함되어 있기 때문에 오일 냉각 어려움	

7.4 • 윤활계통 주요 구성품

7.4.1 압력펌프

흔히 오일펌프(oil pump)라고도 불리는 압력펌프(pressure pump)는 오일을 윤활부로 보내주기 위해 오일의 압력을 높여 준다. 압력펌프 용량은 엔진에서 요구하는 용량보다 커야 하는데, 이는 엔진 부품이 마모되고 부품 간격이 증가하는 경우 오일 공급량이 증가할 가능성에 대비하기 위함이다. 한편, 오일필터를 통과한 잉여 오일은 그림 7.9에 나타나 있는 것처럼 압력릴리프밸브를 통해 펌프 입구로 되돌려 보내진다.

만약 압력펌프가 엔진 시동 30초 이내에 설정된 오일압력을 형성하지 못하면 펌프 마모로 인해 펌프 기능을 상실한 것이다. 압력펌프를 구성하는 기어의 치차와 하우징 사이의 간극이 커지면 오일이 기어를 우회하여 압력이 형성되지 않는다. 이런 경우 압력펌프를 교체해야 한다.

항공기 왕복엔진의 윤활계통에는 기어펌프, 베인펌프, 또는 지로터펌프를 사용한다. 압력펌프로는 그림 7.10(a)에 나타나 있는 기어펌프를 가장 많이 사용하고 있다. 기어와 하우징은 이들 사이의 간극이 최소가 되도록 정밀 가공하여 제작한다. 기어가 회전함에 따라 기어와 하우징 사이에 갇힌 오일이 펌프 출구에서 배출되면서 펌핑이 이루어진다. 그림 7.10(b)에 나타나 있는 베인펌프는 편심되어 설치되어 있는 로터에 안으로 집어넣을

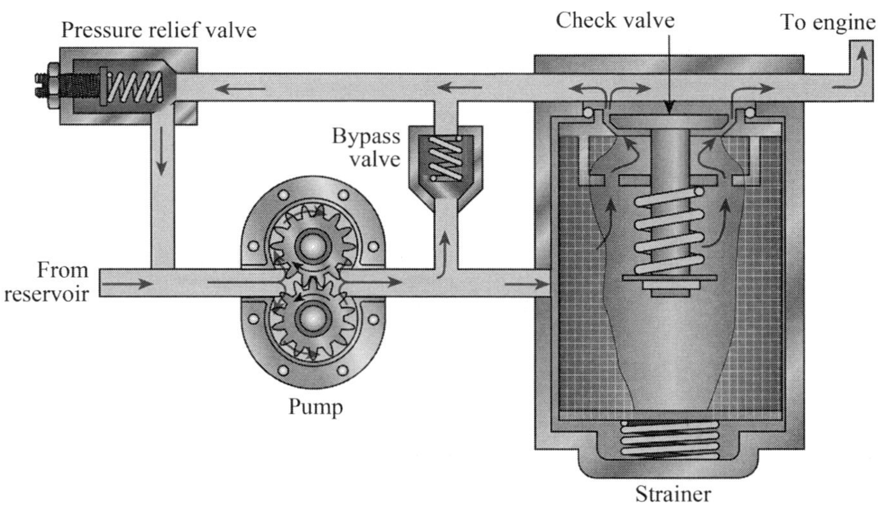

그림 7.9 • 윤활계통 주요 구성품 개략도

수 있는 베인을 설치하여 회전시키면 그림에서와 같이 베인과 하우징에 의해 형성되는 체적증가에 의해서 오일을 펌프 내부로 끌어들이고 계속해서 회전하면 베인이 내부로 수축되고 오일을 가둔 체적이 줄어들면서 오일을 출구로 배출한다. 로터리펌프라고도 불리는 지로터펌프는 그림 7.10(c)에 나타나 있는 것처럼 구동기어 이빨 수가 아이들기어 이빨 수보다 한 개 적어서 회전에 따른 공간변화를 이용하여 오일을 펌핑한다.

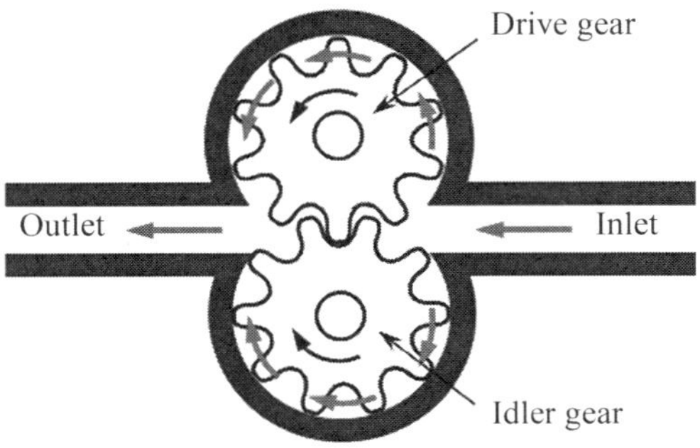

(a) 기어펌프

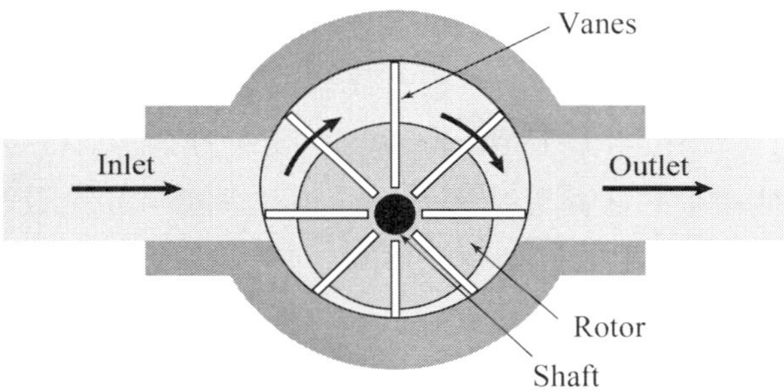

(b) 베인펌프

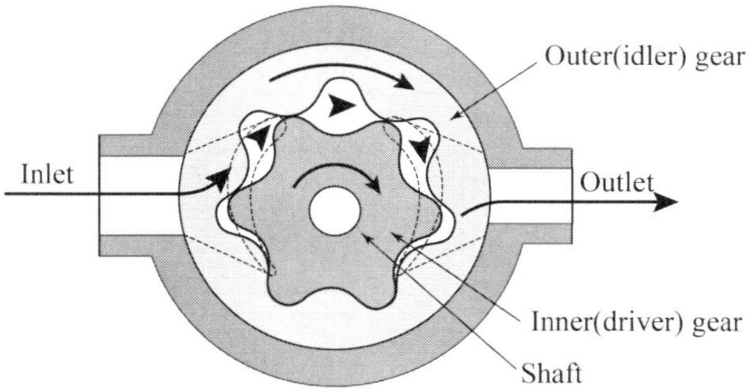

(c) 지로터펌프 (로터리펌프)

그림 7.10 ‣ 오일계통에 사용하는 펌프 종류

7.4.2 바이패스밸브

압력펌프에서 가압된 오일은 오일필터에서 여과된 후 엔진의 윤활부로 보내진다. 압력펌프와 오일필터 사이에 위치한 바이패스밸브는 오일필터가 막혔거나 겨울철 엔진 시동시에 오일이 결빙되어 필터를 막고 있는 경우에 여과되지 않은 오일을 필터를 우회하여 엔진으로 공급될 수 있도록 해준다. 바이패스밸브는 스프링에 의해 닫혀있으며, 오일 압력에 의해 필터가 손상되기 전에 열리도록 되어 있다. 따라서 바이패스밸브는 오일필터가 막히는 경우에도 항상 안정적으로 엔진의 윤활부에 오일을 공급해주는 역할을 한다.

7.4.3 압력릴리프밸브

오일필터를 통과한 오일의 압력이 기준치를 초과하는 경우 압력릴리프밸브(pressure relief valve)가 열려 잉여 오일이 오일펌프 입구로 보내진다. 이런 방법으로 엔진 윤활부로 보내지는 오일의 압력을 설정된 압력으로 항상 일정하게 유지시킬 수 있다.

그림 7.11에 압력릴리프밸브가 나타나 있다. 만약 노즐에 작용하는 압력과 노즐 면적을 곱한 압력힘이 시트를 누르고 있는 스프링에 의한 힘보다 작은 경우에는 시트가 노즐 출구를 막아서 오일통로가 형성되지 않는다. 그러나 압력힘이 더욱 커져서 스프링에 의한 힘보다 커지면 시트를 밀어 올려 오일통로가 형성되어 오일이 그림과 같이 흐르게 된다. 스프링에 의한 힘의 크기는 조절 나사(adjustment screw)를 이용하여 조절할 수 있다.

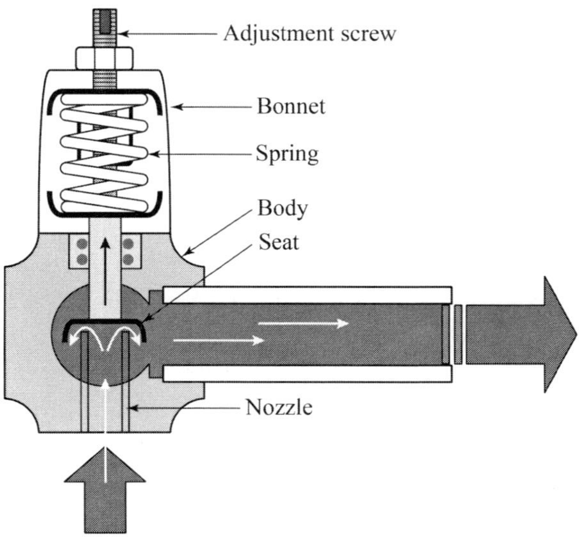

그림 7.11 • 압력릴리프밸브

7.4.4 소기펌프

그림 7.8과 그림 7.12에 나타나 있는 것처럼 건식계통에는 압력펌프와 소기펌프(scavenge pump)를 설치한다. 소기펌프는 윤활을 마친 윤활유를 엔진 외부에 위치한 오일탱크로 이송하는 역할을 한다. 소기펌프의 용량은 압력펌프에 비해 약 두 배 정도 더 큰데, 이는 엔진을 빠져나와 섬프에 모이는 오일의 체적이 엔진에 공급되는 오일의 체적에 비해 더 크기 때문이다. 즉 엔진 윤활부를 빠져나온 오일에는 거품이 포함되어 있기 때문에 엔진에 공급되는 오일에 비해 더 큰 체적을 가진다. 아울러 엔진을 빠져나온 오일은 엔진에 공급하는 오일에 비해 온도가 증가하기 때문에 열팽창에 의해 체적이 증가한다. 그러나 온도 증가에 따른 체적팽창 정도는 거품에 의한 체적팽창에 비해 매우 작은 편이다. 소기펌프로는 기어펌프나 지로터펌프를 사용하며, 엔진에 의해 구동된다.

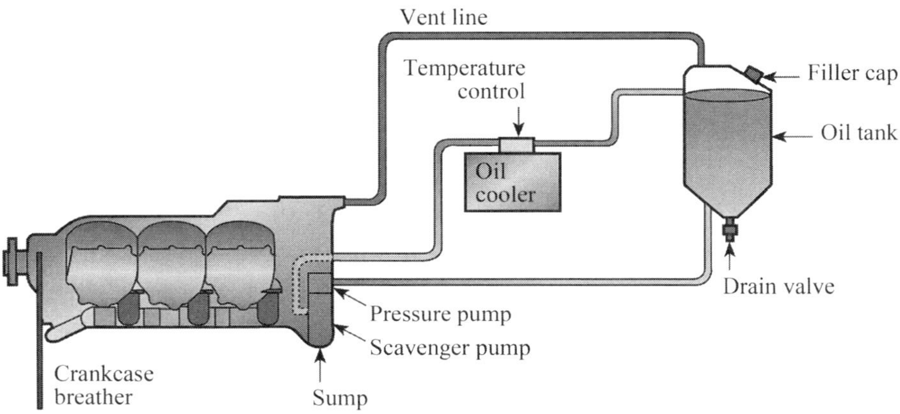

그림 7.12 ‣ 건식계통 주요 구성품 배치

7.4.5 오일탱크

건식계통은 별도의 분리되어 있는 오일탱크를 가지고 있다. 오일탱크는 알루미늄 판재를 용접하거나, 알루미늄을 리벳팅하거나, 또는 강철로 제작하며, 운전 중에 발생하는 진동, 관성, 유체하중을 견딜 수 있어야 한다.

오일탱크의 출구 위치는 오일탱크 가장 낮은 위치에 설치하여 지상에서나 정상적인 비행 자세에서 오일이 완전히 배출될 수 있도록 해준다. 오일탱크는 탱크 용량의 10% 또는 0.5 갤런의 확장 공간을 갖추어야 한다. 페더링 프로펠러를 장착한 항공기는 프로펠러 페더링을 위해 메인탱크나 별도의 탱크에 여분의 오일을 가지고 있어야 한다. 만약 여분의 오일을 메인탱크로부터 공급받는 경우에는 프로펠러를 페더링 하기 위해 필요할 때를 제외하고는 메인탱크 오일 출구는 여분의 오일이 탱크 밖으로 나올 수 없는 구조라야 한다.

대용량 오일탱크가 설치되어 있는 일부 대형 성형엔진을 장착한 항공기에는 그림 7.13에 나타나 있는 것처럼 오일탱크 내부에 있는 전체 오일에서 일부를 분리시키기 위한 호퍼(hopper)가 설치되어 있다. 오일은 호퍼 아래쪽에서 흘러나와 엔진으로 공급되고 호퍼 위쪽으로 되돌아온다. 호퍼는 오일탱크 내부에 있는 오일 가운데 소량만 엔진을 순환하게 해주기 때문에 추운 날씨에 엔진을 빠르게 예열시킬 수 있다. 호퍼에는 구멍이 있기 때문에 호퍼 외부에 있는 오일이 호퍼 내부로 들어올 수 있으며, 일부의 경우에는 호퍼에 플래퍼 밸브(flapper valve)가 설치되어 있어서 호퍼 내부에 있는 오일이 소모되는 경우에 호퍼 외부의 오일이 호퍼 내부로 유입되도록 되어 있다.

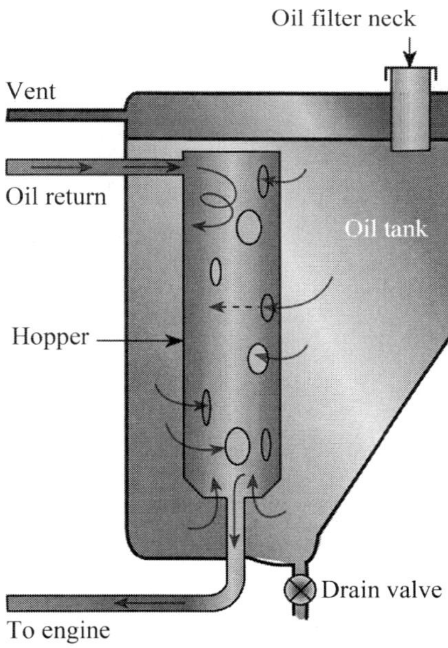

그림 7.13 · 호퍼가 설치되어 있는 오일탱크

7.5 • 베어링

베어링은 회전하고 있는 기계의 축을 일정한 위치에 고정시키고 축의 자중과 축에 걸리는 하중을 지지하면서 축을 회전시키는 역할을 하는 중요한 기계요소로서 축받이라고도 한다. 베어링과 접촉하고 있는 축 부분을 저널(journal)이라고 하며, 그 접촉상태에 따라 미끄럼베어링(sliding bearing)과 구름베어링(rolling bearing) 두 종류로 분류한다. 아울러 베어링은 하중이 작용하는 방향에 따라 축에 수직으로 작용하는 레이디얼하중을 담당하는 레이디얼베어링(radial bearing)과 축방향으로 작용하는 추력하중을 담당하는 스러스트베어링(thrust bearing)으로 구분한다.

7.5.1 미끄럼베어링과 구름베어링

미끄럼베어링은 베어링이 저널의 표면 전부 또는 일부를 둘러싸고 있으며, 베어링과 저널의 접촉면 사이에 윤활유를 공급해준다. 미끄럼베어링은 면과 면이 접촉하기 때문에 축이 회전할 때 구름베어링에 비해 마찰저항이 크지만 큰 하중을 지탱할 수 있다. 왕복엔진에 사용하는 대표적인 미끄럼베어링으로는 그림 7.14에 나타나 있는 평베어링(plain bearing)이 있으며, 크랭크축 메인베어링, 캠축베어링, 커넥팅로드 및 보조기기 구동축 베어링 등으로 사용한다. 일부 평베어링은 추력하중을 받을 수 있도록 설계되었지만 대부분의 평베어링은 오직 레이디얼하중만을 지탱할 수 있으며, 추력하중은 지탱하지 못한다.

구름베어링은 축과 베어링의 볼 또는 롤러가 접촉하며, 축이 회전할 때 볼 또는 롤러도 함께 회전하기 때문에 마찰저항이 작다. 볼베어링은 점접촉을 하기 때문에 접촉저항이 가장 작은 구름마찰이 일어난다. 볼은 그림 7.15에 나타나 있는 것처럼 내륜과 외륜 사이에 끼워져 있기 때문에 큰 추력하중을 견딜 수 있다. 따라서 볼베어링은 스러스트 베어링으로 많이 사용한다.

롤러베어링은 그림 7.16에 나타나 있는 것처럼 볼 대신에 롤러를 사용했다는 것을 제외하고는 볼베어링과 유사하다. 롤러베어링은 선 접촉을 하기 때문에 볼베어링에 비해 접촉저항이 크다. 직선 롤러베어링은 레이디얼하중만을 받는 곳에 적합하다. 이에 반해 경사 롤러베어링은 레이디얼하중과 추력하중을 동시에 받는 곳에 적합하다.

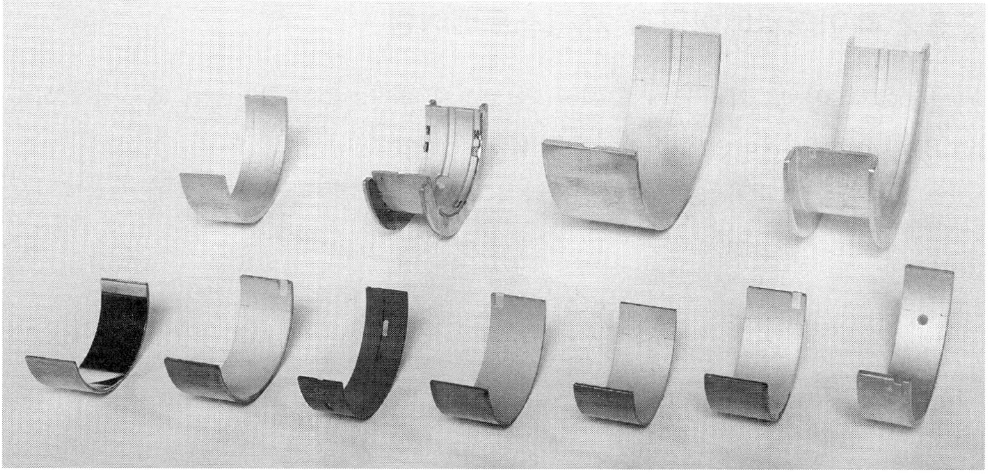

그림 7.14 ‣ 평베어링

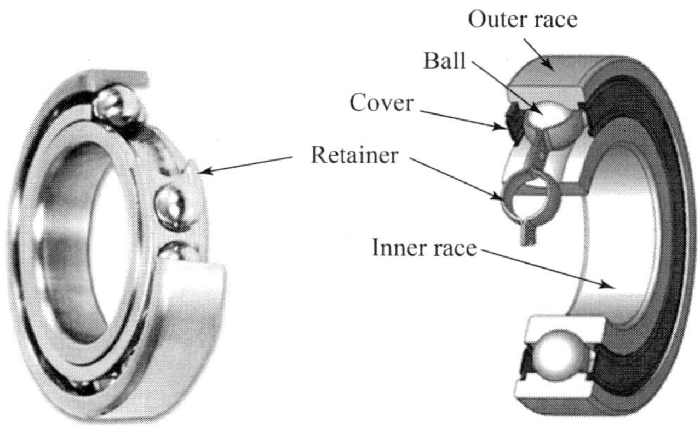

그림 7.15 ‣ 볼베어링

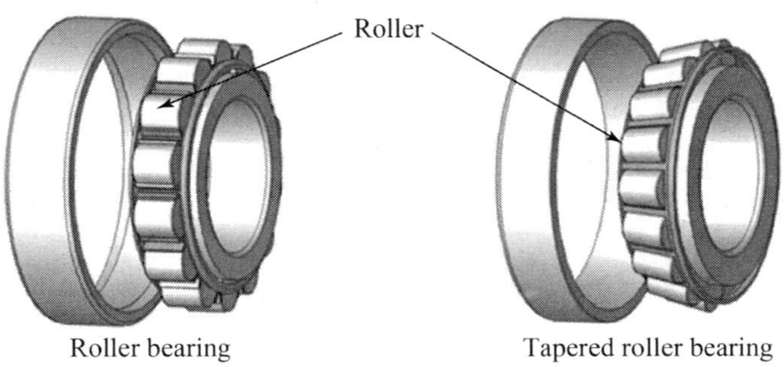

그림 7.16 ‣ 롤러베어링

7.5.2 레이디얼베어링과 스러스트베어링

대부분의 회전하는 기계 축에는 레이디얼하중과 추력하중이 작용하기 때문에 베어링은 이와 같은 하중을 견디면서 회전운동을 확실히 해야 한다.

베어링은 하중이 작용하는 방향에 따라 그 구조가 많이 달라지며, 축에 수직방향으로

그림 7.17 ‣ Tilting pad journal bearing

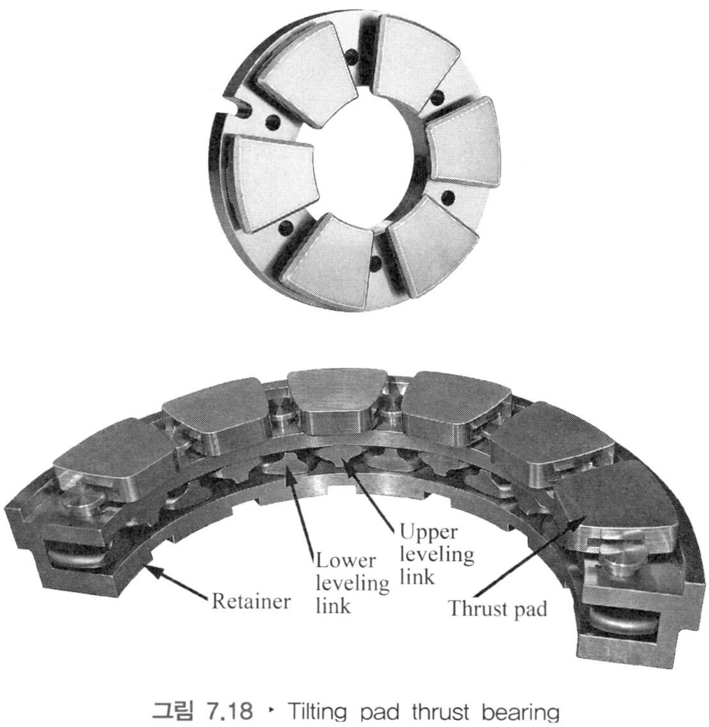

그림 7.18 ‣ Tilting pad thrust bearing

작용하는 하중을 담당하는 레이디얼베어링과, 축 방향으로 작용하는 하중을 담당하는 스러스트베어링으로 구분한다. 레이디얼하중이 작은 경우에는 레이디얼베어링으로 롤러베어링을 주로 사용하며, 레이디얼하중이 큰 경우에는 평베어링을 주로 사용한다. 한편, 고속으로 회전하면서 큰 레이디얼하중이 작용하는 경우에는 그림 7.17에 나타나 있는 틸팅패드 저널베어링을 사용한다.

추력하중이 크지 않은 경우에는 스러스트베어링으로 볼베어링을 많이 사용한다. 그러나 고속으로 회전하면서 큰 추력하중이 작용하는 경우에는 그림 7.18에 나타나 있는 것과 같은 틸팅패드 스러스트베어링을 주로 사용한다.

한편, 그림 7.16에 나타나 있는 테이퍼드 롤러베어링은 레이디얼하중과 추력하중을 동시에 지탱한다.

7.5.3 유막 베어링

유막 베어링(oil film bearing)은 그림 7.19에서 볼 수 있는 것처럼 단순하게 원통 내부에 축이 있고 그 사이 공간에는 윤활유가 채워져 있는 구조이다. 축이 정지해 있을 때는 베어링 저널에 유막이 형성되지 않지만 축이 회전하기 시작하면 윤활유는 축 회전 방향으로 유동이 형성되어 저널 사이에 유막이 형성되며, 축은 떠오르게 된다. 이렇게 축이 떠오르는 이유는 그림 7.20에 나타나 있는 것처럼 유막이 가장 얇은 부분으로 윤활유가 유입되면서 그 근처에 큰 압력이 발생하고 이 압력에 의해 축이 들어 올려지기 때문이다.

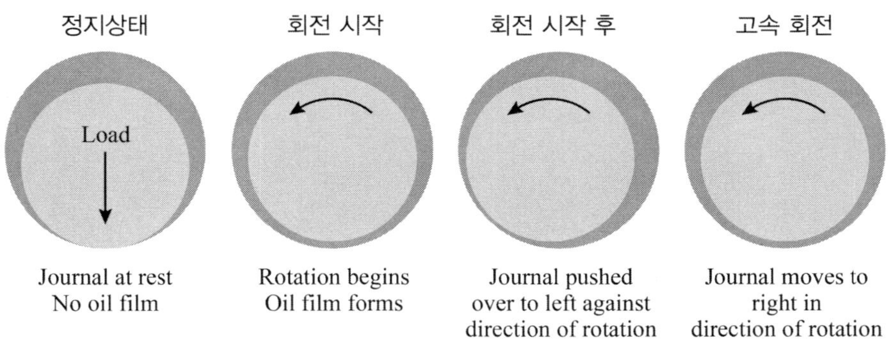

그림 7.19 · 유막 베어링

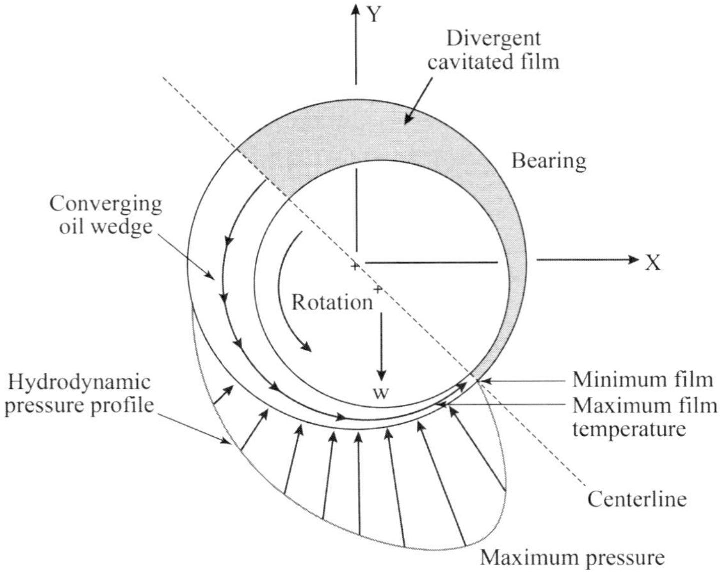

그림 7.20 ・ 유막 베어링에 작용하는 압력분포

실 • 전 • 문 • 제

1. 항공기관용 윤활유의 점도지수(Viscosity index)가 높다는 것은 무엇을 뜻하는가?

가. 온도변화에 따라 윤활유 점도변화가 적다.
나. 온도변화에 따라 윤활유 점도변화가 크다.
다. 압력변화에 따라 윤활유 점도변화가 적다.
라. 압력변화에 따라 윤활유 점도변화가 크다.

2. 왕복엔진 오일계통에서 오일온도 상승 요인 가운데 가장 큰 요인은?

가. 푸시로드 베어링　　나. 크랭크축 베어링
다. 실린더 내의 피스톤　　라. 배기가스

3. 배유펌프와 압력펌프를 비교 설명한 것 중 옳은 것은?

가. 배유펌프가 압력펌프보다 크다.
나. 배유펌프가 압력펌프보다 작다.
다. 크기가 서로 같다.
라. 압력이 높은 경우에는 압력펌프가 더 크다.

해설 배유펌프는 소기펌프를 지칭하는 용어이다.

4. 왕복엔진의 크랭크축에 일반적으로 사용되는 베어링은?

가. 평베어링(plain bearing)　　나. 롤러베어링(roller bearing)
다. 볼베어링(ball bearing)　　라. 니들베어링(needle bearing)

해설 평베어링은 축에 직각인 힘을 지탱하는 저널베어링(journal bearing)이다. 볼베어링은 점접촉을 하기 때문에 구름마찰 저항이 가장 작으며, 축 방향 힘을 지탱하는 트러스트 베어링(thrust bearing)으로서 가스터빈과 대형 성형엔진에 사용한다. 롤러베어링은 저널베어링이다.

5. 왕복엔진 오일의 기능이 아닌 것은?

가. 재생작용　　나. 기밀작용
다. 윤활작용　　라. 냉각작용

6. 고점성 오일의 사용은 무엇을 초래하는가?

가. 소기펌프의 고장　　나. 압력펌프의 고장

다. 낮은 오일압력　　라. 높은 오일압력

해설 점성이 증가하면 유체 마찰저항이 증가하여 더 큰 압력펌프가 요구된다.

7. 오일 오염의 가장 큰 원인은 무엇인가?

가. 피스톤으로부터 벗겨져 나간 탄소　　나. 베어링의 금속 입자

다. 희박계통　　라. 슬러지

8. SOAP(Spectrometric Oil Analysis Program)에 대한 내용으로 가장 올바른 것은?

가. 오일형의 카본 발생량으로 오일의 품질저하를 비교한다.

나. 오일의 산성도를 측정하고 오일의 품질저하 상황을 비교한다.

다. 오일 중에 포함된 미량의 금속원소에 의해 오일의 품질저하 상황을 비교한다.

라. 오일 중에 포함되는 미량의 금속원소에 의해 이상상태를 비교한다.

해설 오일(윤활유)은 고체마찰이 일어나지 못하도록 하는 역할을 수행한다. 그러나 마찰이 일어나는 경우 마찰로 인해 금속이 떨어져 나와 오일에 섞이게 된다. 이렇게 떨어져 나온 금속은 직경이 1미크론 이하이기 때문에 필터도 그냥 통과하게 된다. 따라서 오일을 분석해서 마찰이 일어나는 부분을 확인할 수 있다. 이렇게 마찰이 일어나는 부분은 이상상태가 발생하는 것으로서 점검이 필요하게 된다.

9. 기어식 오일펌프의 사이드 클리어런스(side clearance)가 클 경우 어떻게 되는가?

가. 과도한 오일 소모가 나타난다.

나. 과다한 오일 압력이 생긴다.

다. 낮은 오일 압력으로 된다.

라. 오일펌프의 진동에 의한 고장이 나타난다.

10. 윤활유 시스템에서 고온 탱크형(Hot tank system)이란?

가. 고온의 스캐빈지 오일이 냉각되어서 직접 탱크로 들어가는 방식

나. 고온의 스캐빈지 오일이 냉각되지 않고 직접 탱크로 들어가는 방식

다. 오일 냉각기가 scavenge system에 있어서 오일이 연료 가열기에 의한 가열방식

라. 오일 냉각기가 scavenge system에 있어서 오일탱크 오일이 가열기에 의한 가열방식

11. 왕복기관에서 오일여과기가 막혔다면 어떻게 되는가?
가. 오일 부족 현상
나. 아무런 영향 없이 바이패스밸브를 통해 오일 공급
다. 높은 오일압력을 통해 체크밸브가 열려 오일 공급
라. 오일필터가 터진다.

12. 정기점검 중인 왕복엔진에서 반짝이는 작은 금속편이 여과기에서는 발견되고 마그네틱 플러그에서는 발견되지 않았다. 어떤 조치를 취해야 하는가?
가. 보기의 기어가 마모된 것으로 장탈하거나 오버홀해야 한다.
나. 플러그 베어링의 정상적인 마모이므로 점검할 필요가 있다.
다. 실린더 내이거나 링이 마모된 것으로 엔진을 장탈해야 한다.
라. 평베어링 또는 알루미늄 피스톤의 정상적인 마모로 문제되지 않는다.

13. 기관 오일 부품 가운데 베어링의 이상 유무를 탐지하는 데 사용되는 부품은 무엇인가?
가. 오일 필터
나. 칩 디텍터(Chip detector)
다. 오일 압력조절밸브
라. 오일필터 막힘 경고등

14. 피스톤 오일링에 모여진 여분의 오일은 다음 중 어느 경로를 통하여 흐르는가?
가. 피스톤 핀 중앙에 뚫린 구멍으로
나. 피스톤 오일링 홈에 있는 드릴 구멍을 통하여
다. 피스톤 핀에 있는 드릴 구멍을 통하여
라. 실린더 벽면의 작은 틈을 타고

정답

1. 가 2. 다 3. 가 4. 가 5. 가 6. 라 7. 가 8. 라 9. 다 10. 나
11. 나 12. 라 13. 나 14. 나

제8장

점화 및 시동계통

8.1 • 왕복엔진 점화계통

왕복엔진 점화계통의 목적은 각각의 실린더에 피스톤이 특정 위치에 도달했을 때 엔진의 각 실린더에 있는 점화플러그에 주기적으로 고압전류를 공급하여 스파크를 발생시켜 압축된 연료-공기 혼합기를 점화시키는 것이다. 고압 스파크가 발생하는 위치를 점화진각이라 하며, 대개의 경우 점화진각에 해당하는 크랭크축의 위치는 피스톤이 상사점에 도달하기 20° 전이다.

왕복엔진 점화계통은 동력 공급원에 따라 배터리 점화계통과 마그네토 점화계통 두 가지로 구분한다. 대부분의 항공기는 그림 8.1에서 볼 수 있는 것처럼 마그네토를 이용한 2중점화방식을 사용하고 있다. 마그네토는 회전자석을 이용하여 스스로 전기를 생산하는 일종의 교류발전기이다. 2중점화라는 것은 각각의 실린더에 2개의 점화플러그가 설치되어 있어 두 군데서 동시에 점화가 일어나는 것을 말한다. 따라서 항공기에는 두 개의 싱글마그네토가 설치되어 있거나 아니면 한 개의 더블마그네토가 설치되어 있다. 그림 8.2에 싱글마그네토와 더블마그네토가 나타나 있다. 마그네토 2중점화방식은 다음과 같은 장점을 가지고 있다.

① 외부전원이 필요 없다. 마그네토는 영구회전자석을 이용하여 자체적으로 발전하는 교류발전기이기 때문에 외부전원이 필요 없다.
② 안전하다. 하나의 점화계통에서 고장이 발생하더라도 다른 하나로 운전이 가능하다.

그림 8.1 ‣ 2중점화 마그네토가 장착된 수평대향형 엔진

③ 데토네이션이 방지된다. 하나의 실린더에 2개의 점화플러그를 사용하면 그림 8.3에서 확인할 수 있는 것처럼 화염전파거리가 단축되며, 이로 인해 데토네이션 발생이 억제된다.

④ 엔진 출력이 증가한다. 2중점화방식을 적용하면 화염전파거리가 단축되는 것과 동시에 그림 8.4에서 확인할 수 있는 것처럼 실린더 내부의 압력도 더 크게 증가한다. 이로 인해 양(+)의 일이 더 증가하여 엔진 출력이 약간 증가한다.

(a) 싱글 마그네토

(b) 더블 마그네토

그림 8.2 ▸ 마그네토

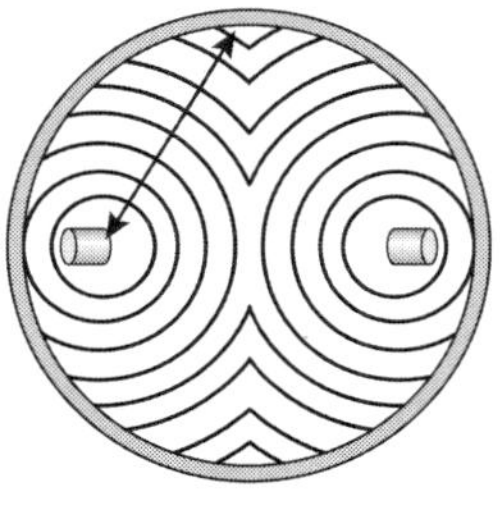

2중점화

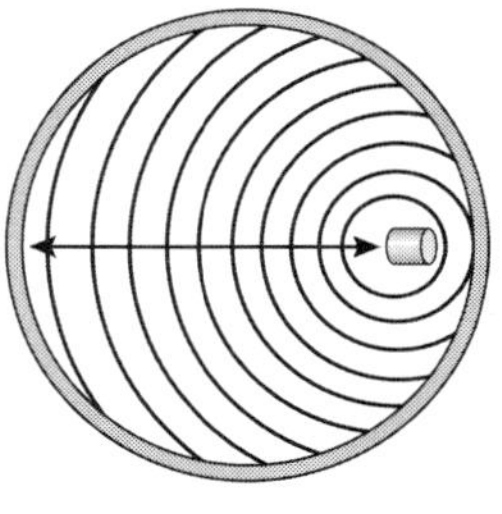

단독점화

그림 8.3 ▸ 점화방식에 따른 화염전파 비교

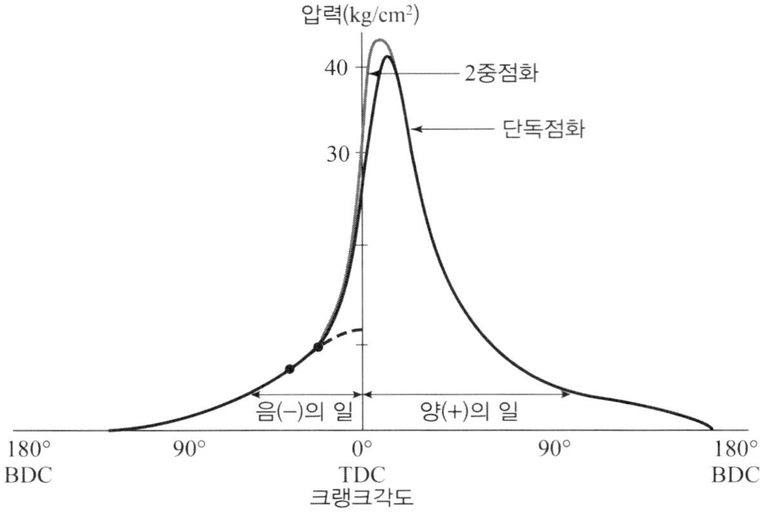

그림 8.4 • 점화방식에 따른 출력 비교

8.2 • 배터리 점화계통

배터리 점화계통은 에너지원으로 배터리를 사용한다. 배터리 점화계통은 대부분의 자동차에 사용되며, 항공기에는 극히 일부만 사용되고 있다. 이는 배터리 점화계통이 비교적 간단하지만 배터리의 무게로 인해 마그네토 점화계통에 비해 무겁기 때문이다.

배터리 점화계통은 그림 8.5에 나타나 있는 것처럼 배터리, 점화코일, 브레이커 포인트, 캠, 콘덴서, 배전기, 점화플러그 등으로 구성된다. 점화코일은 스파크를 발생시키기 위해 필요한 수준으로 전압을 상승시킨다. 이를 위해 배터리는 점화코일의 1차회로에 전류를 공급해준다. 점화코일에서 전압을 상승시키기 위해서는 1차회로를 흐르는 직류전류를 맥동전류로 만들어 주어야 한다. 따라서 배터리에서 공급하는 순수한 직류전류를 맥동전류로 만들기 위해 1차 회로에 일련의 브레이커 포인트를 연결한다. 캠의 구동에 의해 브레이커 포인트가 열리면 1차회로를 흐르는 직류전류가 차단되어 1차회로 주위의 자기장이 없어지면서 2차회로에 전류가 유도된다. 점화코일의 2차회로에는 더 많은 수의 코일이 감겨져 있기 때문에 고압전류가 유도되며, 이 고압전류가 배전기를 거쳐 점화플러그로 보내진다. 점화플러그는 고압전류를 이용하여 강한 스파크를 발생시켜 압축된 연료-공기 혼합기를 점화시킨다. 점화된 연료-공기 혼합기는 연소되면서 팽창하여 실린더 내부를 고압상태로 만들어 피스톤을 밀어내리고, 이를 통해 엔진에서 동력이 생산된다. 점화스위치는 점화계통을 조절한다. 즉 점화스위치가 'OFF'에 있게 되면 1차회로가 열려서 시스템이 작동하지 않는다.

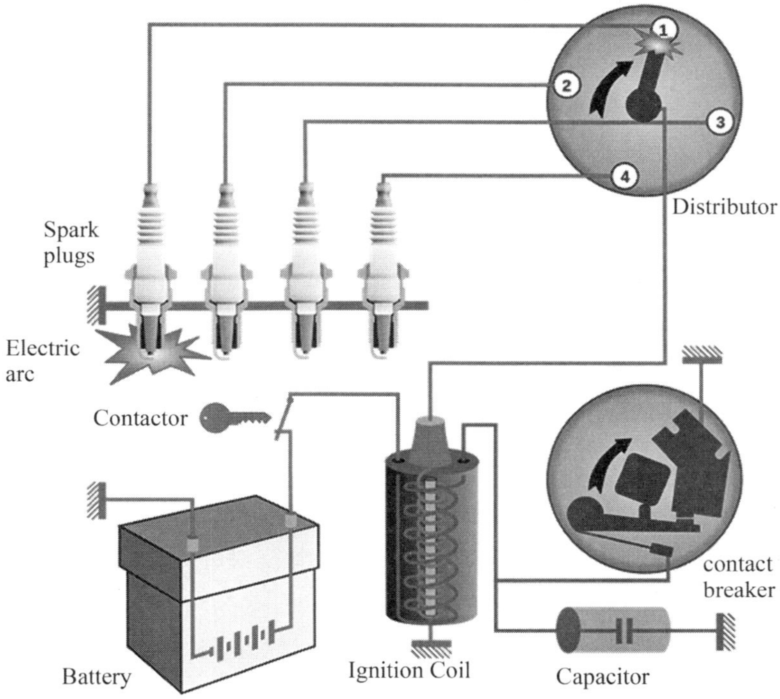

(a) 구성도

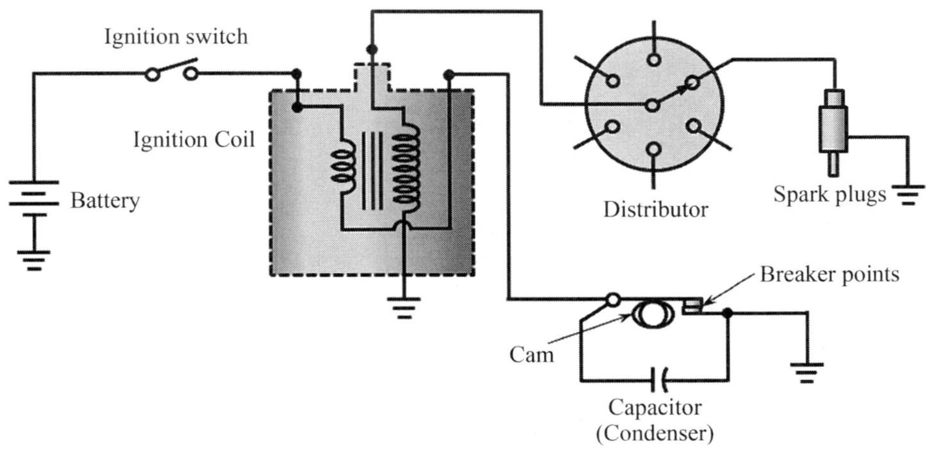

(b) 개략도

그림 8.5 ‣ 배터리 점화계통

8.3 • 마그네토 점화계통

마그네토는 점화를 목적으로 자체적으로 고압의 맥동전류를 발생시키는 특별한 형태의 교류발전기이다. 따라서 마그네토는 외부전원이 필요 없는 독립적인 장치이다. 마그네토 점화계통은 고속에서 더욱 강한 스파크를 만들어낼 수 있기 때문에 배터리 점화계통에 비해 점화 특성이 우수하다. 마그네토는 배터리가 필요 없기 때문에 그림 8.1과 그림 8.2에 나타나 있는 것처럼 작고 가벼워서 대부분의 항공기는 마그네토 점화계통을 사용하고 있다.

마그네토는 고압 마그네토(high-tension magneto)와 저압 마그네토(low-tension magneto)로 구분한다. 고압 마그네토는 초기에 마그네토에서 발생한 고압전류를 점화플러그까지 보내주는 고전압 케이블에서 코로나 방전에 의한 손상과 공기 중의 습기에 의한 누전 문제가 발생하였다. 이런 문제점이 해결되기 전까지 한 동안 저압 마그네토가 사용되었다. 그러나 새로운 물질의 개발을 통해 고압 마그네토에서 발생했던 문제점들이 해결된 이후로 저압 마그네토는 거의 사용되지 않고 있다. 이는 저압 마그네토가 고압 마그네토에 비해 고가이면서 무겁다는 단점을 가지고 있기 때문이다. 따라서 여기서는 마그네토의 구

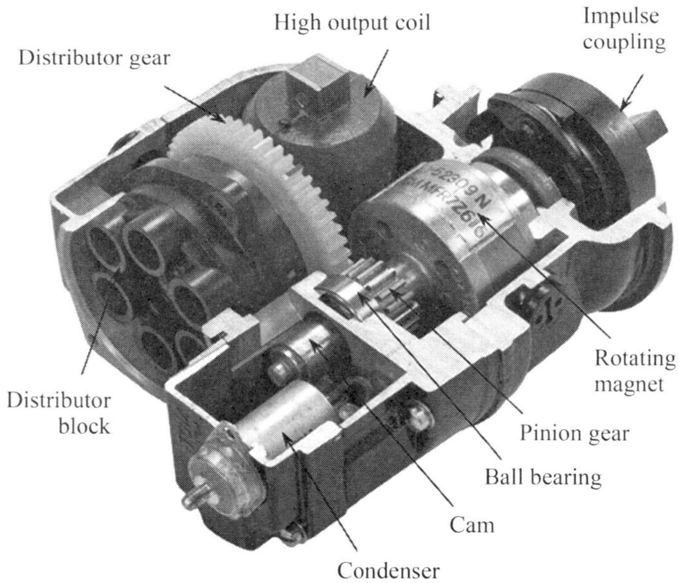

(a) 고압 마그네토 구성품

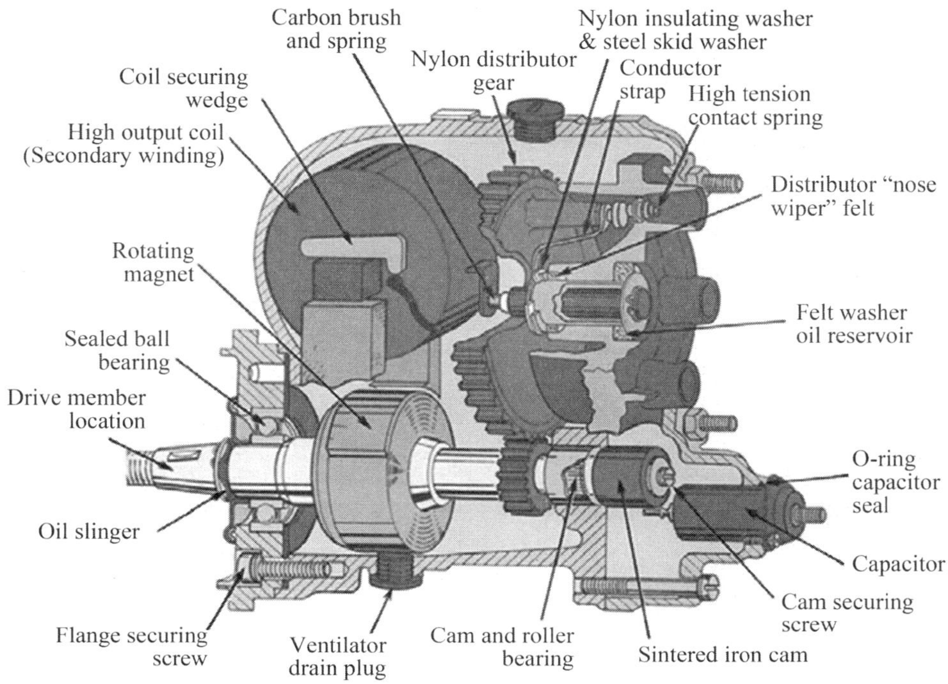

(b) 고압 마그네토 컷어웨이

그림 8.6 ‣ 고압 마그네토 구조

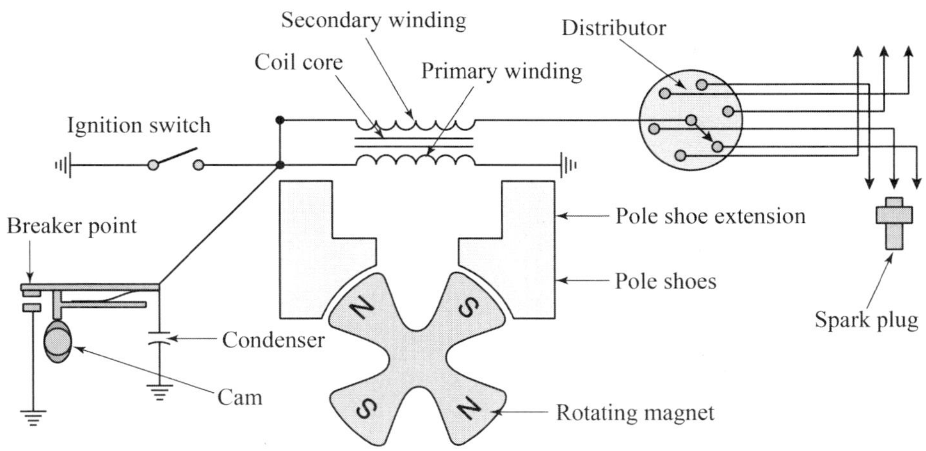

그림 8.7 ‣ 고압 마그네토 개략도

성 및 원리를 이해하기 위해 고압 마그네토(이하 마그네토라 칭한다)에 대해서 살펴보기로 한다. 마그네토의 기본 구조는 그림 8.6에 나와 있으며, 작동원리는 그림 8.7에 나타나 있는 개략도를 통해 이해할 수 있다. 마그네토는 크게 세 가지 회로, 즉 자기회로(magnetic circuit), 1차회로(primary circuit), 2차회로(secondary circuit)로 구성되어 있다.

8.3.1 자기회로

자기회로에 대한 이해를 돕기 위해 먼저 자기장에 대해서 살펴보기로 한다. 그림 8.8은 말발굽형 영구자석에 대한 자기장을 가시적으로 나타낸 것이다. 그림에서와 같이 N극과 S극이 떨어져 있는 경우에 눈에 보이지 않는 여러 개의 자속이 형성되는데, 이런 자속의 집합을 자기장(magnetic field)이라 한다. 비록 실제적인 자속은 눈에 보이지 않지만 종이 위에 철가루를 뿌려 놓고 자석을 종이 밑에 대면 여러 개의 선 형태로 나타나는 자속을 눈으로 직접 확인할 수 있다. 이렇게 선 형태로 나타나는 각각의 자속을 자속선(lines of flux)이라 하며, 자속선은 항상 N극에서 나와서 S극으로 들어가는 폐곡선을 형성한다. 그런데 이 자속선들은 서로 밀어내는 성질을 가지기 때문에 그림 8.8에 나타나 있는 것처럼 공기로 채워진 자극 사이 공간에서는 퍼져나가는 성질을 가진다. 그러나 자속선들은 자극 사이에 저항이 가장 작게 나타나는 경로를 찾아가려는 성질을 가지고 있다. 따라서 얇은 연철판을 적층시켜 만든 철심을 자극 사이에 설치하면 철심은 공기에서보다 자속선이 더 쉽게 통과하는 통로가 된다. 따라서 그림 8.8에서 확인할 수 있는 것처럼 자극 사이에 철심을 설치하면 자속선은 공기 중으로 퍼지는 대신에 철심 내부로 집중되어 흐른다. 즉 자극 사이에 설치된 철심이 자속을 안내하여 자속이 철심 내부로만 흐르도록 유도해서 자속밀도를 높일 수 있다.

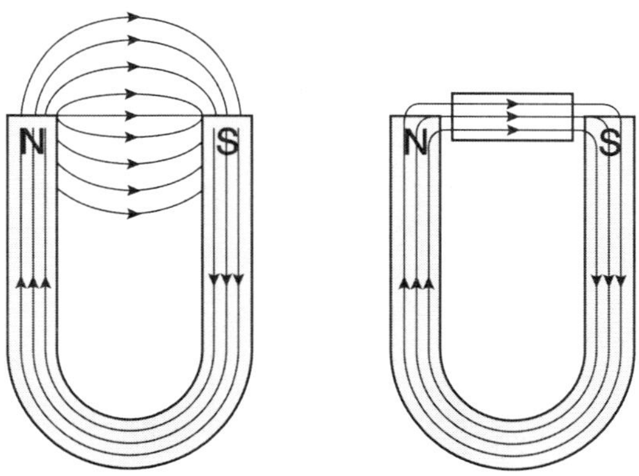

영구자석과 자기장　　　자속통과 철심을 가진 영구자석과 자기장

그림 8.8 ‣ 말발굽 영구자석에 대한 자기장 가시화

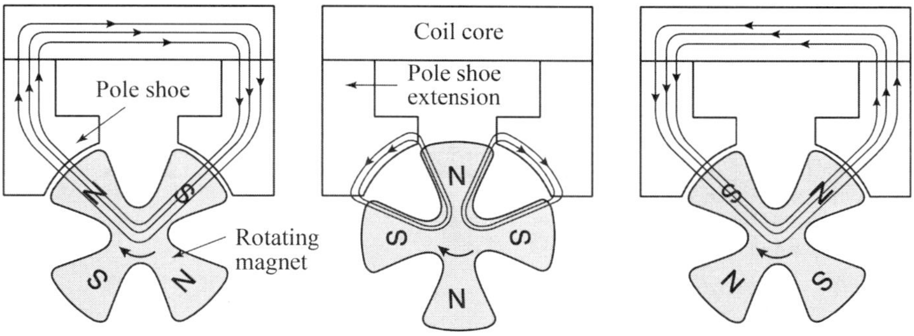

(a) 0°(flux to right) (b) 45°(no flux) (c) 90°(flux to left)

그림 8.9 ‣ 자기회로

마그네토 자기회로는 그림 8.9에 나타나 있는 회전자석, 폴슈, 폴슈 연결자, 철심으로 구성된다. 자석은 알루미늄, 철, 니켈, 코발트의 합금인 알니코(alnico)로서 이 물질은 영구적으로 자성을 가진다. 회전자석은 크랭크축으로부터 기어를 통해 동력을 전달받으며, 두 폴슈 사이의 공간에서 회전하여 유도전류 생성에 필요한 자속선을 형성시킨다. 회전자석으로 2극과 4극을 사용하고 있는데, 현재 소형 항공기에 가장 많이 사용하고 있는 수평대향형 왕복엔진의 경우 더블 마그네토에는 4극, 싱글 마그네토에는 2극의 회전자석을 사용하고 있다. 여기서는 마그네토 원리를 설명하기 위하여 그림 8.9에 나타나 있는 4극 회전자석을 이용하기로 한다.

자기회로는 그림 8.9에 나타나 있는 것처럼 N극과 S극이 교대로 되어 있는 회전자석, 순철로 되어 있는 코일철심, 폴슈로 구성된다. 그림 8.9(a)에서와 같이 두 극이 폴슈와 완전히 일치하는 경우 최대 자속선이 자기회로를 통해 철심을 좌에서 우로 흐른다. 이때의 회전자석 위치는 0°이며, 그림 8.10 상단에서 볼 수 있듯이 이 위치에서 정자속(static flux)의 크기가 양(+)의 최댓값이 된다. 이제 영구자석이 시계방향으로 회전하여 자석의 극이 폴슈와 일치하는 상태를 벗어나기 시작하면 철심을 통과하는 자속선의 수가 점차 감소한다. 자석이 계속해서 회전하여 자석의 극이 중립위치인 45° 지점에 위치하면 그림 8.9(b)에서와 같이 자속은 폴슈 내부만을 흐르기 때문에 철심을 흐르는 자속선은 없어진다. 따라서 이 지점에서 철심을 흐르는 정자속의 크기는 0이며, 이 지점을 중립점(neutral)이라 한다.

이제 자석이 시계방향으로 계속해서 회전하면 그림 8.9(c)에 나타나 있는 것처럼 폴슈를 단락하고 있던 자속선이 이전과는 달리 철심을 우에서 좌로, 즉 반대방향으로 흐른다. 자속선의 흐름 방향이 반대가 되는 것은 자석의 N극이 초기에는 좌측 폴슈와 일치하였으나 이제는 우측 폴슈와 일치하기 때문이다. 따라서 자석이 90° 회전하면 다시 자극과

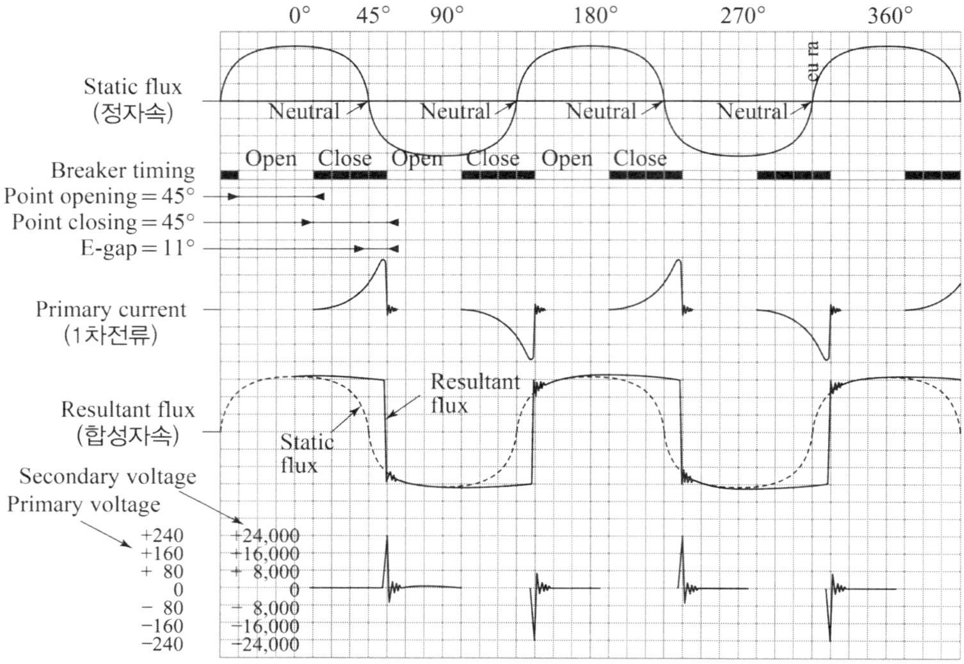

그림 8.10 ‣ 정자속, 1차전류, 합성자속, 2차전류 생성 원리

폴슈가 일치하고 철심을 반대방향으로 흐르는 자속선의 수가 최대가 된다. 이렇게 자석의 회전에 따라 철심을 흐르는 정자속의 세기와 방향을 표시한 것이 그림 8.10 상단에 나타나 있는 정자속(static flux)이다. 같은 방법으로 자석을 계속해서 한 바퀴 회전시키면 4극 자석 1회전에 대한 정자속을 얻을 수 있다. 4극 자석이 1회전하는 경우 그림 8.10에서 확인할 수 있듯이 4개의 최대자속선 위치, 4개의 중립점, 4회의 자속선 역류가 나타난다.

8.3.2 1차회로

1차회로는 그림 8.11에 나타나 있는 것처럼 1차코일(primary winding), 브레이커 포인트(breaker points), 콘덴서(condenser, or capacitor)로 구성된다. 1차코일은 절연된 구리선으로 만든 비교적 굵은 코일로서 철심 주위에 약 150회 감겨 있다. 1차회로의 한쪽 끝은 고정 접지시키고, 다른 한 끝은 브레이커 포인트에 연결되어 있다. 자기회로에서 만들어진 정자속은 완만하게 변화하기 때문에 큰 유도전류를 만들어낼 수 없다. 1차회로의 목적은 정자속을 이용하여 1차코일에 유도전류를 발생시켜 자기회로에서 만들어진 정자속을 급격하게 자속이 변하는 합성자속(resultant flux)으로 만드는 것이다. 이에 대한 이

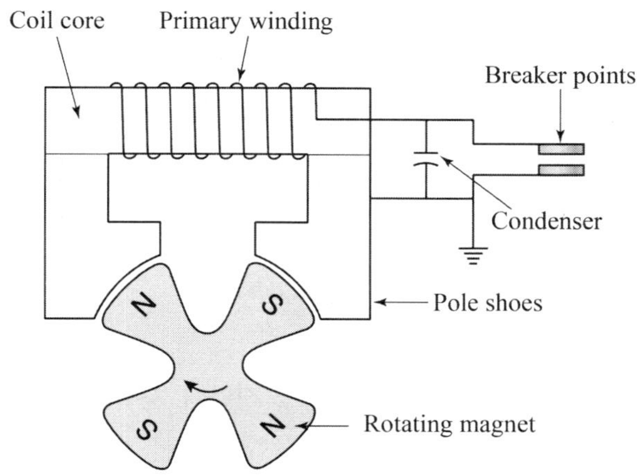

그림 8.11 ‣ 마그네토 1차회로

해를 돕기 위해 유도전류 발생 원리를 먼저 살펴보기로 한다.

그림 8.12에서와 같이 막대자석의 N극을 코일에 접근시키면 코일 내부를 흐르는 자속선이 증가하면서 코일에 유도기전력이 발생한다. 유도기전력이란 전자기유도현상에 의해 발생하는 기전력을 말하는데, 시간에 따라 변하는 자기장 내부의 도체 혹은 자기장 내에서 움직이는 도체에서 발생하는 기전력으로 전압의 단위를 갖는다. 유도기전력은 코일을 지나는 자속이 증가할 때는 자속을 감소시키는 방향으로 발생하며, 반대로 자속이 감소할 때는 자속을 증가시키는 방향으로 발생한다. 이와 같이 유도전류(유도기전력에 의해 회로에 흐르는 전류)는 코일 주위의 자기장 변화를 방해하는 방향으로 발생하는데, 이를 렌츠의 법칙(Lenz' law)이라 한다.

자석이 코일에 대해 움직이는 속도가 빠를수록 코일에 더 많은 유도전류가 발생한다. 그러나 자석이 코일 안이나 밖에 멈추어 있으면 코일에는 더 이상 유도전류가 발생하지 않는다. 이것은 유도전류 발생이 자기장의 변화 정도에 비례하기 때문이다. 한편, 발생하

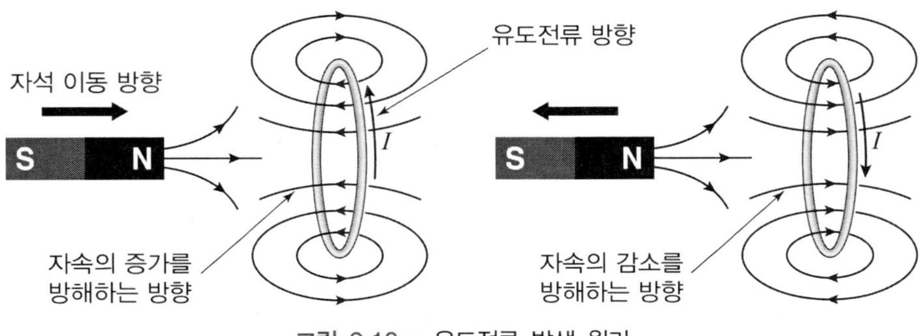

그림 8.12 ‣ 유도전류 발생 원리

는 유도전류는 코일의 감겨 있는 횟수에 따라서도 달라진다.

패러데이(Faraday)는 이와 같은 현상을 관찰하여 유도기전력은 코일의 면을 지나는 자속의 시간에 대한 변화율과 코일이 감긴 횟수에 비례한다는 것을 밝혀냈다. 이것을 패러데이의 전자기유도법칙이라 하며, 코일의 감긴 수를 n, 시간 t 동안 자속의 변화를 $d\Phi$라 고 하면, 발생하는 유도기전력 e[V]는 다음과 같다.

$$e = -n\frac{d\Phi}{dt} \tag{8.1}$$

식 (8.1)에서 음(−)의 부호는 발생하는 유도기전력이 자속의 변화를 방해하는 방향으로 발생한다는 것을 의미한다. 따라서 아무리 강한 자속이 흐르더라도 자속의 변화가 없으면, 즉 자석이 정지해 있으면 유도기전력이 발생하지 않는다는 것을 알 수 있다.

그림 8.9에 있는 자기회로에는 철심 주위에 감겨진 코일이 없었다. 그런데 그림 8.11에서와 같이 철심 주위에 코일을 감은 상태에서 철심을 흐르는 자속에 변화를 주면 코일에 유도전류가 발생한다. 1차회로는 브레이커 포인트가 접촉(close)되어 있을 때만 형성된다. 즉 브레이커 포인트가 접촉되어 있는 상태에서만 전류가 코일로부터 지면으로, 또는 지면으로부터 코일로 흐르게 된다. 이제 영구자석을 회전시켜 얻은 정자속을 살펴보면, 자석이 0° 근처에 있는 경우에는 자속의 변화가 거의 없기 때문에 그림 8.10에 나타나 있는 것처럼 1차회로에 유도전류가 발생하지 않는다. 그러나 회전자석이 회전함에 따라 정자속이 감소하면서 1차회로에 전류가 유도되며, 그림 8.10에서 확인할 수 있는 것처럼 자속의 변화가 클수록 전류의 세기가 증가한다. 그런데 1차회로에 유도된 전류는 철심을 흐르는 자속이 약해지지 못하도록 방해한다. 이것은 렌츠의 법칙으로서 유도전류는 항상 코일 주위의 자기장 변화를 방해하는 방향으로 발생하기 때문이다. 즉 1차회로가 형성되어 있는 동안 철심을 흐르는 자속은 약해지지 않고 계속해서 높은 수준을 유지한다. 따라서 정자속은 그림 8.10에 나타나 있는 합성자속으로 변하게 된다. 한편, 브레이커 포인트가 닫혀진 상태에서 회전자석이 중립점을 통과하여 몇 도 더 회전한 후에 브레이커 포인트를 열어주면(open) 1차회로가 차단되어 1차회로에 유도된 전류가 없어진다. 따라서 철심을 흐르는 자속은 유도전류의 방해를 받지 않기 때문에 다시 정자속으로 돌아간다. 이렇게 1차회로에 유도된 전류를 이용하여 그림 8.10에 나타나 있는 것처럼 급격하게 자속이 변하는 합성자속이 생성된다.

중립점과 중립점을 지나서 브레이커 포인트가 열리는 지점 사이의 각을 그림 8.13과 그림 8.14에 나타나 있는 것처럼 E-gap angle이라 하며, 간략하게 E-gap, 또는 efficiency gap이라 한다. 즉 E-gap의 위치는 합성자속이 급격하게 변하는 지점이다. 결과적으로

E-gap 위치에서 급격한 자속의 변화로 고압전류가 유도되며, 이를 이용해 점화플러그에 강한 스파크를 일으키기 때문에 E-gap 위치가 점화가 일어나는 위치가 된다. 한편, 그림 8.10에 나타나 있는 E-gap 위치는 11°임을 알 수 있다.

브레이커 포인트는 합성자속을 만들기 위한 유도전류를 얻기 위해 1차회로를 열고 닫는 기능을 수행한다. 그림 8.15에 나타나 있듯이, 브레이커 포인트는 스프링에 의해 밀착되어 1차회로를 닫고, 회전자석의 끝단에 설치한 캠에 의해 스프링에 대항하여 열려서 1차회로를 연다. 브레이커 포인트는 연속적인 접촉에 의한 충격과 접점이 떨어질 때 발생하는 아크를 견뎌내야 하기 때문에 내열 및 내마모성 재료로 제작해야 한다. 현재 브레이커 포인트 제작에 백금-이리듐합금을 많이 사용하고 있다.

콘덴서는 그림 8.11에서 볼 수 있듯이 브레이커 포인트에 병렬로 연결되어 브레이커 포인트 접점에서 아크가 발생하는 것을 방지해준다. 브레이커 포인트가 열릴 때 1차코일

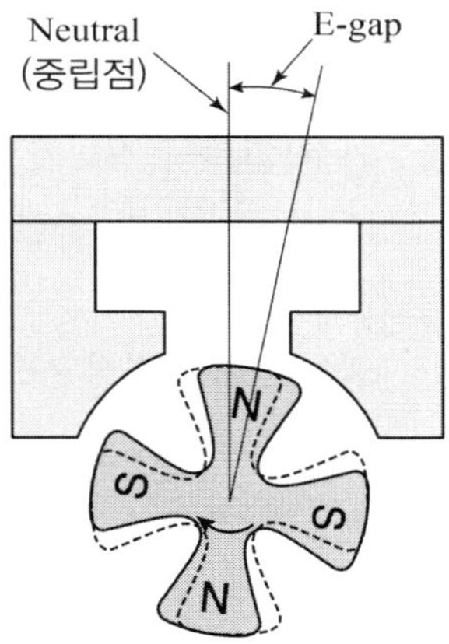

그림 8.13 • 중립점 및 E-Gap

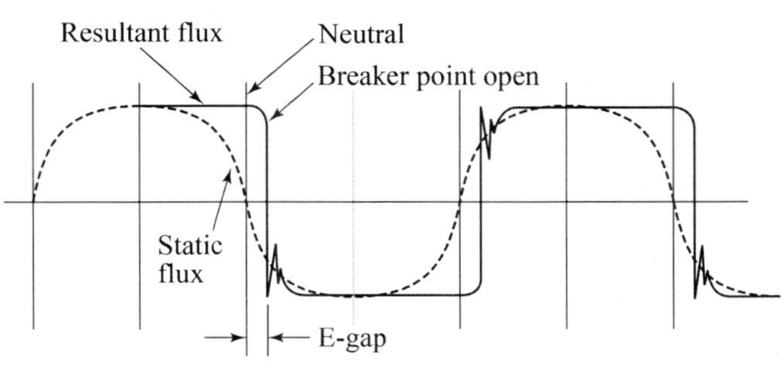

그림 8.14 • 합성자속 생성

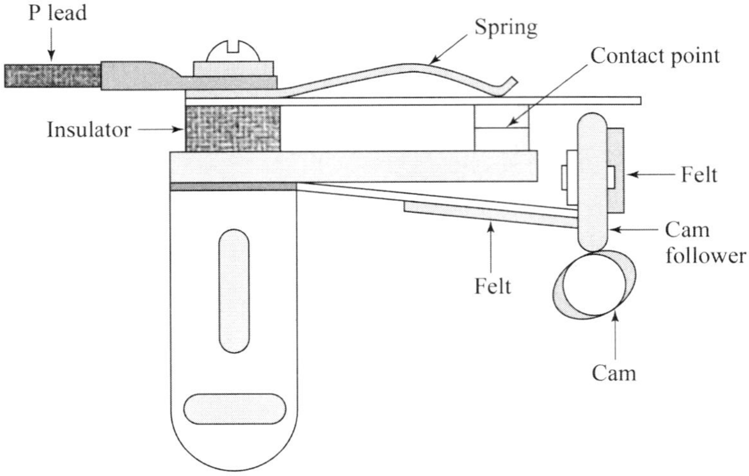

그림 8.15 · 브레이커 포인트

에 유도된 전류는 브레이커 포인트의 접점 간에 아크를 발생시킨다. 브레이커 포인트 접점에 아크가 발생하면 접점이 손상되며, 손상된 접점은 전류의 차단을 지연시켜 결과적으로 자속이 변화하는 속도가 낮아지기 때문에 2차코일에 유도되는 전압이 낮아진다. 이런 경우 점화플러그에서의 방전강도가 약화되어 점화가 일어나지 않는다. 따라서 콘덴서를 병렬로 연결하면, 이 전류는 브레이커 포인트가 열린 직후에 콘덴서를 충전시키기 시작하기 때문에 콘덴서가 완전히 충전될 때까지 접점으로의 전류흐름이 차단된다. 콘덴서가 충전되는 동안에 접점이 충분히 떨어지므로 접점 사이에 아크가 발생하지 않는다. 따라서 브레이커 포인트 접점에 손상이 발생하는 경우 그 원인은 대개 콘덴서가 고장이거나 불량하기 때문이다.

8.3.3 2차회로

2차회로는 2차코일(secondary winding), 배전기(distributor), 고압 점화선, 점화플러그로 구성된다. 2차코일은 고압전류를 발생시키기 위해 수 천회 감겨 있으며, 비교적 가는 절연 코일로 되어 있다. 1차회로에 의해 철심에 형성된 합성자속은 1차코일 주위에 위치한 2차코일을 잘라 그림 8.10에 나타나 있는 것처럼 2차회로에 점화플러그에 필요한 고압전류를 발생시킨다. 그림 8.7에서 살펴볼 수 있는 것처럼 2차회로의 한 끝은 1차코일의 고정 접지에 연결하며, 다른 한쪽은 배전기를 거쳐 점화플러그에 연결한다.

배전기 블록에는 마그네토 스파크 순서가 적혀 있는데, 이 숫자는 엔진의 점화순서가

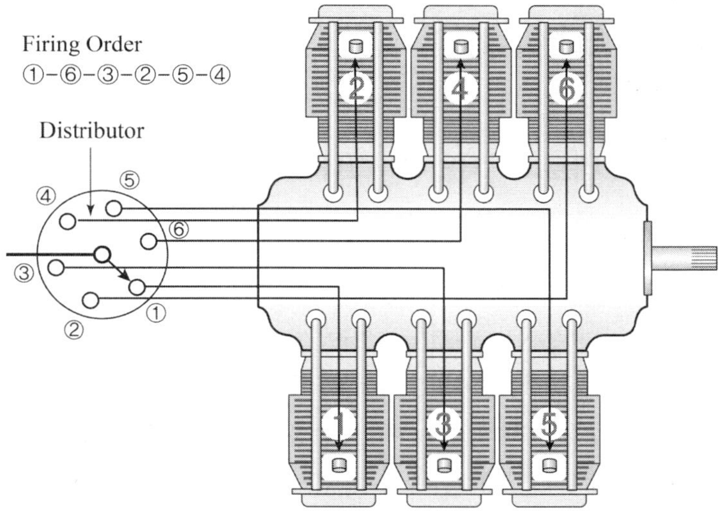

그림 8.16 • 배전기 및 마그네토 스파크 순서

아니라는 것에 주의해야 한다. 배전기는 연속적으로 회전하면서 각각의 실린더와 순간적으로 연결되기 때문에 배전기 블록의 1번과 1번 점화 실린더를 연결해야 한다. 또한 배전기 2번은 두 번째로 점화될 실린더와 연결해야 한다. 그림 8.16에서처럼 엔진의 점화 순서가 1－6－3－2－5－4인 경우 2번은 6번 실린더, 3번은 3번 실린더, 4번은 2번 실린더, 5번은 5번 실린더, 그리고 6번은 4번 실린더에 연결시켜야 한다.

8.3.4 마그네토 회전속도

크랭크축의 회전수에 대한 마그네토의 회전수는 다음과 같다.

$$\text{마그네토 회전수} = \text{크랭크축 회전수} \times \frac{\text{실린더수}}{2 \times \text{자석 극수}} \tag{8.2}$$

영구자석이 1바퀴 회전하면 극수와 같은 횟수의 고압전류가 발생한다. 그런데 각 실린더에서는 크랭크축 2회전에 1회의 폭발이 일어나기 때문에 크랭크축 1회전 당 폭발 횟수는 1/2×실린더수이며, 이 값은 마그네토 회전수와 영구자석 극수를 곱한 값과 같아야 한다.

8.4 • 마그네토 종류

8.4.1 고압 마그네토와 저압 마그네토

앞에서 살펴본 고압 마그네토는 시스템이 간단하고 가볍기 때문에 현재 대부분의 항공기용 왕복엔진 시동계통에 사용하고 있다. 그러나 고압 마그네토는 개발 초기에 배전기와 마그네토와 점화플러그를 연결해주는 고전압 케이블에서 몇 가지 문제점들이 나타났었다. 첫째, 비행고도가 높아져 공기밀도가 감소하는 경우 배전기 내부에서 방전에 의한 플래시 오버(flash over)가 발생하였다. 이런 현상은 왕복엔진에 터보차저가 장착된 후 더 높은 고고도에서 비행하는 경우 더욱 심하게 나타났다. 마그네토나 배전기 내부의 습기는 양도체로서 배전기나 코일 등의 절연체에 흡수되면 누전통로를 형성한다. 이 경우 배전기에서 공기 간극을 통해 고압전류가 흘러 점화되지 않아야 되는 점화플러그에 점화가 발생한다. 이런 현상을 플래시 오버라고 하며, 실화의 원인이 된다. 이를 방지하기 위해 코일, 콘덴서, 배전기 표면에 왁스를 칠하여 습기가 물방울이 되도록 하여 플래시 오버 회로를 차단시켜 준다. 플래시 오버가 일어나면 그 통로에 있는 먼지 등을 태워서 탄소가 발생한다. 이 경우 플래시 오버에 의하여 습기가 증발해도 탄소가 남아서 흔적이 생성된다. 마그네토나 배전기는 심한 온도변화로 인하여 습기가 응축될 수 있는 적합한 환경에 놓이게 된다. 그러나 습기의 유입을 차단하기 위해 밀봉할 수는 없다. 둘째, 고전압 케이블 주위에 고리 모양의 코로나 방전이 일어나고, 이로 인해 전기 절연체에 응력이 반복되어 절연체의 성능이 저하되는 문제가 나타났다. 현재는 효과적인 절연체의 개발로 인하여 코로나 방전에 관련된 문제는 대부분 해결되었다. 셋째, 고고도 낮은 압력에서 고전압을 가둘 수 있는 절연체의 성능이 미달하여 무선통신장비를 장착한 항공기에 고전압으로 인한 전파 잡음이 발생하여 통신 장애가 나타났다. 압력이 낮아지면 고전압이 더욱 쉽게 새어 나온다.

고압 마그네토에서 발생하는 문제점들을 극복하기 위해 저압 마그네토가 개발되었다. 저압 마그네토는 고압 마그네토와 마찬가지로 고압전류를 점화플러그에 공급해준다. 그러나 그림 8.17에 나타나 있는 것처럼 고압전류를 발생시키는 방법이 고압 마그네토와 약간 다르다. 즉 저압 마그네토는 영구자석 주위에 오직 하나의 코일이 감겨져 있으며, 회전자석의 회전에 의해 저압전류를 발생시킨다. 이 저압전류는 배전기를 거쳐 점화플러그 근처에 있는 고전압 변압기에서 고압전류로 변환된다. 따라서 저압 마그네토는 고압전류가 매우 짧은 고압 케이블에 의해 점화플러그에 전달된다. 그러므로 저압 마그네토

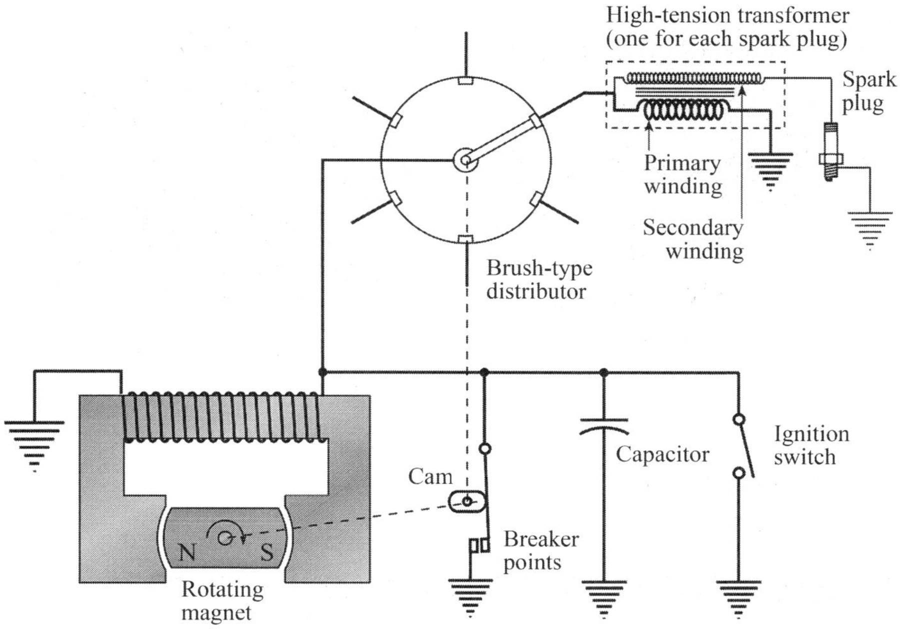

그림 8.17 ‣ 저압 마그네토

는 점화계통 대부분에 저압전류가 흐르기 때문에 누전 가능성이 현저하게 줄어든다. 이로 인해 저압 마그네토는 고압 마그네토에 비해 플래시 오버 손상이 적으며, 케이블 용량에 따른 문제가 적다. 아울러 공기 중 습기에 의한 누전이 적으며, 코로나 손상도 적다.

그러나 저압 마그네토는 각각의 점화플러그 근처에 설치되는 별도의 변압기로 인해 무거우며, 시스템이 복잡하여 가격이 비싸다. 따라서 현대식 항공기에는 저압 마그네토를 사용하지 않는다. 이는 고압 마그네토에서 발생하였던 플래시오버 손상과 용량에 따른 문제점은 새로운 절연체가 개발되어 해결되었기 때문이다.

8.4.2 싱글 마그네토와 더블 마그네토

싱글 마그네토는 하나의 마그네토로 구성되어 있는데 반해 더블 마그네토는 하나의 회전자석을 공통으로 사용하는 두 개의 마그네토가 하나의 몸체로 구성되어 있다. 더블 마그네토는 두 세트의 브레이커 포인트를 가지고 있으며, 고압전류는 엔진에 설치되어 있는 두 개의 배전기를 통하거나 아니면 마그네토를 구성하고 있는 배전기를 통해 공급된다. 더블 마그네토는 두 세트의 브레이커 포인트를 가지고 있기 때문에 마그네토 구동축 매 회전마다 각각의 코일 뭉치에서 동 수의 스파크를 일으킨다. 그림 8.18에 싱글 마그네

(a) 싱글 마그네토　　　　(b) 더블 마그네토

그림 8.18 ▸ 마그네토

토와 더블 마그네토를 나타냈다.

8.4.3 플랜지 장착 마그네토와 베이스 장착 마그네토

플랜지 장착 마그네토는 마그네토 끝에 있는 플랜지를 통해서 엔진에 장착한다. 플랜지에 있는 장착용 구멍은 원형이 아니고 회전에 의해서 약간 조정할 수 있도록 슬롯(slot) 형태로 되어 있다. 더블 마그네토는 항상 플랜지 장착 마그네토이며, 싱글 마그네토는 베이스 장착 마그네토이기도 하며, 플랜지 장착 마그네토이기도 하다. 현재 모든 항공기에는 플랜지 장착 마그네토를 사용하고 있다. 플랜지 장착 마그네토 표시 형식을 그림 8.19에 나타냈다.

S 4 L N - 20

- 20:
  - 20시리즈 : 고압 마그네토(임펄스 커플링 방식)
  - 200시리즈 : 고압 마그네토(스타팅 바이브레이터 방식)
  - 600시리즈 : 저압 마그네토(스타팅 바이브레이터 방식)
  - 1200시리즈 : 고고도용 고압 마그네토 (임펄스 커플링 및 스타팅 바이브레이터 방식)
- N: 제작사 표시 (U: Bosch, N: Bendix)
- L: 고동축에서 본 마그네토 회전방향 R: 우회전(CW), L: 좌회전(CCW)
- 4: 실린더수
- S: 마그네토 종류 S: Single Magneto D: Double Magneto

그림 8.19 ▸ 마그네토 표시형식

베이스 장착 마그네토는 브래킷(brackets)에 있는 구멍과 마그네토 베이스에 있는 구멍을 관통하는 캡스크루(cap screws)를 이용하여 엔진에 있는 장착용 브래킷에 연결한다.

8.5 • 시동 보조 장치

마그네토는 모든 점화플러그에 지속적으로 점화시킬 수 있는 충분히 높은 고압전류를 생산할 수 있는 최저속도(coming-in speed of magneto) 이상으로 회전해야 한다. 이 최저속도는 마그네토에 따라서 다르며, 평균적으로 약 100 ~ 200 rpm 범위에 있다. 따라서 엔진 시동 초기에는 엔진의 회전속도가 너무 느리기 때문에 마그네토가 정상적으로 작동하지 않는다. 그러므로 엔진 시동 시에는 마그네토 최저속도보다 더 빠르게 마그네토를 회전시켜주기 위한 시동 보조 장치를 사용해야 한다. 시동 보조 장치에는 임펄스 커플링, 부스터 코일, 유도 진동자 세 가지가 있다. 이 가운데 현재 임펄스 커플링과 유도 진동자를 많이 사용하고 있다. 그러나 부스터 코일은 현재 남아 있는 구형 성형엔진에 일부만 사용되고 있으며, 더 이상 신규 엔진에는 적용하지 않고 있다.

8.5.1 임펄스 커플링

임펄스 커플링(impulse coupling)은 마그네토 구동축에 설치하여 엔진 시동 시에 마그네토에서 고압전류가 발생할 수 있도록 마그네토를 순간적으로 고속으로 회전시키며, 엔진이 시동되는 동안 점화를 지연시켜 주는 두 가지 역할을 한다. 임펄스 커플링은 그림 8.20에 나타나 있는 것처럼 허브, 셸(shell), 스프링으로 구성되어 있다. 캠이라고도 불리는 허브는 회전자석을 회전시키며, 허브에는 플라이웨이트가 장착되어 있다. 한편, 바디(body)라고도 불리는 셸은 엔진에 의해 회전한다. 임펄스 커플링은 엔진 구동축과 마그네토 축 사이에 스프링이 감겨있는 기계적인 연결장치로써 스프링은 감겨 있다가 점화시기에 풀리면서 마그네토를 고회전시켜 주는 역할을 한다.

시동기가 엔진을 회전시키기 시작하면 그림 8.21(a)에 나타나 있는 것처럼 상부 플라이웨이트의 토(toe)가 하우징에 고정되어 있는 스톱 핀(stop pin)에 닿아 멈추면서 회전자석을 잡아준다. 따라서 이때 마그네토는 정지 상태로 있게 된다. 그러나 엔진 구동축에 연결된 셸은 회전하고, 이로 인해 캠과 셸 사이에 설치된 스프링이 감겨진다. 피스톤이 상사점 근처에 도달하면 그림 8.21(b)에 나타나 있는 것처럼 셸 돌출부(projection)가 플

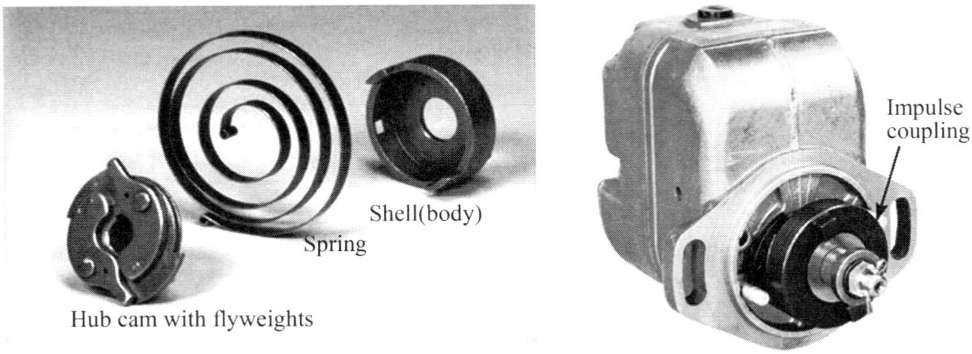

그림 8.20 ‣ 임펄스 커플링

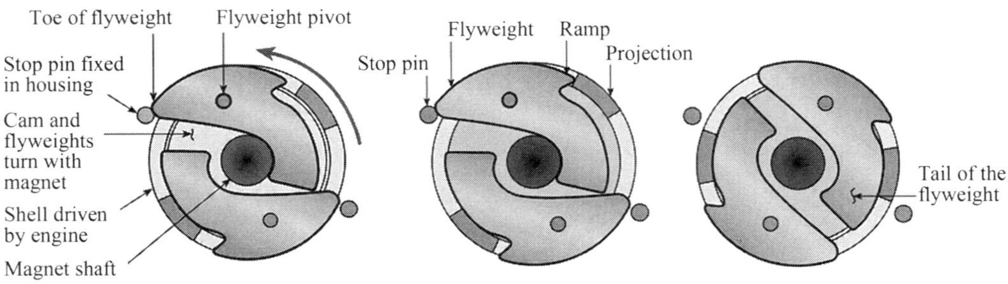

(a) 크랭크축 회전 시작 시 (b) 스프링 풀릴 시 (c) 엔진 작동 시

그림 8.21 ‣ 임펄스 커플링 작동 상태

라이웨이트에 있는 램프를 밀어서 플라이웨이트를 밀면 플라이웨이트가 피봇을 중심으로 회전하면서 스톱 핀으로부터 이탈한다. 이때 스프링이 풀리면서 회전자석을 회전시키면서 엔진을 시동하기 위한 지연된 강한 스파크를 발생시킨다. 점화가 일어나면서 엔진이 회전하면 플라이웨이트는 원심력에 의해 그림 8.21(c)에 나타나 있는 위치가 되면서 플라이웨이트의 토가 스톱 핀에 닿지 않기 때문에 마그네토 구동축이 엔진 구동축과 함께 회전하면서 점화시기도 정상적인 점화로 회복된다. 이와 같이 임펄스 커플링은 시동 시에만 점화시기를 지연시키고 마그네토 회전을 빠르게 해준다.

8.5.2 부스터 코일

부스터 코일(booster coil)은 소형 유도코일로써 마그네토에서 적절한 점화가 일어나기

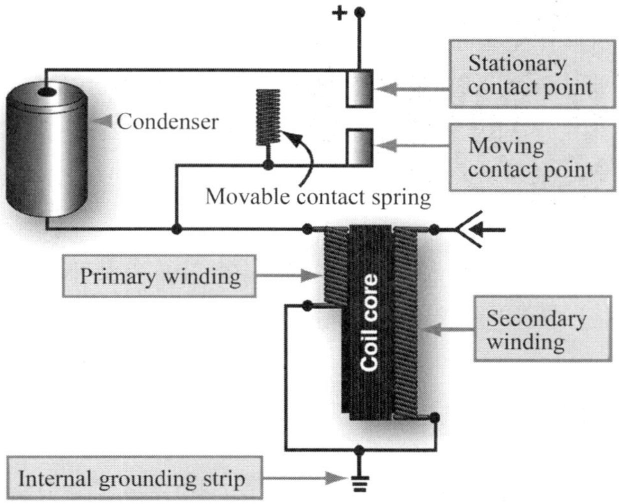

그림 8.22 · 부스터 코일 개략도

전까지 점화플러그에 많은 스파크를 발생시킨다. 부스터 코일은 그림 8.22에 나타나 있는 것처럼 1차코일, 2차코일, 콘덴서, 브레이커 포인트로 구성된다. 부스터 코일은 대개 시동기 스위치에 연결되어 있다. 따라서 엔진 시동이 완료되면 부스터 코일과 시동기는 동시에 꺼진다.

부스터 코일이 작동하면 배터리 전압이 시동기 스위치를 통해 승압코일의 (+)단자에 연결된다. 이 전류는 닫혀있는 브레이커 포인트를 통해 1차코일을 통과하여 접지로 흐른다. 1차코일을 흐르는 전류는 철심을 자화시키며, 자화된 철심은 정상적으로 스프링에 의해 닫혀 있는 브레이커 포인트의 이동접점(moving contact point)을 끌어당겨 배터리로부터의 전류 흐름이 차단된다. 이때 1차회로가 차단되면서 철심 주위에 형성된 자장이 붕괴된다. 즉 철심은 1차 코일에 전류가 흐를 때에만 전자석으로 작용하기 때문에 1차코일 회로가 차단되면 곧바로 자력을 상실한다. 철심이 자력을 상실하면 스프링에 의해 브레이커 포인트의 접점이 닫히며, 1차코일 회로가 다시 형성된다. 따라서 철심이 다시 자화되고 1차코일 회로가 다시 차단되도록 이동접점을 다시 끌어당긴다. 이런 현상은 시동기 스위치가 닫혀있는 동안 빠르게 반복적으로 일어난다. 따라서 1차코일에 맥동 직류가 형성되고, 2차코일에 유도전류를 발생시키기 위한 자장이 반복적으로 형성과 붕괴를 되풀이한다. 2차코일은 1차코일에 비해 훨씬 많은 수의 코일로 이루어져 있기 때문에 2차코일에는 엔진을 점화시킬 수 있는 충분히 높은 전압이 유도된다.

콘덴서는 브레이커 포인트에 병렬로 연결되어 있으며, 브레이커 포인트 접점이 떨어지는 순간 발생하는 아크를 방지하여 접점이 손상되는 것을 방지해준다. 브레이커 포인트의 접점이 열려 1차코일에 전류 흐름이 차단되었을 때, 자장의 붕괴로 인해 발생하는 높은 유도전류가 콘덴서로 흘러간다. 만약 콘덴서가 없으면 자장이 붕괴될 때마다 유도전류가 접점을 통과하며, 접점이 떨어지는 순간 접점에서 아크가 발생한다. 만약에 아크 발생에 의해 접점이 손상되면 승압코일의 출력전압이 크게 낮아지기 때문에 엔진에 점화가 일어나지 않는다.

부스터 코일은 현재 운영되고 있는 극소수의 구형 항공기에 제한적으로 사용되고 있으며, 대부분의 현대식 항공기는 임펄스 커플링이나 유도 진동자를 사용하고 있다.

8.5.3 유도 진동자

유도 진동자(induced vibrator)는 엔진 시동 시에 2차코일에 충분히 높은 전압이 유도될 수 있도록 1차코일에 맥동직류를 공급해 준다. 그림 8.23에 나타나 있는 경항공기 엔진의 마그네토와 함께 사용하는 유도 진동자의 개략도를 살펴보면, 시동기 스위치가 닫히면 배터리 전압이 진동기 접점을 지나 진동기 코일에 작용하고 왼쪽 마그네토에 있는 지연접점을 지나 흘러간다. 코일에 전기가 흐르면서 철심이 자화되어 브레이커 포인트가 열리면서 전류 흐름이 차단되고 코일에는 전류가 흐르지 않는다. 이때 스프링에 의해 접점이 닫히면서 다시 코일에 전기가 흐르며, 이로 인해 브레이커 포인트가 다시 열린다. 그러므로 진동기의 접점이 계속해서 매 초당 여러 차례 닫힘과 열림을 반복하면서 마그네토의 주접점과 지연접점 두 곳 모두를 지나는 맥동 전류를 보내준다.

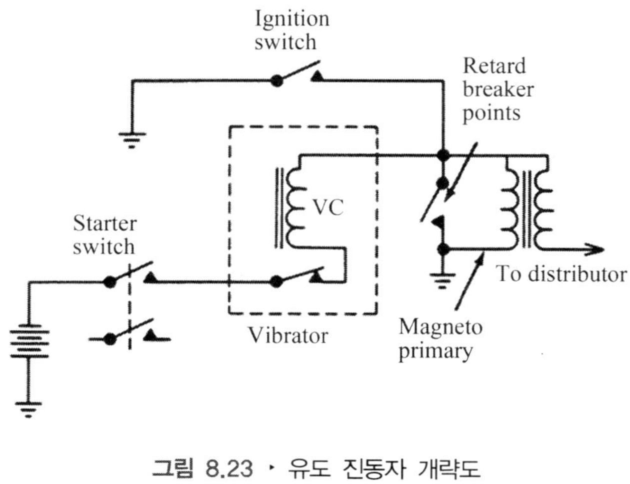

그림 8.23 • 유도 진동자 개략도

유도 진동자는 마그네토 1차코일에 맥동 배터리 전류(interrupted battery current)를 공급해준다. 마그네토 코일은 배터리 점화코일로 작용하여 고압 임펄스(high-tension impulse)를 생산하며, 이는 배전기 로터, 배전기 블록, 점화플러그에 연결된 케이블에 분배된다. 이 고압 임펄스는 마그네토 접점 두 세트가 열려 있는 전체 시간 동안 생산된다. 즉 접점이 닫혀있을 때는 스파크가 발생하지 않는다. 이는 접점이 닫혀있는 동안에는 유도 진동자가 마그네토 접점을 통과하는 맥동전류 임펄스를 계속해서 보내주더라도 맥동전류가 접점을 통과하여 저항이 최소로 나타나는 경로인 접지로 흐르기 때문이다.

8.6 • 점화플러그

점화플러그는 마그네토나 다른 고전압 장치에 의해 만들어지는 고전압전류의 전기에너지를 실린더 내부에 있는 연료-공기 혼합기를 점화시킬 수 있는 열에너지로 변환시켜 주는 점화계통 부품이다. 점화플러그는 점화계통의 고압전류가 공기 간격을 가로질러 연료-공기 혼합기를 점화시키기 위한 스파크를 발생시킨다.

항공기 왕복엔진에 사용하는 점화플러그는 그림 8.24에 나타나 있는 것처럼 세 가지 주요 구성품인 전극(electrodes), 세라믹 절연체(ceramic insulator), 금속 셸(metal shell)로 구성되어 있다. 실린더에 체결하기 위한 나사산 형태의 셸은 강을 사용하여 정밀 가공하여 제작하며, 배기가스에 의한 부식방지와 고온에 의해 나사산끼리 눌러 붙는 것을 방지하기 위해 도금하는 경우가 많다. 절연체는 전극과 셸 사이에 설치하여 전극 주위 코어를 보호한다. 절연체는 우수한 절연성, 기계적 강도, 열전도성을 지닌 산화알미늄 세라믹으로 제작한다. 엔진이 2400 rpm으로 회전하는 경우 전극에서 초당 20회의 3000°F (1649°C)를 초과하는 강력한 불꽃 방전이 일어나기 때문에 전극은 내열성과 내식성을 갖춘 재료로 제작해야 한다. 그림 8.24(a)에 나타나 있는 매시브형 전극은 주로 니켈합금으로 제작하며, 그림 8.24(b)에 나타나 있는 미세코일형 전극은 주로 백금과 이리듐으로 제작한다. 고가인 백금과 이리듐을 이용하여 전극을 제작하면 점화성능이 우수하고 수명이 길어지는 장점을 가진다. 한편, 절연체와 중심전극 사이 및 절연체와 셸 사이는 실(seal)을 이용하여 밀폐시킴으로써 2000 psi 이상의 실린더 내압에 견디게 해준다.

점화플러그의 열전달 능력을 점화플러그의 열 특성이라 하는데, 열 특성은 절연체 끝단 길이에 의해 영향을 받는다. 절연체는 중심전극의 보호와 전기적 절연 역할을 수행하면서 점화플러그의 열을 실린더에 전달하는 기능을 수행한다. 그림 8.25(a)에 나타나 있

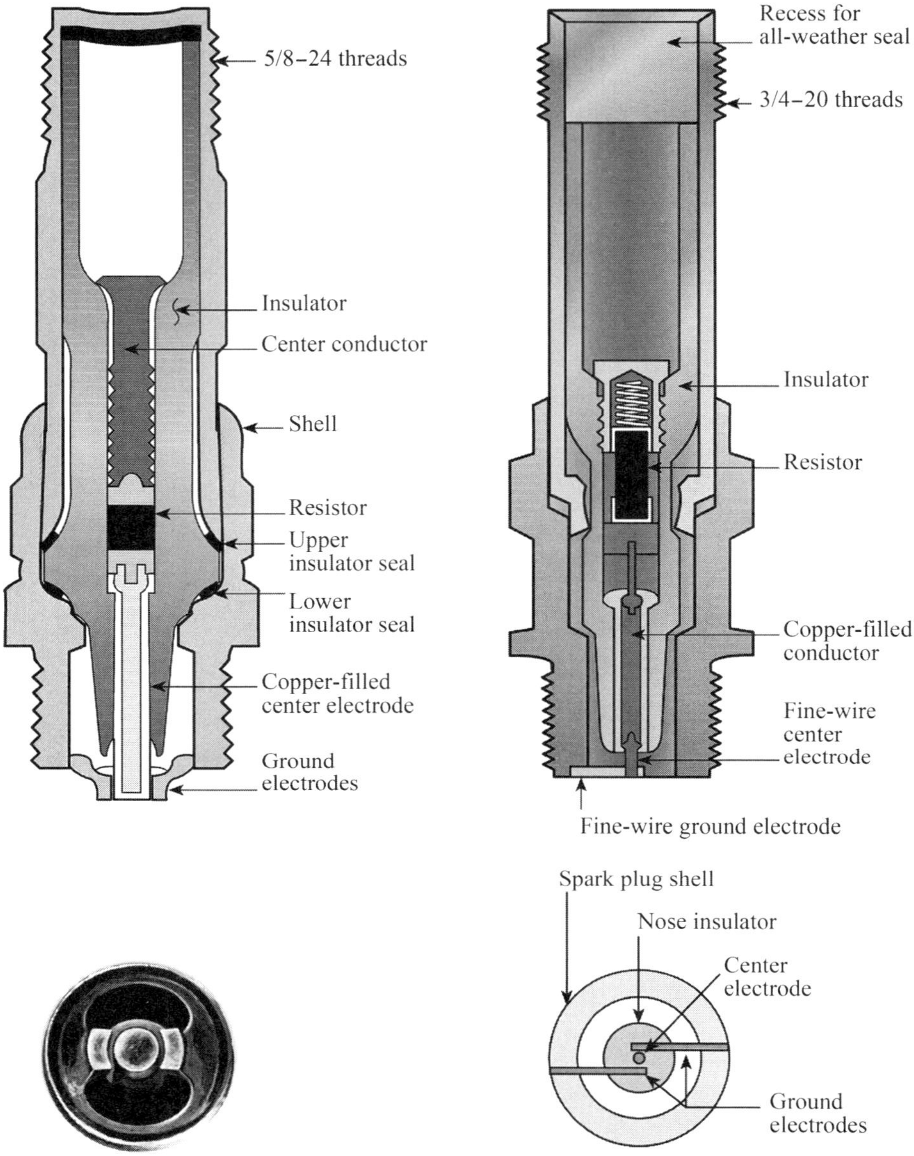

(a) massive-electrode type (b) fine-wire type

그림 8.24 · 점화플러그

는 고온형 점화플러그는 실린더와 접촉하는 절연체의 면적이 작아서 열전달 면적이 작기 때문에 점화플러그는 고온으로 유지된다. 반면에 그림 8.25(b)에 나타나 있는 저온형 점화플러그는 큰 열전달 면적을 가지기 때문에 실린더로 전달되는 열이 많아서 점화플러그

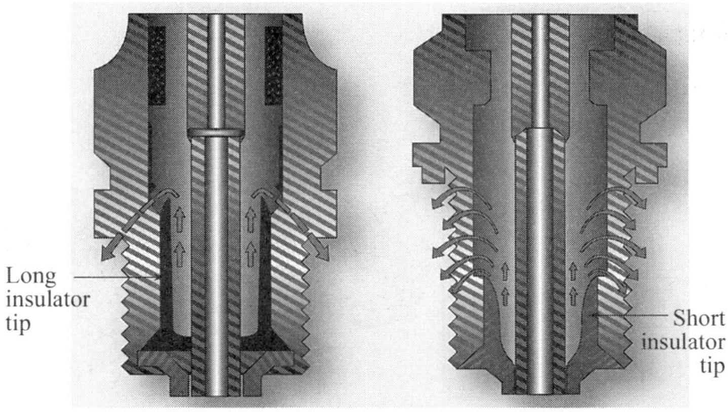

(a) 고온형 (b) 저온형

그림 8.25 ‣ 고온형 vs 저온형 점화플러그

는 비교적 저온으로 유지된다.

기본적으로 고온으로 운전하는 엔진은 상대적으로 저온형 점화플러그가 요구되며, 반대로 저온으로 운전하는 엔진에는 고온형 점화플러그가 요구된다. 만약 고온으로 운전하는 엔진에 고온형 점화플러그를 사용하면 점화플러그 팁이 과열될 수 있으며, 이는 조기점화의 원인이 된다. 만약 저온상태로 운전하는 엔진에 저온형 점화플러그를 사용하면 점화플러그 팁에 미연탄소가 달라붙어 파울링이 형성된다.

8.7 • 시동기

대부분의 항공기용 왕복엔진은 엔진 시동을 위해 그림 8.26에 나타나 있는 것처럼 엔진에 맞물린 전기모터를 사용한다. 시동기에 전기가 공급되면 시동기는 즉각 연속적인 크랭킹(cranking)을 제공한다. 시동기는 기본적으로 전기모터, 감속기어, 조정-토크 과부하풀림 클러치(adjustable-torque overload release clutch)를 통해 작동하는 자동 물림/풀림 기구로 구성되어 있다. 따라서 엔진은 시동기에 의해 직접 크랭킹되어 진다.

모터 회전력은 감속기어를 통해 조정-토크 과부하풀림 클러치로 전달된다. 이때 축을 따라 시동기 조(jaw)가 밖으로 움직이면서 엔진-크랭킹 조에 맞물린다. 시동기 조가 맞물려지면 크랭킹이 시작된다.

엔진이 점화된 후에는 시동기가 자동적으로 엔진으로부터 분리된다. 만약 엔진이 정지

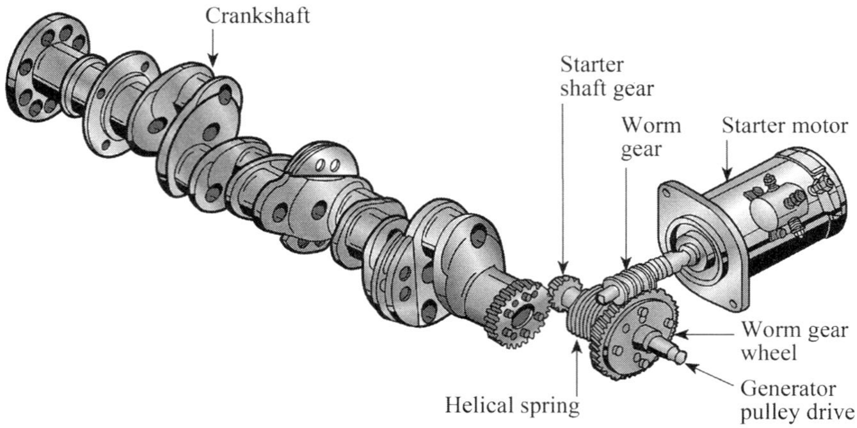

그림 8.26 • 직각 구동 어댑터를 사용한 왕복엔진 시동기

하는 경우 모터에 전기가 공급된다면 시동기는 자동적으로 다시 맞물려진다.

실 • 전 • 문 • 제

1. 왕복엔진의 마그네토 브레이커 포인트가 과도하게 소실되었다. 다음 중 어떤 것을 교환해 주어야 하는가?

가. 1차코일　　나. 2차코일　　다. 배전반 점검　　라. 콘덴서

해설 콘덴서는 브레이커 포인트에 병렬로 연결되어 브레이커 포인트 접점에서 발생하는 아크를 방지해준다. 즉 콘덴서가 연결된 브레이커 포인트가 열리는 순간에 1차회로로 전류가 흐를 수 있다. 이 전류는 브레이커 포인트가 열린 후에 콘덴서를 충전시키기 시작하기 때문에 콘덴서가 완전히 충전될 때까지는 전류의 흐름은 정지된다. 이 때까지 접점은 충분히 떨어져 있으므로 접점 사이에 아크가 발생하지 않는다. 따라서 브레이커 포인터가 소실(타서 손상을 입는 것)되었다는 것은 콘덴서가 불량하기 때문이다.

2. 하나의 실린더에 점화플러그가 2개씩 있는 중요한 목적은?

가. 옥탄가가 다른 연료에도 사용할 수 있다.

나. 1개가 파손되어도 안전하다.

다. 연소속도를 빠르게 한다.

라. 점화시기를 비켜서 연소가 끝나는 시기를 맞춘다.

해설 점화플러그가 2개 있는 경우 연소속도가 빨라지는 것은 아니며, 화염전파거리가 짧아져서 연소시간을 단축시킨다.

3. E-gap 각이란 마그네토 폴(pole)의 중립위치로부터 어느 지점까지의 각도를 말하는가?

가. 접점이 닫히는 지점　　나. 접점이 열리는 지점

다. 1차전류가 가장 낮은 점　　라. 2차전류가 가장 낮은 점

4. 마그네토에서 접점(break point) 간격이 커지면 어떤 현상이 발생하는가?

가. 점화가 늦게 되고 강도가 높아진다.

나. 점화가 일찍 발생하고 강도가 약해진다.

다. 점화가 늦게 되고 강도가 약해진다.

라. 점화가 일찍 발생하고 강도가 높아진다.

5. 마그네토 배전기(Distributor) 로터의 속도를 결정하는 공식은?

가. 크랭크축 속도/2　　나. 실린더수/(2×로브수)

다. 실린더수/로브수 　　　　　　　　　　라. 실린더수×로브수

해설 배전기에는 실린더수만큼의 배전출구가 있다. 그런데 크랭크축이 2회전해야 모든 실린더에서 한 번의 폭발이 일어나므로 크랭크 축 2회전에 배전기 로터는 1회전 하면 된다.

6. 마그네토 브레이커 포인트 캠(magneto breaker point cam) 축의 회전속도(r)를 나타낸 식은? (단, n = 마그네토 극 수, N = 실린더 수)

가. r = N/n 　　　　　　　　　　나. r = N/(n + 1)

다. r = N/2n 　　　　　　　　　　라. r = (N + 1)/2n

해설 마그네토가 한 바퀴 돌면 극 수만큼의 점화가 이루어진다. 각 실린더 모두 한 번의 점화가 이루어지기 위해서는 2회전해야 하므로 '다'가 정답이다.

7. 마그네토(Magneto)의 브레이커 포인트는 일반적으로 어떤 재료로 되어 있는가?

가. 은(Silver) 　　　　　　　　　　나. 구리(Copper)

다. 백금(Platinum)-이리듐(Iridium) 합금 　　　　　라. 코발트(Cobalt)

해설 마그네토 브레이커 포인트는 방전으로 소실되기 쉽다. 따라서 내열-내마모성 재료인 백금-이리듐 합금을 일반적으로 사용한다.

8. 왕복엔진에서 마그네토의 브레이크 포인트가 고착되었다면 무엇을 초래하는가?

가. 스위치를 OFF로 해도 엔진은 정지되지 않는다.

나. 마그네토가 작동하지 않는다.

다. 높은 속도에서 점화되지 않는다.

라. 시동 시 역화를 일으킨다.

9. 마그네토에서 timing mark를 한 줄로 정렬시켰다는 것은 무엇을 지시하는가?

가. E-gap 위치 　　　　　　　　　　나. 중립위치

다. Breaker point가 닫혀진 위치 　　　　　라. 완전기록 위치

10. 왕복엔진을 장착하는 동안에 마그네토 접지선을 접지시켜 놓은 가장 큰 이유는?

가. 엔진 시동 시 역화(backfire)를 방지하기 위하여

나. 엔진장착 도중에 프로펠러를 돌리면 엔진이 시동될 가능성이 있기 때문에

다. 엔진을 마운트(mount)에 완전히 장착시킨 후 마그네토 접지선을 점검치 않기 위해서

라. 점화스위치가 잘못 놓일 수 있는 가능성 때문에

11. 9기통 성형 엔진에서 회전영구자석이 6극형이라면, 회전영구자석의 회전속도는 크랭크 축의 회전속도의 몇 배가 되는가?

가. 3　　나. 1.5　　다. 3/4　　라. 2/3

12. 마그네토의 임펄스 커플링(Impulse coupling)의 목적은?

가. 밸브타이밍의 시점　　나. 시동 시 고전압 발생
다. 토크 방지　　라. 시동부하 흡수

13. 고압 마그네토를 고공에서 사용하였을 경우 일어나는 현상이 아닌 것은?

가. 무게 증가　　나. Flash over
다. 코로나 현상　　라. Arc 현상

14. 수평대향형 엔진에서 점화시기를 맞추어주면 무엇이 좋은가?

가. 연료소모가 감소한다.　　나. 기관출력이 증가된다.
다. 완속이 유연하다.　　라. 시동이 쉽다.

15. 콜드점화플러그를 높은 압축의 왕복기관에 사용할 경우 올바른 설명은?

가. 조기점화가 일어난다.　　나. 정상적으로 작동한다.
다. 점화플러그에 파울링이 발생된다.　　라. 이상폭발(detonation)이 발생된다.

해설 높은 압축비로 인하여 고온에서 작동되는 왕복엔진에는 저온형 점화플러그가 사용되며, 저온에서 작동되는 엔진에는 고온형 점화플러그가 사용된다. 저온형은 점화플러그를 쉽게 냉각시킬 수 있어서 비교적 저온상태로 유지시킬 수 있기 때문에 압축비가 높아서 고온상태에서 운전되는 엔진에 사용한다. 압축비가 높아서 고온상태에서 운전되는 엔진에 고온형을 사용하면 스파크플러그가 과열되어 조기점화가 일어날 수 있다. 저온상태로 운전되는 엔진에 저온형을 사용하면 점화플러그에 미연탄소가 축적되어 스파크플러그에 파울링이 발생한다.

정답

1. 라　2. 나　3. 나　4. 나　5. 가　6. 다　7. 다　8. 나　9. 가　10. 나
11. 다　12. 나　13. 가　14. 나　15. 나

제9장

프로펠러

9.1 프로펠러 원리

9.2 프로펠러 일반사항

9.3 프로펠러 이론

9.4 프로펠러에 작용하는 힘

9.5 프로펠러 장착 위치에 의한 분류

9.6 고정피치 프로펠러

9.7 조정피치 프로펠러

9.8 프로펠러 검사

9.1 • 프로펠러 원리

항공기를 추진하기 위하여 두 가지 방법이 사용되고 있는데, 첫째는 그림 9.1에 나타나 있는 것처럼 프로펠러를 이용한 추진이고, 둘째는 고속의 배기가스를 이용한 제트추진이다. 프로펠러는 대량의 공기를 적게 가속시켜 추력을 얻는다. 따라서 프로펠러 항공기는 주로 저속으로 비행하며, 높은 추진효율(propulsive efficiency)을 가진다. 이에 반해 제트추진은 소량의 공기를 크게 가속시켜 추력을 얻는다. 따라서 제트엔진을 장착한 항공기는 주로 고속으로 비행하며, 이로 인해 프로펠러 추진에 비해 상대적으로 낮은 추진효율을 가진다. 추진효율은 엔진에 의해 공급된 에너지가 얼마나 추력으로 이용되었는가를 나타내는 비율이다. 따라서 추진효율은 다음과 같이 정의한다.

$$PE = \frac{Work\ completed}{Work\ completed + work\ wasted\ in\ the\ exhaust} = \frac{2V_a}{V_a + V_j} \tag{9.1}$$

여기서 PE는 추진효율, V_a는 비행속도, V_j는 배기가스 속도를 나타낸다. 따라서 식 (9.1)로부터 공기가 추진장치를 통과하면서 크게 가속될수록 추진효율이 낮아지는 것을 알 수 있다.

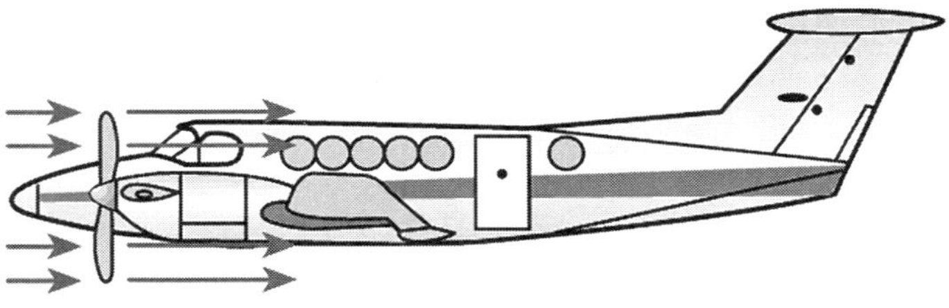

(a) 프로펠러 추진

(b) 제트 추진

그림 9.1 ‣ 항공기 추진 방법

그림 9.2에 나타나 있는 항공기의 프로펠러 블레이드는 회전날개(rotating wing)라고 할 수 있는데, 이는 프로펠러 블레이드와 항공기 주날개의 단면 형상이 서로 비슷하기 때문이다. 항공기 주날개는 항공기가 일정한 속도에 도달하면 주날개를 통과하는 공기에 의해 항공기 무게에 해당하는 크기의 양력이 발생하며, 항공기 안전을 고려하여 이 속도의 1.2배에 해당하는 속도에서 이륙한다. 따라서 프로펠러 항공기는 지상에서 일정한 크기의 속도를 얻기 위해 반드시 활주로가 필요하다. 이에 반해 프로펠러 블레이드는 항공기가 정지한 상태에서도 회전하는 경우 프로펠러 블레이드 주위를 통과하는 공기유동이 형성되어 항공기 진행방향으로 양력이 발생한다. 프로펠러 블레이드에서 발생하는 이 양력은 항공기를 끌거나 미는 힘으로 작용하기 때문에 추력으로 작용한다. 따라서 그림 9.3에 나타나 있는 것처럼 프로펠러 블레이드나 항공기 주날개 모두 양력이 발생하는 방향으로 휘어지는 것을 알 수 있다.

항공기의 프로펠러 블레이드는 두 개 혹은 그 이상의 개수로 구성된다. 프로펠러는 엔진에 의해 구동되는데, 소형 항공기의 경우 주로 왕복엔진을 사용하며, 중대형 항공기의 경우 터보프롭엔진을 사용한다. 그림 9.4에 왕복엔진과 터보프롭엔진에 의해 구동되는 프로펠러 항공기를 각각 나타냈다. 프로펠러에는 회전에 따른 공기 저항력이 발생하기

그림 9.2 ▸ 프로펠러 항공기

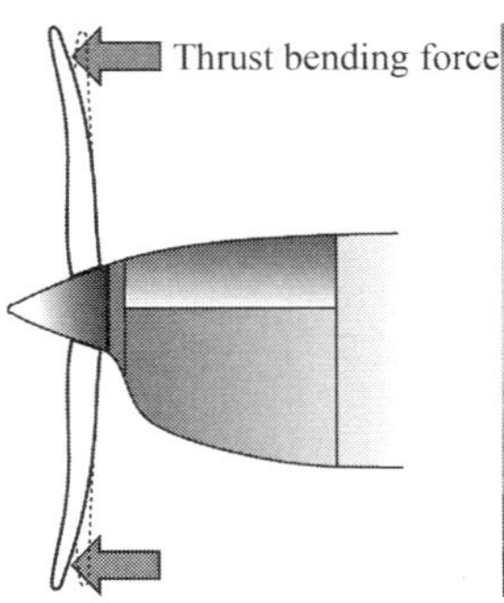

(a) 프로펠러 블레이드

(b) 항공기 주날개

그림 9.3 ▸ 양력 발생으로 인한 프로펠러 블레이드와 항공기 주날개 굽힘

때문에 엔진은 이 공기 저항력을 극복하기 위한 동력을 발생시키는 장치이다. 프로펠러에서 발생하는 공기 저항력의 크기는 프로펠러로 유입되는 공기의 받음각이 클수록 증가하고, 또한 회전속도가 증가할수록 증가한다. 따라서 엔진 출력이 동일한 경우에 저피치로 운전할 때 고피치 운전에 비해 프로펠러 회전속도가 빠르다. 이는 그림 9.5를 통해 알 수 있듯이 저피치 운전일 때 회전에 따른 공기 저항을 받는 면적이 작아지기 때문이다.

(a) 왕복엔진 구동 항공기 (b) 터보프롭엔진 구동 항공기

그림 9.4 ‣ 프로펠러 항공기

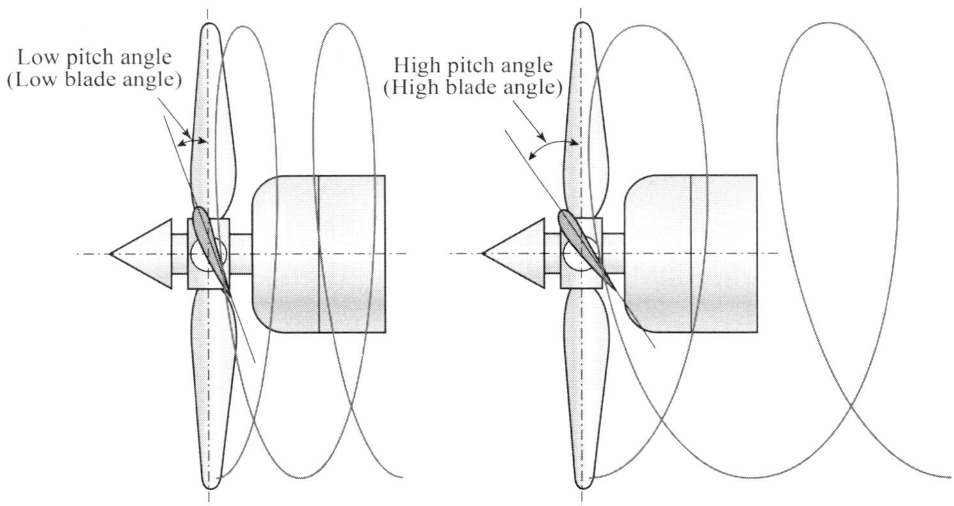

(a) 저피치 운전 (b) 고피치 운전

그림 9.5 ‣ 프로펠러 피치 각

9.2 • 프로펠러 일반사항

9.2.1 프로펠러 명칭

프로펠러는 하나의 작은 날개로서 그림 9.6에 나타나 있는 것처럼 날개 부위에 따라 허브, 프로펠러 블레이드(날개 깃), 섕크, 팁 등으로 구분한다. 허브는 프로펠러를 회전축에 체결하기 위한 부분이다. 프로펠러는 블레이드 각 조정 여부에 따라 고정피치 프로펠러와 조정피치 프로펠러로 구분한다. 고정피치 프로펠러는 그림 9.6(a)에서 볼 수 있듯이 프로펠러를 회전축에 끼워 넣기 위한 허브보어를 가지고 있으며, 날개가 두 개인 2깃 프로펠러인 경우에는 한 몸체로 제작되어 있다. 이에 반해 그림 9.6(b)에 나타나 있는 조정피치 프로펠러의 허브는 블레이드 각 조절을 원활하게 해줄 수 있도록 둥근 봉처럼 생겼으며, 분해 시 각각의 프로펠러는 독립적으로 존재한다. 섕크는 허브와 프로펠러 블레이드를 연결시켜주는 천이 부분이다. 고정피치 프로펠러의 섕크는 매우 짧은데 비해 조정피치 프로펠러의 섕크는 상대적으로 길다. 이는 둥근 봉 형태의 허브와 프로펠러 블레이드의 날개형상을 연결시켜주기 위해서는 비교적 긴 천이 부분이 요구되기 때문이다. 프로펠러 블레이드는 양력을 발생시키는 부분으로 항공기 주 날개와 유사한 형상으로 되어 있다. 프로펠러 팁은 날개 끝단으로서 특별한 색을 칠해서 프로펠러의 회전범위를 나타내도록 해주는데, 이는 위험을 방지하기 위함이다. 프로펠러의 성능과 구조 안정성은 팁의 회전속도에 의해 큰 영향을 받으며, 프로펠러로 유입되는 공기의 상대속도가 절대로 음속을 초과해서는 안 된다. 스피너는 프로펠러 허브 부분에 의해 발생하는 항력을 최소화하기 위해 설치한다.

프로펠러 블레이드 단면은 그림 9.7에 나타나 있는 것처럼 날개 앞쪽 가장자리를 나타내는 앞전과 뒤쪽 가장자리를 나타내는 뒷전이 있다. 앞전은 일반적으로 둥근 형상을 가지는데, 이는 항공기 주날개와 마찬가지로 프로펠러로 유입되는 공기의 갑작스런 받음각 변화를 흡수하기 위함이다. 이에 반해 뒷전은 비교적 얇은 형상으로 되어 있는데, 이는 프로펠러 블레이드 뒷전에서 발생하는 후류(wake)의 강도를 약하게 유지시켜 프로펠러 블레이드에서 발생하는 손실의 크기를 줄이기 위함이다. 앞전과 뒷전을 직선으로 연결한 선을 시위선이라 하며, 시위선을 기준으로 앞전과 뒷전 사이의 거리를 시위(chord)라 한다. 날개 하부의 평편한 면을 블레이드 면(blade face), 상부의 불룩한 면을 블레이드 등(blade back)이라 한다. 블레이드 면에는 블레이드 등에 비해 높은 압력이 작용하며, 이로 인해 항공기 주날개에서는 이 부분을 압력면(pressure side)이라고 한다. 이에 반해 블

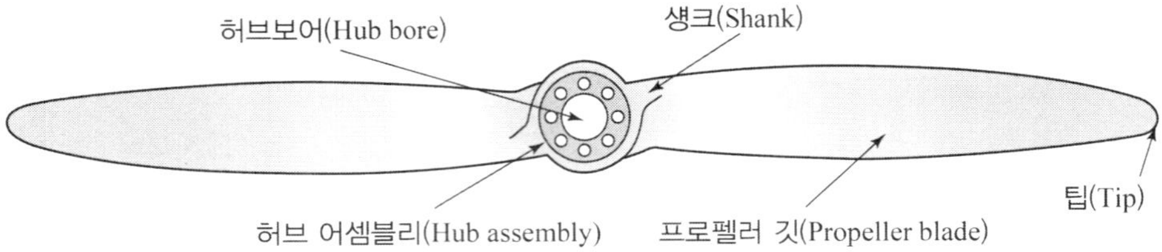

(a) 고정피치 프로펠러

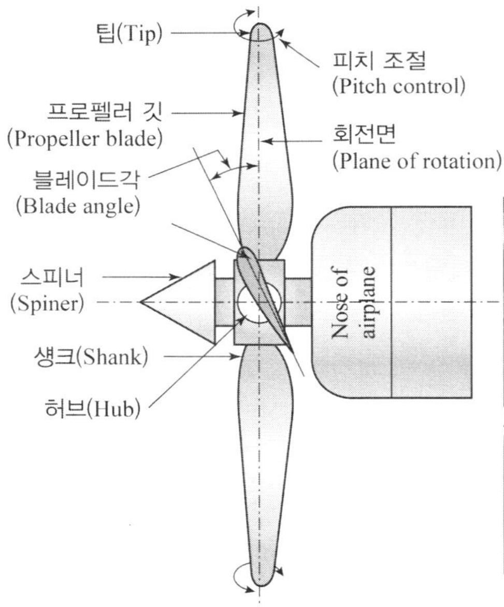

(b) 조정피치 프로펠러

그림 9.6 ‣ 프로펠러 명칭

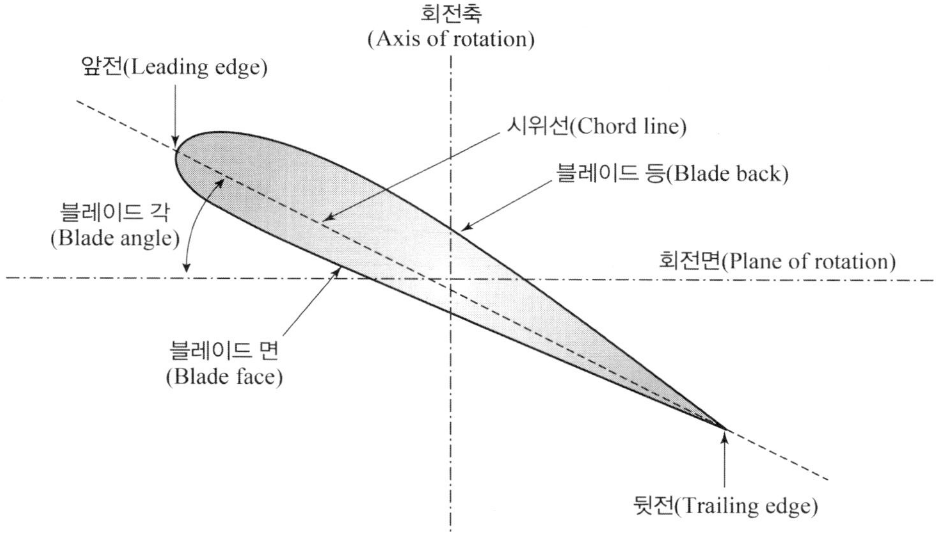

그림 9.7 • 프로펠러 블레이드 단면 형상

레이드 등에는 상대적으로 작은 압력이 작용하며, 항공기 주날개에서는 이 부분을 흡입면(suction side)이라고 한다.

블레이드 각(blade angle)은 항공기 운전에 관련된 매우 중요한 요소인데, 이는 블레이드 각이 프로펠러 성능과 피치 조절에 직접적으로 관련되어 있기 때문이다. 그림 9.6(b)와 그림 9.7에 나타나 있는 것처럼 블레이드 각은 회전면과 시위선이 이루는 각이다. 회전면은 프로펠러가 회전하면서 만들어지는 면으로서 크랭크축에 수직으로 존재한다. 항공기가 정지한 상태에서 프로펠러가 회전하면 받음각은 블레이드 각과 동일해진다. 그러므로 항공기가 정지한 상태에서 블레이드 각이 커지면 공기와 부딪치는 블레이드 면적이 증가하기 때문에 프로펠러를 회전시키기 위하여 큰 동력이 요구된다. 따라서 항공기 이륙 시에는 그림 9.5(a)에 나타나 있는 것처럼 블레이드 각을 작게 유지시키고 프로펠러를 고속으로는 회전시킨다. 항공기용 왕복엔진의 회전수는 약 2600 rpm 이하로 제한되기 때문에 출력은 엔진 회전수가 증가할수록 동반하여 증가한다. 그러므로 블레이드 각을 작게 유지하고 엔진을 고속으로 회전시키면 엔진의 최대 출력을 이용하여 항공기를 이륙시킬 수 있다. 참고로, 블레이드 각이 단지 1° 증가하는 경우 프로펠러를 직접 구동하는 엔진의 회전속도는 약 60 ~ 90 rpm 감소하는 것으로 알려져 있다(Kroes and Wild, 1994). 이에 반해 항공기 순항비행 시에는 그림 9.5(b)에 나타나 있는 것처럼 블레이드 각을 크게 하고 엔진의 회전수를 낮추어 경제적인 비행이 되도록 한다. 항공기 순항 시에는 블레

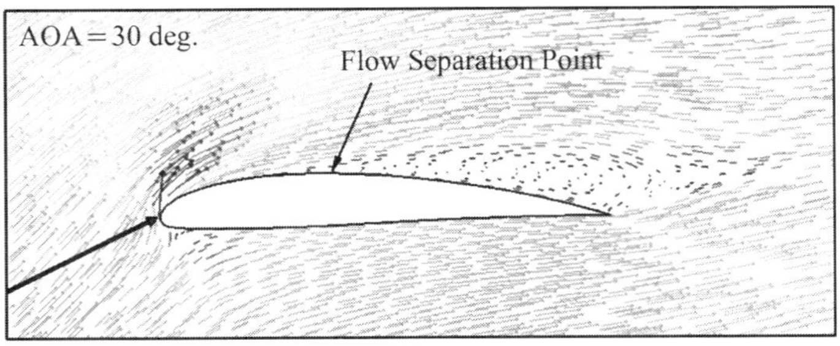

그림 9.8 • 유동박리 (NACA0012 Airfoil)

이드 각을 크게 유지시키더라도 프로펠러를 회전시키기 위해서 큰 동력이 요구되지 않는다. 이는 항공기 순항비행 시에 블레이드 각이 커지더라도 항공기가 전진하는 속도에 의해 받음각이 커지지 않기 때문이다. 참고로, 그림 9.8에서 볼 수 있는 것처럼 받음각이 너무 커지면 블레이드 등(흡입면)에 유동박리가 일어나서 실속이 일어나기 때문에 프로펠러는 추력을 발생시킬 수 없게 된다.

프로펠러는 허브 중심으로부터 블레이드 길이방향을 따라 6인치 간격으로 나누며, 그 각각의 지점을 블레이드 스테이션(blade stations)이라 한다. 프로펠러 블레이드는 3차원

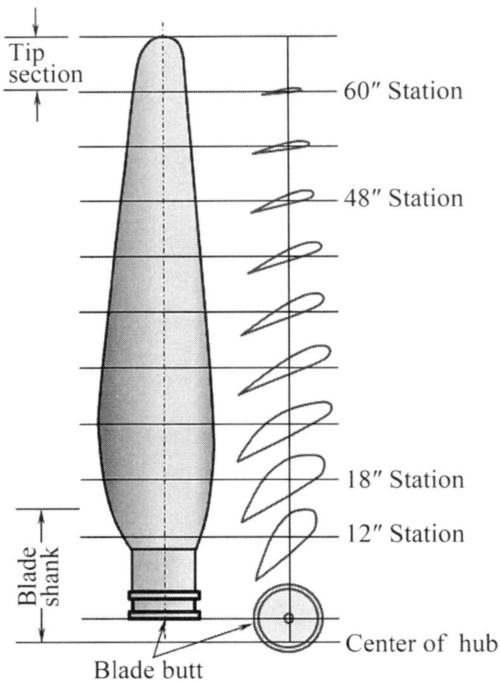

그림 9.9 • 블레이드 스테이션

자유곡면을 가지기 때문에 그 형상을 나타내기 매우 어렵다. 따라서 그림 9.9에 나타나 있는 것처럼 블레이드 스테이션에 해당하는 블레이드 단면 형상을 통해 프로펠러 블레이드 형상을 알 수 있으며, 프로펠러 블레이드의 성능을 살펴볼 수 있다. 아울러 스테이션을 기준으로 블레이드 손상 위치 등을 정의할 수 있으며, 블레이드 각을 측정하기 위한 적당한 지점을 지정할 수도 있다. 한편, 각 스테이션에서 블레이드 각은 블레이드 길이방향을 따라 팁으로 갈수록 작아지는 것을 알 수 있는데, 이를 피치분포(pitch distribution)라 한다. 즉 블레이드 형상은 블레이드 길이방향을 따라 뒤틀려 있는 것을 볼 수 있는데, 이는 각 스테이션에서의 회전속도가 허브 중심으로부터 스테이션에 이르는 거리에 비례하여 증가하기 때문이다. 이에 대한 자세한 내용은 뒤에서 살펴볼 예정이다. 블레이드 루트(blade root)라고도 불리는 블레이드 버트는 허브 근처에 있는 둥근 부분으로서 프로펠러 블레이드가 강도를 갖출 수 있도록 설계한다.

그림 9.9를 통해 확인할 수 있듯이 일부 프로펠러 블레이드의 섕크는 원형으로부터 날개 형상으로 변화가 일어나는 부위이기 때문에 우수한 공기역학적 성능을 기대하기 어렵다. 조정피치 프로펠러는 탈착이 가능하며, 일련의 크램핑 링에 의해 허브 어셈블리에 고정한다. 각각의 블레이드 끝은 허브 어셈블리에 있는 그루브에 맞는 구조로 되어 있다.

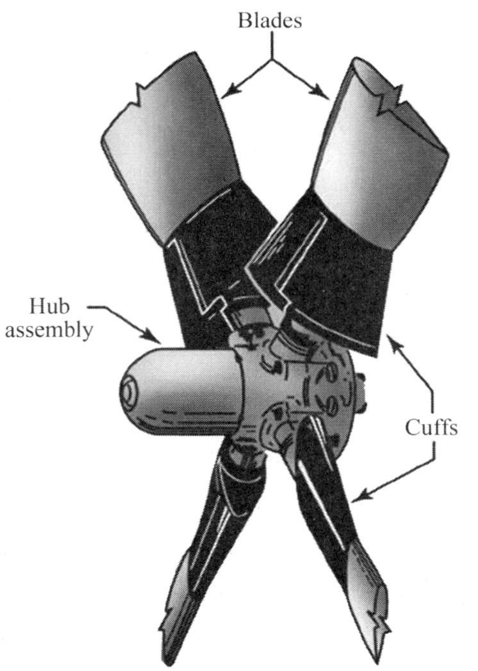

그림 9.10 • 블레이드 커프

이런 형태의 프로펠러에서 섕크는 대부분 원형이며, 최소한 허브 어셈블리 끝부분까지 돌출되어 있다. 그러나 많은 경우에 섕크는 그림 9.6(b)를 통해 확인할 수 있는 것처럼 허브 어셈블리 밖으로 공기흐름 속까지 돌출되어 있다. 이런 경우에 섕크 주위의 공기흐름을 개선하기 위해 그림 9.10에 나타나 있는 블레이드 커프를 설치하기도 한다. 블레이드 커프(blade cuffs)란 얇은 금속판이나 플라스틱, 또는 복합재료로 만들어진 항공기 날개 형태의 부착물이다. 대부분의 경우 블레이드 커프는 기본적으로 엔진 카울링으로 유입되는 냉각공기의 양을 증가시키기 위하여 사용한다. 블레이드 커프를 부착하기 위해 기계적 크램핑 장치 및 접착제를 사용한다.

앞에서 언급했듯이 프로펠러 블레이드는 항공기 주날개처럼 공기역학적인 힘을 생산하기 위해 날개 형태의 구조를 가진다. 따라서 프로펠러 블레이드는 항공기 주날개와 동일한 공기역학적 현상, 즉 날개 뒷전 와류계(trailing edge vortex system)에 의해 발생하는 항력인 유도항력(induced drag), 양력에는 관계하지 않고 프로펠러 회전을 방해하는 모든 항력인 유해항력(parasite drag), 팁와류(tip vortices), 다양한 받음각에서의 양항비(lift/drag ratios) 등에 의해 지배를 받는다. 그런데 프로펠러 블레이드가 항공기 주날개와 차이가 발생하는 것은 프로펠러는 비행 중에 항공기 비행속도에 추가하여 회전속도를 가진다는 점이다. 따라서 프로펠러 비행궤적은 그림 9.5에 나타나 있는 것처럼 나선형이 된다.

프로펠러 피치란 프로펠러가 한 바퀴 회전할 때 프로펠러가 앞으로 전진하는 거리를 의미한다. 프로펠러 피치는 그림 9.11에 나타나 있는 것처럼 기하학적 피치와 유효 피치로 구분한다. 기하학적 피치는 프로펠러가 효율 손실이 전혀 없이 고체매질 속을 이동하는 경우처럼 프로펠러가 한 바퀴 회전하는 동안 전방으로 이동한 이론적인 거리를 말한다. 기하학적 피치는 프로펠러 허브로부터 블레이드 길이가 75% 되는 지점에서의 블레이드 각을 기준으로 측정하며, 다음과 같이 계산한다.

$$GP = 2\pi r \cdot \tan\alpha \tag{9.2}$$

여기서 GP는 기하학적 피치, r은 블레이드 길이방향 75% 지점에서의 회전반경, α는 블레이드 각을 나타낸다.

유효 피치란 프로펠러가 한 바퀴 회전하는 동안 실제로 항공기가 전진한 거리를 말한다. 프로펠러가 공기 속에서 회전하는 경우 프로펠러는 기하학적 피치와 같은 거리를 전진할 수 없다. 이는 프로펠러가 공기 속에서 회전하기 때문에 강체 속에서 회전할 때와는 달리 프로펠러와 공기 사이에 미끄러짐이 발생하기 때문이다. 유효피치는 항공기가 지상에 정지해 있는 상태에서 0이며, 가장 효율적인 비행을 하는 경우 기하학적 피치의 90% 정도가 된다. 프로펠러의 유효 피치는 대부분 기하학적 피치의 75 ~ 85% 정도의 값을 가진다.

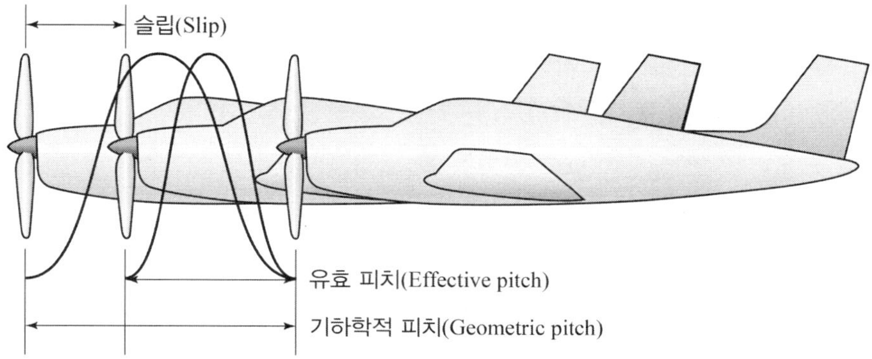

그림 9.11 ‣ 기하학적 피치 및 유효 피치

기하학적 피치와 유효피치 차이를 슬립이라 한다. 프로펠러 슬립은 비효율성에 의해서 야기되는 총 손실을 의미한다. 슬립은 퍼센트로 나타내기도 한다. 따라서 슬립이 20%라면 프로펠러 효율은 80%이다.

일반적으로 프로펠러 효율은 추력마력을 제동마력으로 나눈 값으로 정의한다. 추력마력이란 추력으로 소비된 마력이다. 엔진은 회전축을 통해 프로펠러에 제동마력을 공급한다. 따라서 프로펠러 효율은 엔진에서 공급받은 동력을 이용하여 얼마만큼의 추력을 생산했는지를 나타내는 값이라는 것을 알 수 있다. 한편, 제동마력을 토크마력(torque horsepower)이라고도 한다.

블레이드 각은 피치 각(pitch angle)이라고도 불린다. 예를 들면, 그림 9.5(a)에 나타나 있는 것처럼 블레이드 각을 작게 하면 작은 프로펠러 피치가 얻어지며, 이로 인해 이때의 블레이드 각을 저피치 각이라고 한다. 한편, 순항 시에는 대개 가장 큰 블레이드 각을 유지시키며, 이때의 블레이드 각을 고피치 각이라고 한다. 한편, 고정피치 프로펠러란 피치가 변하지 않고 고정되어 있는 것을 의미하며, 이는 블레이드 각이 변하지 않고 일정하게 유지된다는 것을 의미한다. 아울러 조정피치 프로펠러란 피치 조정이 가능하다는 것이며, 이는 프로펠러 조정을 통해 블레이드 각을 변화시킬 수 있다는 것을 의미한다.

프로펠러 블레이드 제빙을 위해 그림 9.12에 나타나 있는 것처럼 슬링거 링을 설치한다. 프로펠러가 회전함에 따라 블레이드 앞전에는 공기 중의 물방울과 충돌로 인해 결빙이 발생할 수 있다. 프로펠러 블레이드 앞전에 결빙이 발생하면 블레이드 형상이 변하여 블레이드의 공기역학적 특성이 달라지기 때문에 프로펠러에서 발생하는 추력이 작아진다. 항공기에는 제빙을 위한 제빙용 액체 탱크를 설치하며, 펌프를 통해 이 액체를 슬링거 링을 통해 프로펠러 블레이드 앞전에 흘려서 얼음을 제거한다. 그러나 대부분의 경비행기에는 이런 제빙장치를 설치하지 않는다.

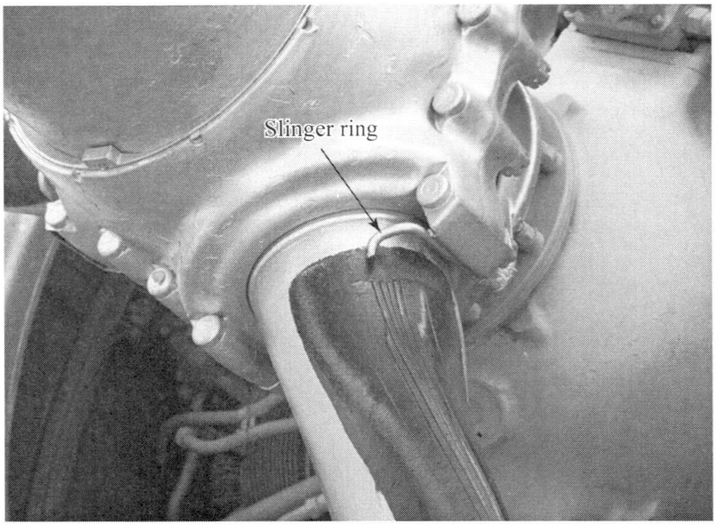

그림 9.12 • 슬링거 링

9.2.2 프로펠러 재료

프로펠러를 제작하기 위한 재료로 목재, 강철, 알루미늄합금, 복합재료 등을 사용한다. 초기에 개발한 항공기에는 목재 프로펠러를 사용하였다. 그러나 목재 프로펠러는 손상에 취약하기 때문에 강철로 만든 프로펠러를 개발하였다. 현재는 고정피치 프로펠러와 조정피치 프로펠러에 관계없이 알루미늄합금을 가장 많이 사용하고 있다. 아울러 복합재료로 만든 프로펠러를 일부 사용하고 있는데, 이는 복합재료가 가볍고 질기면서도 유연성을 가지고 있기 때문에 프로펠러 재료로서 적합하기 때문이다.

(1) 목재 프로펠러

대부분 고정피치 프로펠러는 2차 세계대전까지는 목재로 만들어졌으며, 아직도 소형 항공기에는 목재 프로펠러를 제한적으로 사용하고 있다. 목재는 자체적으로 진동을 흡수할 수 있기 때문에 목재 프로펠러는 진동특성이 매우 우수하다. 양물푸레나무와 자작나무와 같이 단단한 목재가 가장 대표적인 프로펠러 재료이다. 이밖에 마호가니, 단풍나무, 벚나무, 참나무, 검은 호두나무 등과 같은 단단한 목재들을 프로펠러 재료로 사용하고 있다. 어떤 종류의 목재를 사용하든지 무늬가 일정해야 하며, 마디나 옹이가 없어야 하고, 송진이 없어야 하며, 곤충에 의한 손상된 부분이 없어야 한다.

목재 프로펠러는 최소한 다섯 장 이상의 얇은 합판을 방수송진접착제로 접착시켜 제작한다. 일반적으로 동일 종류의 나무를 사용하며, 동일한 두께의 합판을 사용한다. 그러나 다른 층에는 다른 종류의 나무를 사용하기도 한다. 이렇게 통으로 된 나무 대신에 여러 판으로 적층시킨 목재를 사용하는 이유는 적층된 구조가 훨씬 덜 뒤틀리기 때문이다. 일단 나무판들을 함께 적층하면 그것을 propeller blank라 한다.

프로펠러를 제작하는 동안 propeller blank는 프로펠러 형상으로 황삭 상태에서 일정 기간 동안 방치시켜둔다. 이렇게 방치시켜두는 이유는 나무 속에 있는 습기를 모든 층으로 고르게 확산시키기 위함이다. 그 후에 white라 불리는 황삭 형태의 blank는 정확한 날개 형태와 피치를 가지도록 정삭되어 진다. 그리고 중앙 구멍과 볼트를 체결할 수 있도록 여러 개의 구멍을 뚫는다.

목재 프로펠러는 손상에 취약한 점을 보완하기 위하여 팁과 앞전에 침식으로부터 프로펠러를 보호하기 위하여 메탈팁핑(metal tipping)을 해준다. 그리고 팁 부위에는 세 개의 작은 구멍을 뚫어주는데, 이를 통해서 습기가 빠져나갈 수 있으며 목재가 숨을 쉬게 된다.

(2) 철 프로펠러

철 프로펠러는 이제 더 이상 찾아보기 어렵다. 그 이유는 철은 기본적으로 무거운 재료이기 때문에 프로펠러 재료로서 적합하지 못하기 때문이다. 철로 제작한 프로펠러는 무게를 줄이기 위해 얇은 판재로 표피를 만들고 그 내부에 리브를 부착하여 구조적인 강도를 유지하도록 되어 있다. 그리고 나머지 빈 공간은 가벼운 재료(foam materials)로 채워서 진동을 흡수하도록 되어 있다.

(3) 알루미늄합금 프로펠러

알루미늄합금을 사용하면 구조강도에 따른 문제없이 프로펠러 블레이드를 더 얇게 제작할 수 있기 때문에 효율이 우수한 프로펠러를 제작할 수 있다. 아울러 알루미늄합금은 유연성이 있기 때문에 프로펠러 재료로서 매우 적합하다.

알루미늄 프로펠러의 가장 큰 장점은 지상운전에서 자주 발생하는 자갈에 의한 손상이 목재 프로펠러에 비해 훨씬 적다는 것이다. 또한 알루미늄 프로펠러는 목재 프로펠러에 비해 작은 흠집을 쉽게 수리할 수 있다는 장점을 가지고 있다. 한편, 알루미늄으로 제작한 고정피치 프로펠러는 필요한 경우 인증된 프로펠러 수리창에서 승인된 블레이드 각으로 피치를 재조정하여 사용할 수 있다.

그러나 알루미늄 프로펠러는 공진에 의한 손상에 더 취약하다는 단점을 가지고 있다. 이런 이유 때문에 알루미늄 프로펠러는 인증을 받기 위해 필수적으로 진동시험을 거쳐야 한다. 아울러 알루미늄 프로펠러는 목재 프로펠러에 비해서 무겁다는 단점을 가지고 있다.

대부분의 프로펠러는 고강도 알루미늄을 이용하여 단조를 통해 제작된다. 단조 후에 프로펠러는 기계가공과 수동연마를 통해 원하는 날개 형상으로 만들어 진다. 그 후에 원하는 각도로 블레이드를 비틀어서 최종 피치로 맞춘다. 일단 블레이드 각이 만들어지고 나면 내부 응력을 제거하기 위하여 열처리한다.

프로펠러의 과도한 진동을 방지하기 위하여 모든 새로운 프로펠러는 수평 및 수직 균형을 맞춘다. 수평균형은 통상적으로 블레이드 팁 부위를 잘라내서 얻어지는 반면에 수직균형은 블레이드의 앞전과 뒷전 일부를 잘라내서 얻는다. 일부 프로펠러의 경우 프로펠러의 허브 중심부 근처의 균형구멍 안에 솜 모양의 납을 밀어 넣어 수평균형을 맞추며, 수직균형은 프로펠러 허브 쪽에 균형추를 부착하여 맞추기도 한다. 일단 프로펠러 균형이 맞아진 후에는 산화처리 및 도장을 해서 프로펠러 표면을 마무리한다.

9.3 • 프로펠러 이론

9.3.1 깃 요소 이론

항공기 프로펠러의 설계에 관한 최초의 이론은 깃 요소 이론(blade-element theory)이다. 이 이론은 1909년 폴란드 과학자인 Dryewiecki가 개발하였는데, 이로 인해 깃 요소 이론은 Dryewiecki 이론이라고 불리기도 한다. 이 이론은 허브 통(hub barrel) 끝에서 팁에 이르는 프로펠러 블레이드를 여러 개의 날개 단면으로 구성되는 작은 조각으로 구분하여 해석한다. 예를 들면, 프로펠러 직경이 10 ft이고, 허브 직경이 1 ft라면 프로펠러 블레이드 길이는 54 in이다. 따라서 프로펠러 블레이드를 54 등분하면 각각의 조각은 1 in 길이를 가지는 날개 조각이 된다. 그림 9.13에 프로펠러 회전축으로부터 반경 r이 되는 지점에서 이런 날개 조각 하나를 나타냈다. 이 날개 조각은 길이가 1 in이며, 시위는 C이다.

깃 요소 이론에 의하면 많은 날개 조각, 즉 각각의 요소들은 나란히 함께 연결되어 하나의 블레이드를 형성한다. 따라서 각각의 요소들은 프로펠러 블레이드가 최적의 회전속도로 회전할 때 추력을 생산하기 위한 최적의 받음각에서 작동하는 블레이드의 일부분이 되도록 설계해야 한다.

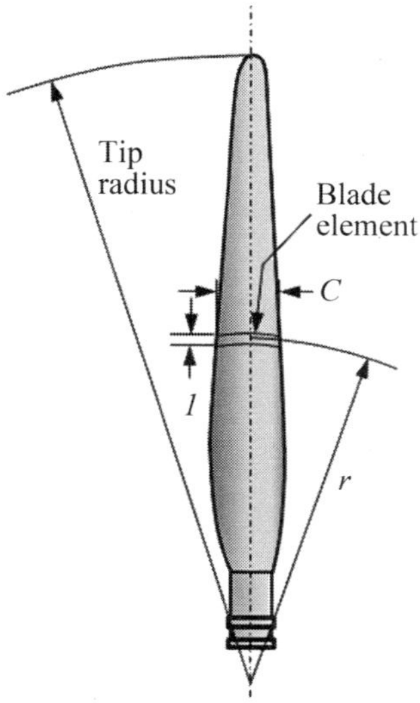

그림 9.13 • 프로펠러의 깃 요소

9.3.2 운동량 이론

힘의 크기는 운동량의 시간에 대한 변화율로 정의된다. 따라서 다음과 같은 관계식이 성립한다.

$$F = \frac{d(mV)}{dt} \tag{9.3}$$

여기서 m은 물체의 질량, V는 속도를 나타낸다. 그런데 만약 관심의 대상이 강체이면 질량이 일정하기 때문에 식 (9.3)은 다음과 같이 된다.

$$F = m\frac{dV}{dt} = ma \tag{9.4}$$

여기서 a는 가속도를 나타낸다. 식 (9.4)는 뉴턴의 제2법칙이다. 그러나 항공기 추진에 관련된 물체는 고속으로 이동하는 유체이기 때문에 추력을 계산하기 위하여 식 (9.4)를 사용할 수 없다. 유체유동에 의한 힘을 계산하기 위해 그림 9.14에서와 같이 노즐로부터 정상상태로 분사되는 제트유동을 살펴보자. 제트유동에 의한 힘을 구하기 위해 검사면으로 유입되는 유동을 살펴보기로 하자. 이 면에서 유체의 속도는 일정하며, 유체는 지속적으로 이 단면을 통과한다고 가정하면, 식 (9.3)은 다음과 같이 나타낼 수 있다.

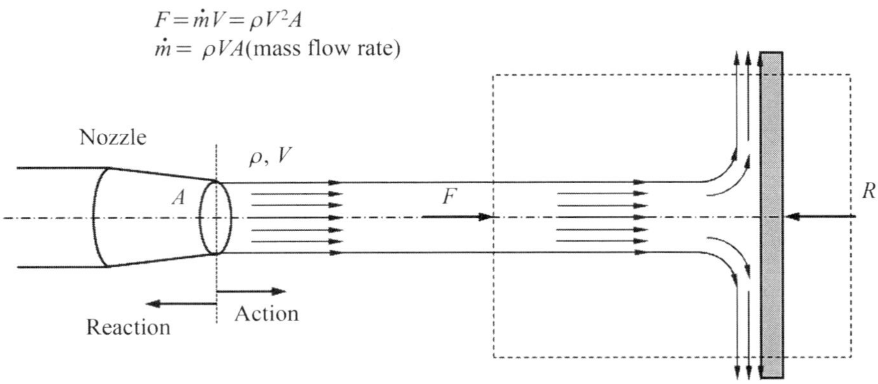

그림 9.14 ‣ 제트유동에 의한 유체역학적 힘

$$F = \frac{d(m\,V)}{dt} = V\frac{dm}{dt} = \dot{m}\,V \tag{9.5}$$

여기서 $\dot{m}$은 질량유량이며, 다음과 같이 정의한다.

$$\dot{m} = \rho\,VA$$

여기서 ρ는 밀도, V는 유체의 속도, A는 유체가 흘러가는 단면적을 나타낸다. 정상유동인 경우에 질량유량은 항상 일정하며, 이를 연속방정식(continuity equation)이라 한다. 결과적으로 유체유동에 의한 힘은 다음과 같다.

$$F = \dot{m}\,V = \rho\,V^2 A \tag{9.6}$$

따라서 그림 9.14에서와 같이 노즐로부터 분사되는 제트유동이 물체에 부딪힐 때 유체가 물체에 가하는 힘의 크기는 $\rho\,V^2A$이다. 한편, 노즐에는 뉴턴의 제3법칙인 작용-반작용 법칙에 의해 반력이 생기며, 그 힘의 크기 또한 $\rho\,V^2A$이다.

운동량 이론이란 그림 9.15에서 볼 수 있는 것처럼 프로펠러를 회전시켜서 프로펠러 회전면 뒤에 프로펠러로 유입되는 공기의 속도보다 빠른 공기 흐름을 만들어 프로펠러 회전면 앞뒤의 공기 운동량 차이를 이용하여 추력을 발생시킨다는 이론이다. 이런 내용은 에너지 변환 메커니즘을 통해 쉽게 이해할 수 있다. 즉 엔진에서 만들어진 기계적인 일은 프로펠러를 구동시킨다. 공기는 프로펠러를 지나면서 프로펠러로부터 에너지를 전달받아 운동에너지가 증가한다. 따라서 프로펠러를 빠져나간 공기는 그림 9.16에서 볼 수 있는 것처럼 유동통로가 작아지면서 프로펠러로 유입되는 공기의 속도보다 빨라진다.

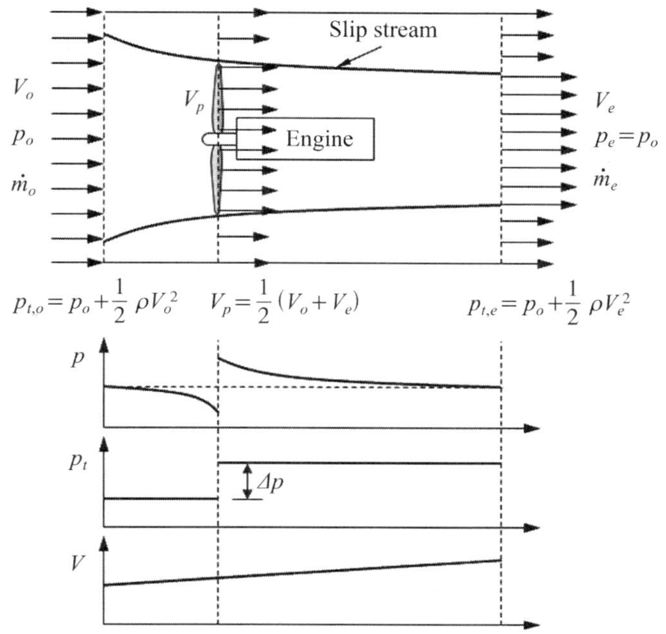

그림 9.15 · 프로펠러 주위 공기유동

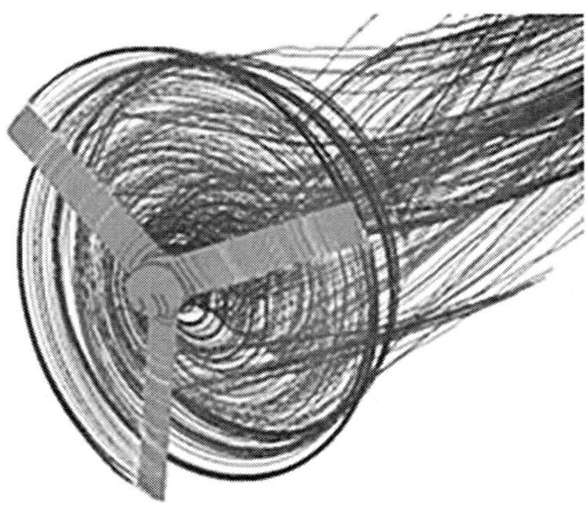

그림 9.16 · 프로펠러 하류 공기유동

운동량 이론에 의한 추력은 그림 9.15에 표시된 물리량들을 이용해서 다음과 같이 구할 수 있다.

$$Thrust = F = \dot{m}_e V_e - \dot{m}_o V_o \tag{9.7}$$

여기서 $\dot{m}_o$는 프로펠러로 유입되는 공기의 질량유량, $\dot{m}_e$는 프로펠러를 빠져나가는 공기의 질량유량, V_o는 프로펠러로 유입되는 공기의 속도로서 대개 비행속도와 일치한다. 그리고 V_e는 프로펠러 하류에서의 공기속도를 나타낸다.

연속방정식에 의해 다음과 같은 식이 성립한다.

$$\dot{m}_a = \dot{m}_e = \rho V_p A \tag{9.8}$$

여기서, ρ는 공기밀도, V_p는 프로펠러로 유입되는 공기의 속도, A는 프로펠러 회전단면적을 나타낸다.

식 (9.8)을 이용하여 식 (9.7)을 정리하면 다음과 같다.

$$F = \rho V_p A(V_e - V_o) \tag{9.9}$$

프로펠러 유동에서 프로펠러를 지나는 공기의 평균속도는 대략적으로 프로펠러 상류에서의 공기속도와 하류에서의 공기속도의 평균값과 같다. 따라서 다음과 같은 식이 성립한다.

$$V_p = \frac{1}{2}(V_o + V_e) \tag{9.10}$$

식 (9.10)을 식 (9.9)에 대입하여 정리하면 다음과 같은 추력 관계식을 얻는다.

$$F = \frac{1}{2}\rho A(V_e^2 - V_o^2) \tag{9.11}$$

식 (9.11)에 나와 있는 추력 관계식은 다른 방법을 이용해서 구할 수 있다. 그림 9.15에 나타나 있는 것처럼 프로펠러 회전면의 앞면과 뒷면에는 서로 다른 압력이 작용한다. 따라서 추력은 다음과 같은 관계식을 이용하여 구할 수 있다.

$$Thrust = F = A\Delta p \tag{9.12}$$

프로펠러 회전면 뒤와 앞의 압력차는 다음과 같다.

$$\Delta p = p_{t,e} - p_{t,o} \tag{9.13}$$

프로펠러 앞쪽과 뒤쪽의 전체압력은 다음과 같다.

$$p_{t,o} = p_o + \frac{1}{2}\rho V_o^2$$

$$p_{t,e} = p_e + \frac{1}{2}\rho V_e^2$$

그림 9.15에서 확인할 수 있는 것처럼 $p_o = p_e$이다. 따라서 프로펠러 회전면 뒷면과 앞면의 압력차는 다음과 같다.

$$\triangle p = \frac{1}{2}\rho\left(V_e^2 - V_o^2\right) \tag{9.14}$$

식 (9.14)를 식 (9.12)에 대입하여 정리하면 다음과 같은 추력 관계식을 얻는다.

$$F = \frac{1}{2}\rho A\left(V_e^2 - V_o^2\right) \tag{9.15}$$

식 (9.15)는 식 (9.11)과 동일하다는 것을 알 수 있다.

9.3.3 날개 이론

프로펠러에서 날개 이론이란 프로펠러가 공기 속을 회전하는 경우 항공기 주 날개의 양면에 서로 다른 크기의 압력이 형성되는 것과 마찬가지로 프로펠러 블레이드 등에는 낮은 압력이 형성되고, 블레이드 면에는 상대적으로 높은 압력이 형성되어 양력이 발생하여 이 양력이 항공기를 앞으로 끌고 가는 추력으로 작용한다는 것이다.

그림 9.17은 날개 주위 유동을 분석하기 위해 CFD해석을 통해 얻어진 NACA 4412 익형에 대한 속도 및 압력분포이다. 베르누이 정리에 의해 속도가 빨라지면 압력이 감소한다. 따라서 상대적으로 빠른 속도가 형성되는 흡입면의 압력이 압력면에 비해서 낮으며, 이로 인해 양력이 발생한다.

CFD해석을 통해 얻어진 흡입면과 압력면에서의 압력분포를 그림 9.18에 나타냈다. 날개 주위의 압력분포가 구해지면 날개에 작용하는 양력은 다음과 같은 식을 이용하여 구할 수 있다.

$$Lift = \oint p dA \tag{9.16}$$

여기서 $\oint$는 날개 주위를 한 바퀴 따라 돌면서 적분한다는 개념이며, 열역학에서 사용하는 사이클적분 개념과 비슷하다.

프로펠러 블레이드에서 양력이 발생하는 원리와 프로펠러 블레이드가 뒤틀려 있는 이유를 살펴보기 위해 속도삼각형에 대해 살펴보기로 한다. 속도삼각형은 세 개의 속도, 즉

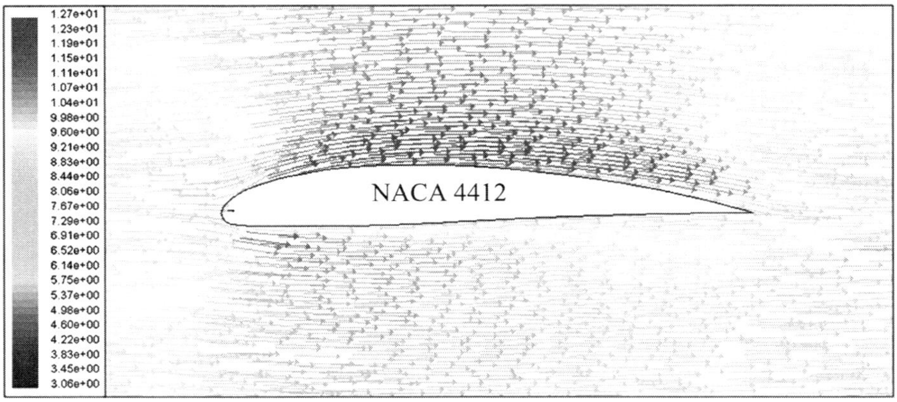

(a) 속도분포

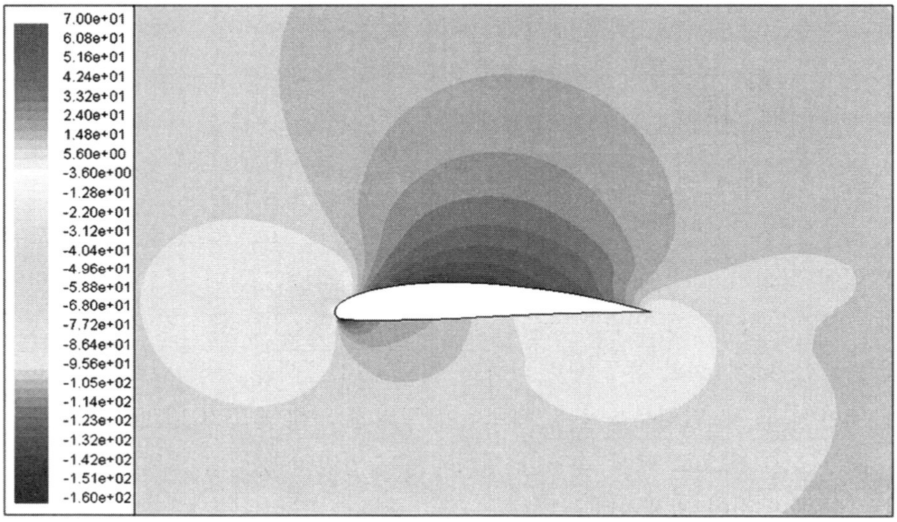

(b) 압력분포

그림 9.17 ▸ 날개 주위 유동분포 (NACA 4412)

항공기로 유입되는 공기의 상대속도, 프로펠러로 유입되는 공기의 상대속도, 프로펠러 회전속도로 구성된다. 참고로, 가스터빈의 압축기나 터빈을 설계하는 경우에도 속도삼각형을 이용하는데, 이 경우 항공기로 유입되는 공기의 상대속도 대신에 가스터빈의 압축기나 터빈의 블레이드로 유입되는 공기의 절대속도가 사용된다. 절대속도란 정지 상태에서 관찰한 속도이며, 상대속도란 이동하는 상태에서 관찰한 속도이다. 항공기가 비행하고 있을 때 항공기 전방에 있는 공기가 정지 상태로 존재한다면 프로펠러 회전면에 직각으로

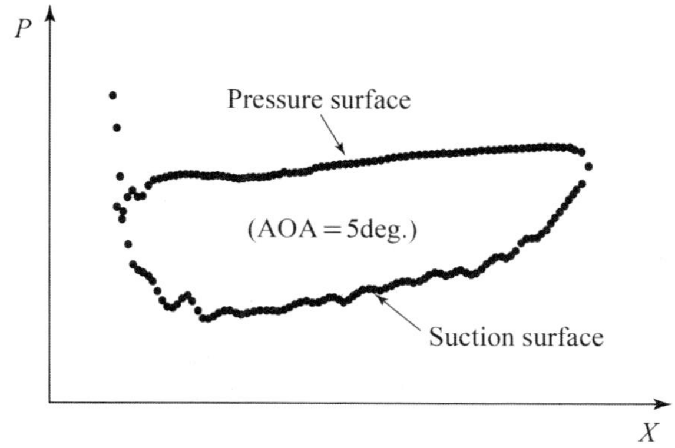

그림 9.18 ‣ 날개 주위 압력분포에 대한 XY-Plot (NACA 4412)

비행속도 크기를 가지면서 비행 반대방향으로 공기가 유입된다. 이 속도가 항공기로 유입되는 공기의 상대속도이다. 한편, 프로펠러는 회전하고 있기 때문에 프로펠러 회전 반대방향으로 프로펠러 블레이드 회전속도 크기를 가진 공기가 유입된다. 비행하고 있는 항공기의 프로펠러에는 그림 9.19에 나타나 있는 것처럼 이 두 가지 속도가 합성되어 유입되며, 합성된 속도가 프로펠러로 유입되는 공기의 상대속도가 된다.

그림 9.19에 두 개의 속도삼각형이 나타나 있는데, 하나는 프로펠러 중간단면에서 형성되는 속도삼각형이며, 다른 하나는 프로펠러 팁 부위에서 형성되는 속도삼각형이다. 항

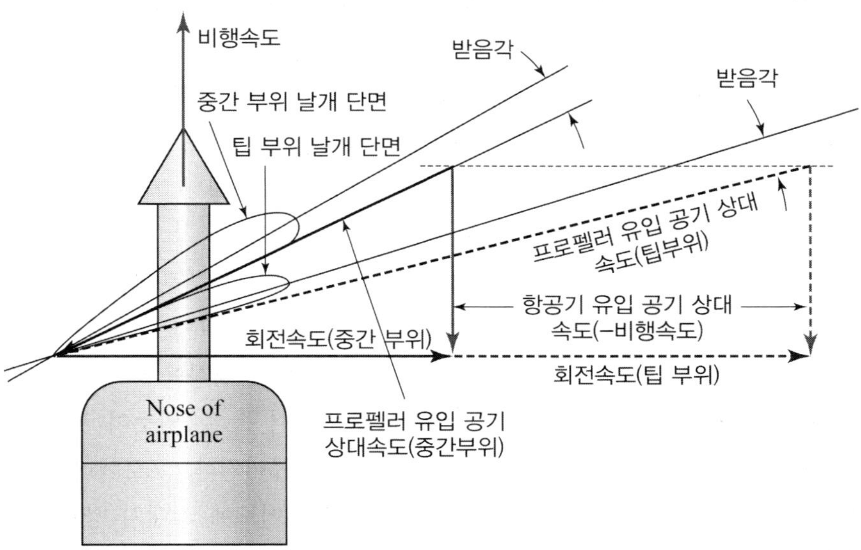

그림 9.19 ‣ 프로펠러 블레이드 속도삼각형

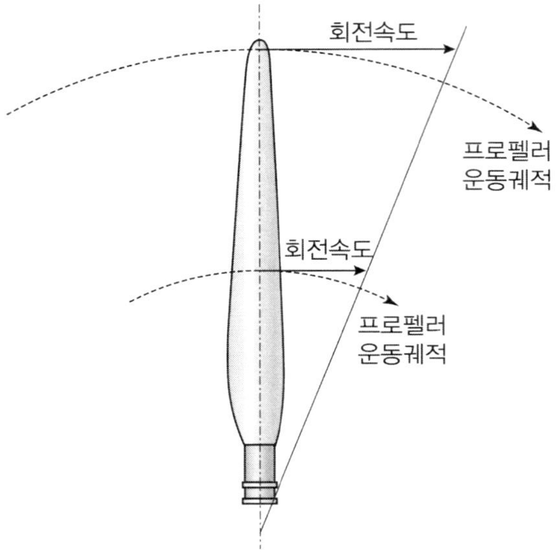

그림 9.20 ‣ 프로펠러 회전속도

공기로 유입되는 공기의 상대속도 크기는 프로펠러 길이에 관계없이 일정하다. 그러나 프로펠러 회전속도 크기는 그림 9.20에 나타나 있는 것처럼 블레이드 길이에 비례하여 증가한다. 따라서 그림 9.19에 팁 부위의 회전속도가 중간 부위의 회전속도에 비해 약 2배 더 크게 그려진 것을 확인할 수 있다.

받음각(angle of attack)은 프로펠러 블레이드에서 양력을 발생시키는 가장 중요한 요소 가운데 하나이다. 받음각은 그림 9.19와 그림 9.21에 나타나 있듯이 블레이드 시위선과 프로펠러로 유입되는 공기의 상대속도 성분이 그리는 사잇각으로 정의한다. 프로펠러 블레이드의 경우 가장 효율적인 받음각은 2 ~ 4°이다. 따라서 전형적으로 고정 블레이드 각을 가지는 고정피치 프로펠러는 특정 rpm으로 고정된 상태에서 이륙이나 순항 가운데 한군데에서 받음각이 2 ~ 4°가 되도록 설계한다. 받음각이 15°보다 커지면 프로펠러 블레이드의 실속 가능성으로 인해 비효율적이게 된다.

프로펠러 블레이드는 길이방향을 따라 회전속도가 증가하기 때문에 그림 9.19에서 볼 수 있는 것처럼 프로펠러 회전속도와 프로펠러 유입 공기 상대속도 사잇각 크기는 점차 작아진다. 그런데 가장 효율적인 받음각은 2 ~ 4°이며, 길이 방향을 따라서 이런 효율적인 받음각이 유지되도록 해주기 위해 그림 9.9와 9.19에서 볼 수 있듯이 프로펠러 팁 방향으로 가면서 날개 단면이 프로펠러 회전면 쪽으로 뒤틀어진다. 프로펠러 허브에서 팁까지 최적의 받음각으로 유입되는 공기는 프로펠러 블레이드에 최대의 양력을 발생시킨다. 이 양력에 의해 프로펠러는 그림 9.21에 나타나 있는 것처럼 항공기를 앞으로 구동시

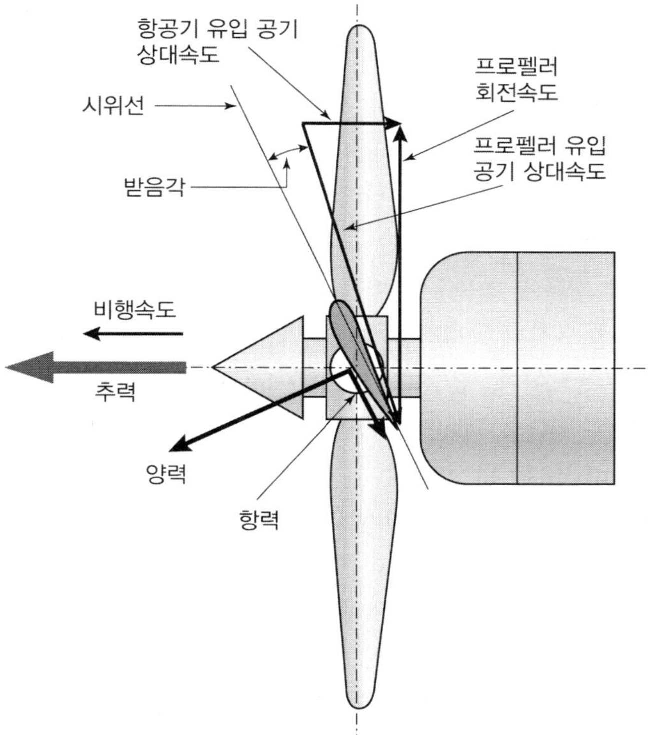

그림 9.21 ▸ 프로펠러 추진

키는 추력을 발생시킨다.

한편, 순항비행 시 비행속도가 커지면 항공기로 유입되는 공기의 상대속도가 증가하기 때문에 효율적인 받음각인 2 ~ 4°를 유지하기 위해 블레이드 각을 크게 유지시킨다. 이 경우 엔진을 경제적인 속도로 회전시키면서 순항비행을 하기 때문에 가장 경제적인 비행이 된다.

9.3.4 팁 속도

프로펠러 팁 속도는 프로펠러 성능과 내구성에 큰 영향을 미치는 요소이다. 이는 프로펠러 팁 속도가 음속에 가까워지면 다음과 같은 세 가지 문제가 나타나기 때문이다. 첫째는 플러터(flutter)나 진동이 발생하여 프로펠러 블레이드에 과도한 응력이 발생하여 심한 경우에는 블레이드가 찢겨나가며, 둘째는 충격파 발생으로 인해 소음이 증가하고, 셋째는 프로펠러 블레이드의 효율이 급격히 저하된다. 플러터란 프로펠러 블레이드가 고속으로 회전하는 경우 공기 흐름에서 에너지를 받아 심한 진동을 일으키는 현상을 말한다. 일반적으로 플러터는 블레이드 표면에서 일어나는 유동박리에 의한 실속에 의해 흔히 일어나며, 후류의 진동에 의해 발생하기도 한다. 플러터가 발생하면 진동이 급속하게 퍼져 프로펠러 블레이드가 찢겨나가기 때문에 플러터가 발생하지 않도록 프로펠러 블레이드의 속도를 제한해야 한다. 아울러 플러터가 발생하면 소음이 증가하며, 플러터에 의해 발생하는 소음은 배기소음으로 착각되기도 한다. 한편, 프로펠러 블레이드는 아음속에 적합한 날개 형상을 가지기 때문에 초음속이 되는 경우 효율이 급격하게 저하된다. 해면고도에서 전통적인 2깃 또는 3깃 프로펠러의 효율은 팁 속도가 900 fps (274.32 m/s)일 때 최대 효율이 약 86% 정도이며, 팁 속도가 1200 fps (365.76 m/s)일 때 최대 효율은 약 72% 정도로 낮아진다 (Kroes and Wild, 1994). 참고로, 해면고도에서 ISO조건을 기준으로 음속은 1120 fps (341.38 m/s)이다.

프로펠러 블레이드의 팁 속도를 줄이기 위해 감속기어를 사용하는 방법과 플로펠러 블레이드의 텔레스코핑(telescoping) 방법이 있다. 만약 3 : 2 비율을 가지는 감속기어를 사용하면 프로펠러는 엔진 속도의 2/3로 회전하게 된다. 그러나 감속기어를 사용하면 항공기 무게가 증가하는 단점이 발생하기 때문에 일반적으로 엔진 회전속도를 줄이는 방법을 채택한다. 이런 이유 때문에 자동차용 가솔린엔진의 최대 회전속도가 약 6000 ~ 7000 rpm인데 반해 항공용 왕복엔진은 최대 회전속도가 2600 rpm 이하로 제한된다. 프로펠러 블레이드 텔레스코핑이란 프로펠러 블레이드의 형상을 변경하지 않고 프로펠러 직경을 줄이는 것을 말한다.

연습문제 9.1

어떤 항공기 프로펠러 블레이드의 회전반경이 0.9 m이다. 이 항공기에 적용하고 있는 왕복엔진의 최대 회전수는 3600 rpm이다. 그리고 항공기 이륙 시에 최대 비행속도는 360 km/h이다. 이 왕복엔진에 프로펠러를 위한 감속기어의 필요성에 대해 설명하시오. 단, 결정단계에서 이 항공기는 항상 표준대기조건에서 비행한다고 가정하시오. 표준대기조건에서 공기의 기체상수 R = 287 J/kg-K이다.

풀이

프로펠러 블레이드 팁 회전속도 $= \dfrac{2\pi rn}{60} = 339.3$ m/s

비행속도에 의해 프로펠러 회전면에 직각으로 유입되는 공기의 상대속도 = 100 m/s

속도삼각형에 의해 프로펠러로 유입되는 공기의 상대속도는 다음과 같다.

$$V = \sqrt{339.3^2 + 100^2} = 353.7 \quad \text{m/s}$$

$$\text{음속} \quad a = \sqrt{\frac{\gamma p}{\rho}} = \sqrt{\gamma RT} = \sqrt{1.4 \times 287\, J/kg-K \times 288K} = 340.17 \quad \text{m/s}$$

따라서 프로펠러 블레이드에 유입되는 공기의 속도는 마하수 1.04의 초음속이다. 결론적으로 감속기어를 설치하여 프로펠러로 유입되는 공기의 상대속도를 아음속으로 유지시켜야 한다. ■

9.3.5 프로펠러 부하

프로펠러를 구동하기 위해서는 동력이 필요하다. 그리고 프로펠러 회전속도가 증가할수록 요구되는 동력은 증가한다. 프로펠러를 구동하기 위한 동력의 크기는 회전속도의 3승에 비례한다. 이는 프로펠러 회전에 의해 발생하는 항력의 크기가 프로펠러 회전속도의 제곱에 비례하며, 동력의 크기는 힘의 요소에 속도를 곱한 것과 같기 때문이다. 따라서 다음과 같은 식이 성립한다.

$$\text{HP} \;=\; K \times rpm^3 \tag{9.17}$$

여기서 K는 상수로서 프로펠러 형태, 크기, 피치, 블레이드 수에 의해 결정된다. 이 식으로부터 프로펠러가 2배 빠르게 회전하면 프로펠러를 구동하기 위한 동력의 크기가 8배로 증가한다는 것을 알 수 있다.

그림 9.22에 프로펠러 부하 곡선이 나타나 있다. 이 그림에는 하나의 특정한 고정피치 프로펠러가 장착된 엔진을 전 스로틀(full throttle)로 운전했을 때 다양한 rpm에서 나타나는 매니폴드 압력(MAP; Manifold Absolute Pressure), 제동마력(출력), 제동비연료소모율(BSFC; Brake Specific Fuel Consumption)이 나타나 있다. 그림 상단에는 전 스로틀에서 MAP은 rpm이 증가함에 따라 감소한다는 것을 보여주고 있다. 이는 매니폴드로 유입되는 공기의 속도가 rpm이 증가함에 따라 동반 증가하여 마찰손실이 증가하기 때문이다. 한편, 프로펠러 부하 곡선으로부터 MAP이 20 inHg인 경우 1950 rpm, MAP이 22 inHg인 경우 2200 rpm, MAP이 27.8 inHg인 경우 2600 rpm으로 회전할 수 있다는 것을 알 수 있다. 이는 이 프로펠러를 이용하여 얻을 수 있는 최대 출력인데, 이는 부하 곡선이 이 rpm에서 MAP 곡선과 만나기 때문이다.

이 그림 중간에 있는 곡선으로부터 엔진 출력은 rpm이 증가할수록 증가한다는 것을 알 수 있다. 그런데 엔진 출력 증가는 비례적이지 못한데, 그 이유는 rpm이 증가함에 따라 MAP 감소가 일어나기 때문이다. 한편 프로펠러 부하 곡선으로부터 프로펠러는 142

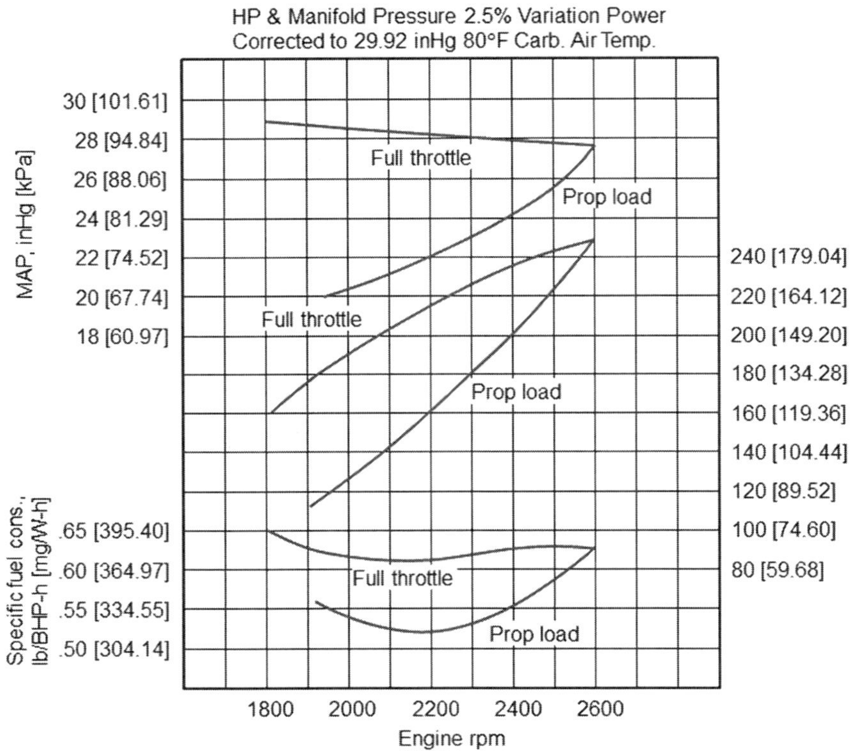

그림 9.22 • 프로펠러 부하 곡선

마력을 이용하여 2100 rpm, 202 마력을 이용하여 2400 rpm, 248 마력을 이용하여 2600 rpm으로 회전할 수 있다는 것을 알 수 있다.

이 그림 하단에는 BSFC가 나타나 있는데, 최적의 BSFC는 프로펠러가 160 마력을 흡수할 때 약 2200 rpm에서 얻어진다는 것을 알 수 있다. 이 지점에서의 BSFC는 약 0.52 lb/HP-h이다. 그러나 엔진을 2200 rpm에서 전 스로틀로 운전하는 경우에는 BSFC가 약 0.61 lb/HP-h로 증가한다는 것을 알 수 있다.

9.4 • 프로펠러에 작용하는 힘

9.4.1 원심력

회전하는 프로펠러에는 원심력이 작용한다. 원심력은 그림 9.23에 나타나 있는 것처럼 프로펠러를 허브로부터 뽑아내려는 힘이다. 아울러 프로펠러 단면에서는 원심력으로 인한 인장응력이 발생한다. 프로펠러가 고속으로 회전할수록 원심력의 크기는 증가하며, 이로 인해 인장응력이 허용응력을 초과하는 경우에는 프로펠러가 찢겨나간다.

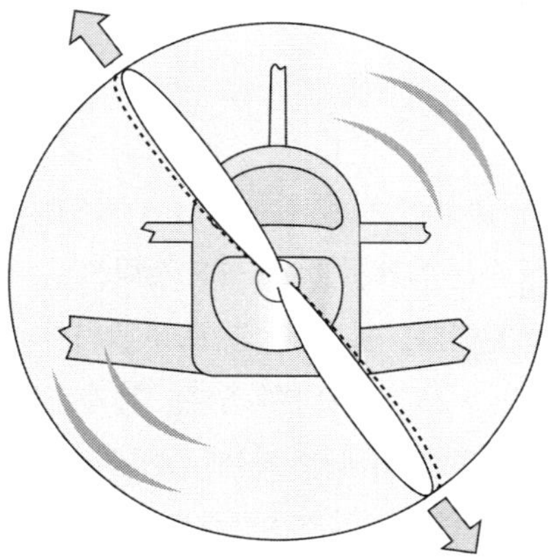

그림 9.23 ‣ 프로펠러에 작용하는 원심력 (from Crane, 2001)

9.4.2 토크굽힘력

프로펠러가 고속으로 회전하는 경우 공기가 프로펠러로 유입되기 때문에 이로 인해 프로펠러 블레이드에는 항력이 발생한다. 이 항력은 프로펠러 길이방향을 따라 발생하는 분포하중으로 그림 9.24에 나타나 있는 것처럼 프로펠러에 토크굽힘력으로 작용한다. 이 힘은 프로펠러 회전 반대방향으로 굽힘응력을 발생시킨다.

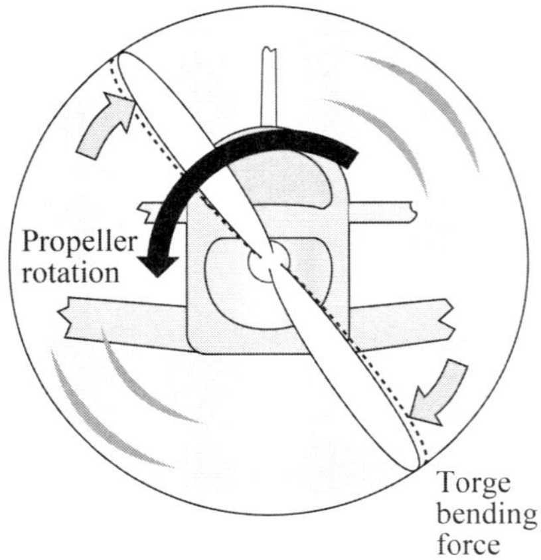

그림 9.24 ‣ 프로펠러에 작용하는 토크굽힘력 (from Crane, 2001)

9.4.3 추력굽힘력

프로펠러 블레이드에서 발생하는 양력이 항공기 추력으로 작용한다는 것은 프로펠러 이론 부분에서 이미 살펴본 내용이다. 이는 결국 프로펠러가 항공기를 끌어당기거나 미는 것이므로 프로펠러에는 그림 9.25에 나타나 있는 것과 같이 추력굽힘력이 작용한다. 이 힘에 의해 프로펠러 블레이드가 휘어지는 경우 이 힘이 작용하는 방향은 원심력에 의한 힘이 작용하는 방향의 반대가 될 수 있기 때문에 원심력에 의한 응력을 약간 줄여주는 역할을 하기도 한다.

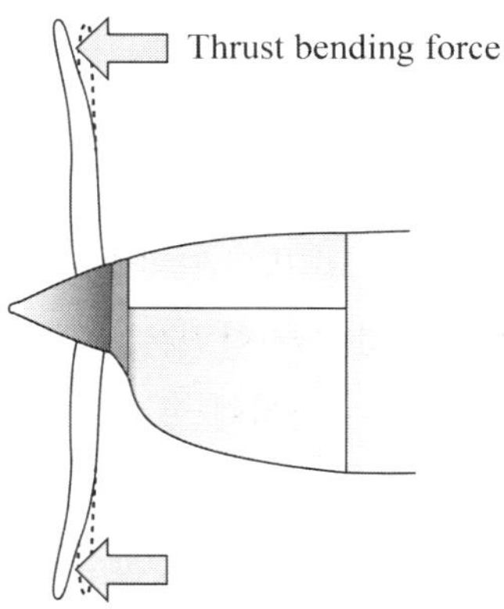

그림 9.25 ‣ 프로펠러에 작용하는 추력굽힘력 (from Crane, 2001)

9.4.4 공기역학적 비틀림 힘

프로펠러 블레이드에서 양력이 발생하는 경우 그림 9.26에 나와 있는 것처럼 양력의 중심점은 프로펠러 회전축을 기준으로 앞전 쪽에 위치한다. 이로 인해 프로펠러에는 공기역학적 비틀림 힘이 작용한다. 프로펠러 회전속도에 비해 비행속도가 빠른 하강비행 시에는 풍압중심이 뒷전 쪽으로 이동하기 때문에 비틀림 힘은 정상비행 시에 발생하는 방향과 반대방향으로 일어난다.

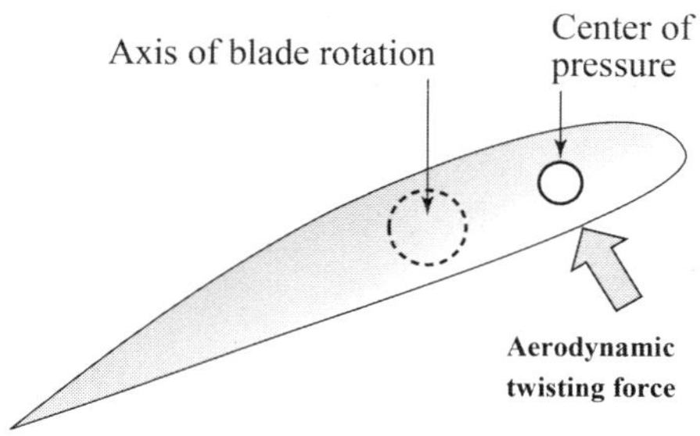

그림 9.26 ‣ 프로펠러에 작용하는 공기역학적 비틀림 힘 (from Crane, 2001)

9.4.5 원심 비틀림 힘

프로펠러 블레이드는 비틀려 있기 때문에 고속으로 회전하는 경우 발생하는 원심력은 프로펠러 블레이드의 비틀림이 풀리도록 작용한다. 따라서 원심력에 의해 발생하는 비틀림 힘은 그림 9.27에 나타나 있는 것처럼 공기역학적 비틀림 힘과 반대방향으로 작용하여 블레이드 각을 작게 한다. 프로펠러가 회전하는 경우 발생하는 원심력으로 인해 프로

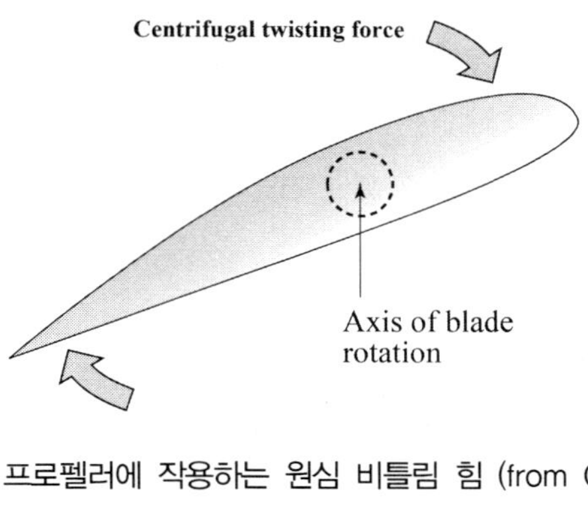

그림 9.27 ‣ 프로펠러에 작용하는 원심 비틀림 힘 (from Crane, 2001)

펠러의 질량중심은 프로펠러 회전중심 쪽으로 이동하려고 한다. 프로펠러의 질량중심은 대개 회전중심의 앞에 놓인다. 따라서 프로펠러가 회전하는 동안 원심력에 의하여 블레이드 각이 작아진다. 일반적으로 원심력에 의한 비틀림 힘은 공기력에 의한 비틀림 힘보다 크기 때문에 일부 프로펠러의 경우 블레이드 각이 작아지도록 하는데 사용하기도 한다. 실제로 이 힘은 정속프로펠러에 있어서 블레이드 각을 작게 하는데 이용하는 매우 중요한 힘이다.

9.5 • 프로펠러 장착 위치에 의한 분류

9.5.1 견인식 프로펠러

프로펠러는 항공기에 장착되어 있는 위치에 따라 분류하기도 한다. 견인식 프로펠러(tractor propeller)는 그림 9.28에 나타나 있는 것처럼 프로펠러가 동체 앞부분에 장착되어 공기 속으로 항공기를 끌어주는 형태이다. 대부분의 항공기는 견인식 프로펠러를 채택하고 있다. 견인식 프로펠러의 가장 큰 장점은 비교적 교란을 받지 않은 공기 속을 회전하기 때문에 프로펠러에 상대적으로 작은 응력이 작용한다는 점이다.

그림 9.28 • 견인식 프로펠러

9.5.2 추진식 프로펠러

추진식 프로펠러(pusher propeller)는 그림 9.29에 나타나 있는 것처럼 동체 뒷부분에

(a) 육상용　　　　　　　　　　(b) 수상용

그림 9.29 • 추진식 프로펠러

프로펠러가 장착되어 공기 속으로 항공기를 밀어주는 형태이다. 대부분의 항공기에는 견인식 프로펠러를 사용하고 있으나 일부 수상용 항공기나 수륙양용 항공기는 추진식 프로펠러를 채택하고 있다.

견인식이나 추진식 프로펠러 모두 항공기를 공기 속으로 효과적으로 추진시킨다. 그러나 어떤 경우에는 한 가지 프로펠러가 주어진 항공기에 대해서 더 효과적일 수 있다. 예를 들면, 프로펠러와 지면 사이의 간격이 작아야 하는 육상용 항공기의 경우 추진식 프로펠러를 장착하는 경우 견인식 프로펠러에 비해 프로펠러가 더 많은 손상을 입을 수 있다. 이는 자갈이나 모래 같은 작은 물질이 바퀴에 의해 튕겨 올라 프로펠러와 충돌하여 손상을 입힐 수 있기 때문이다. 수상용 항공기의 경우에도 추진식 프로펠러를 적용하는 경우 착륙이나 이륙 시에 동체 등에 의해 비산되는 물방울에 의해 프로펠러가 손상받기 쉽다. 따라서 추진식 프로펠러의 경우 프로펠러 손상을 방지하기 위해 그림 9.29(b)에 나타나 있는 것처럼 프로펠러를 흔히 날개 상부 후방에 장착한다.

9.5.3 이중반전식 프로펠러

이중반전식 프로펠러란 항공기의 전방이건 후방이건 간에 두 개의 회전축에 서로 반대방향으로 회전하는 두 개의 프로펠러를 말한다. 한편, 하나의 축 선상에 서로 반대방향으로 회전하는 2열의 프로펠러를 가지는 구조도 있다. 이 경우 뒤 열에 있는 프로펠러의 공기역학적 성능은 앞 열에 있는 프로펠러에서 발생하는 후류에 의해 영향을 받을 수 있다. 그림 9.30에 이중반전식 프로펠러를 채택한 항공기가 나타나 있다.

그림 9.30 • 이중반전식 프로펠러

9.5.4 일렬식 프로펠러

일렬식 프로펠러는 그림 9.31에서 볼 수 있는 것처럼 한 개의 항공기에 견인식과 추진식을 동시에 갖춘 구조이다.

그림 9.31 • 일렬식 프로펠러

9.6 • 고정피치 프로펠러

고정피치 프로펠러는 여러 가지 프로펠러 가운데 가장 간단한 형태이다. 고정피치 프로펠러란 그 이름에서 의미하듯이 블레이드 각이 고정되어 있는 프로펠러를 말한다. 대개 소형 항공기에 사용하는 고정피치 프로펠러는 굽힘이나 재작업을 하지 않고는 블레이드 각을 바꿀 수 없다. 따라서 고정피치 프로펠러는 하나의 특정 회전속도 및 비행속도에서 최대 효율을 나타낸다.

9.6.1 고정피치 프로펠러 분류

소형 항공기에 장착하는 대표적인 고정피치 프로펠러는 67 ~ 76인치의 직경과 53 ~ 68인치의 피치를 갖는다. 특정 항공기에 요구되는 정확한 직경과 피치는 항공기 제작자가 지정한다. 고정피치 프로펠러는 세 가지, 즉 상승 프로펠러, 순항 프로펠러, 표준 프로펠러로 분류한다.

상승 프로펠러(climb propeller)는 블레이드 각이 작은 고정피치 프로펠러로서 최대 추력이 요구되는 이륙 및 상승비행 시에 최고성능을 발휘한다. 블레이드 각이 작으면 항공기 정지 및 저속비행 시에 프로펠러에 작용하는 항력이 작아서 엔진을 최대 동력을 생산할 수 있는 최대 회전수로 구동시킬 수 있다. 비록 엔진 회전수당 적은 질량유량의 공기가 프로펠러 블레이드를 통과하지만 프로펠러를 빠져나가는 공기의 속도를 높게 유지하여 최대 추력을 얻을 수 있다. 따라서 블레이드 각이 작은 상승 프로펠러는 짧은 활주로에서 빈번하게 운항하거나 고고도 비행을 하는 경우에 적합하다. 그러나 항공기가 일단 순항고도에 도달하면 가속비행을 시작하기 때문에 작은 블레이드 각은 비효율적이다.

순항 프로펠러(cruise propeller)는 약간 큰 블레이드 각을 가지는 고정피치 프로펠러이다. 순항 프로펠러는 높은 고도에서 순항비행을 하는 동안에 효과적이도록 설계되어 있다. 일반적으로 순항 프로펠러는 큰 피치 때문에 이륙 및 상승비행 시에는 매우 비효율적이다. 그러나 긴 활주로에서 이륙하여 저고도로 비행하는 경우 순항 프로펠러를 장착하는 것이 훨씬 효율적이다.

표준 프로펠러(standard propeller)는 상승 프로펠러와 순항 프로펠러를 절충한 형태의 고정피치 프로펠러이다. 표준 프로펠러는 광범위한 비행조건에서 가장 좋은 성능을 발휘하기 때문에 많은 항공기 제작자는 표준 프로펠러를 적용한다.

9.6.2 고정피치 프로펠러 운전 특성

항공기가 등속도로 수평비행을 하는 경우에 엔진에 특별한 변화가 나타나지 않는다. 그러나 항공기의 비행속도가 달라지면 엔진의 회전속도에 변화가 나타난다. 예를 들면, 항공기가 하강비행을 하는 경우 엔진의 회전속도는 증가한다. 이는 항공기 낙하속도와 비행속도가 결합되어 항공기 진행 반대방향으로 유입되는 공기의 상대속도가 증가하기 때문에 받음각이 작아져서 프로펠러에 작용하는 항력이 작아지기 때문이다. 이와 반대로 상승비행을 하는 경우 엔진의 회전속도는 줄어든다.

프로펠러는 엔진의 회전속도 증가 및 감소에 의해 발생하는 과도한 동력을 어느 정도까지는 흡수할 수 있으나 한계점을 초과하는 경우 엔진에 손상이 발생한다.

9.7 • 조정피치 프로펠러

조정피치 프로펠러는 항공기 운전자가 프로펠러 블레이드 각 크기를 항공기 운행 중에 임의로 바꿀 수 있는 프로펠러이다. 이 경우 프로펠러와 엔진 운전조건의 특별한 조합을 통해 가능한 최대의 효율을 발휘할 수 있는 블레이드 각으로 조정할 수 있게 된다. 구식의 조정피치 프로펠러는 단지 지상에서만 피치를 조정할 수 있었지만 현대식 조정피치 프로펠러는 비행 중에 조종사가 프로펠러 피치를 변경할 수 있도록 개발되었다. 최초의 조정피치 프로펠러는 저피치와 고피치 두 개의 피치로만 바뀔 수 있도록 개발되었다. 그러나 오늘날 거의 대부분의 조정피치 프로펠러는 일정한 범위에서 피치를 조정할 수 있도록 개발되었다.

9.7.1 지상조정 프로펠러

지상조정 프로펠러는 지상에서 엔진이 정지한 상태에서 블레이드 각을 바꿀 수 있는 구조를 가지는 프로펠러를 말한다. 오늘날 이런 형태의 프로펠러는 거의 보이지 않고 일부 성형 엔진을 장착한 구식 항공기에서 찾아볼 수 있다.

9.7.2 2-위치 프로펠러

1930년대 개발된 2-위치 프로펠러(2-position propeller)는 비행 중에 피치 조정이 가능한 최초의 프로펠러로서 조종사가 두 개의 위치, 즉 이륙과 상승(저피치, 고 rpm)에 최적인 블레이드 각과 순항(고피치, 저 rpm)에 최적인 블레이드 각 가운데 하나를 선택할 수 있다. 저피치는 이륙과 상승비행에 사용하는데, 이때 엔진은 최고의 회전속도로 최대의 정격마력을 생산한다. 한편, 고피치는 순항비행 시에 사용하여 가장 효율적인 고속비행을 하면서 엔진을 가장 경제적인 속도로 회전시켜 가장 효율적인 비행이 되도록 해준다.

2-위치 프로펠러는 그림 9.32에 나타나 있듯이 프로펠러 허브 어셈블리, 카운터웨이트와 브래킷, 실린더와 피스톤 어셈블리로 구성되어 있다. 프로펠러 블레이드 각은 유압과 원심력 두 가지 힘에 의해 바뀐다. 블레이드 각은 엔진오일이 실린더로 유입되어 실린더

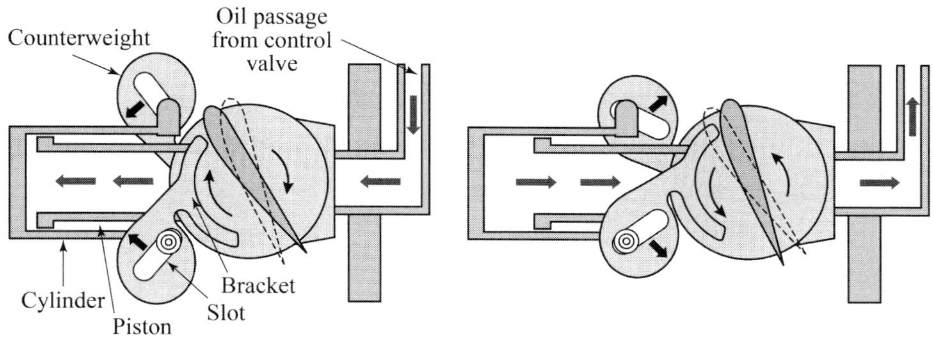

(a) 저피치 (b) 고피치

그림 9.32 • 2-위치 프로펠러

를 앞으로 밀 때 실린더와 피스톤 어셈블리 작용에 의해 작아진다. 그림 9.32(a)에 나타나 있는 것처럼 엔진오일이 3웨이밸브(3 way valve)를 통해 실린더로 유입되면 실린더를 밖으로 밀어낸다. 실린더에는 카운터웨이트에 있는 슬롯에 끼워져 있는 부싱이 장착되어 있기 때문에 피스톤이 밖으로 밀려가면 이 부싱이 실린더와 함께 움직여서 브래킷이 안쪽으로 회전한다. 브래킷은 블레이드 베이스에 붙어있기 때문에 프로펠러는 블레이드 각이 작아지는 쪽으로 회전한다. 일단 블레이드가 카운터웨이트에 있는 저피치 정지점에 도달하면 오일압력에 의해 블레이드가 그 위치에 정지해 있도록 해준다.

프로펠러 조정레버를 후미로 이동시키면 선택밸브가 회전하여 실린더 내부 오일압력이 제거되면, 그림 9.32(b)에 나타나 있는 것처럼 실린더를 밀어내는 힘이 없어지기 때문에 카운터웨이트에 의해 발생하는 원심력에 의해 허브 어셈블리가 블레이드 각이 커지는 방향으로 회전한다. 블레이드는 카운터웨이트에 있는 고피치 위치에 도달하면 회전을 멈춘다. 블레이드가 회전함에 따라 오일은 실린더 밖으로 밀려나가고 엔진 섬프로 돌아간다. 카운터웨이트에 의해 발생하는 원심력은 단순히 기구학적으로 발생하는 것으로서 엔진에서 발생하는 동력을 이용하지 않기 때문에 장시간 순항비행 시에 사용하면 유리하다.

대부분의 2-위치 프로펠러는 피치 정지위치를 조정할 수 있도록 되어 있다. 이를 위해 피치 정지 조정너트는 원하는 블레이드 각이 얻어질 때까지 회전한다. 2-위치 프로펠러의 작동은 매우 간단하지만 반드시 지켜야 할 작동상의 주의점이 있다. 예를 들면, 엔진을 정지시키기 전에 프로펠러는 반드시 고피치 위치에 있어야 한다. 즉 피스톤 뭉치를 엔진 쪽으로 잡아당겨 부식 및 먼지가 축적되는 것을 방지해야 한다. 이는 또한 추운 날씨에 피스톤 내부에서 엔진오일이 응고되는 것을 방지하기 위함이다.

9.7.3 다중위치 프로펠러

피치 조절을 위한 기술이 더욱 발전하면서 조종사가 저피치와 고피치 사이의 임의의 각을 선택할 수 있도록 다중위치 프로펠러가 개발되었다. 이렇게 함으로써 광범위한 엔진동력과 비행속도에 걸쳐 최적의 엔진/프로펠러 효율이 유지될 수 있도록 하였다. 예를 들면, 항공기 이륙 시에 프로펠러 블레이드는 가장 작은 블레이드 각을 갖도록 설정되어서 엔진이 최대 출력을 발휘할 수 있도록 되었다. 그 후 항공기가 상승하는 동안에는 블레이드 각이 약간 증가되어 최대의 상승 성능을 발휘할 수 있도록 하였다. 순항비행 시에는 블레이드 각을 더욱 크게 유지해서 최고의 순항성능을 발휘할 수 있도록 하였다.

9.7.4 정속 프로펠러

정속프로펠러(constant-speed propeller)는 현재 가장 많이 사용하고 있는 조정피치프로펠러이다. 정속프로펠러는 운전자가 임의의 엔진 회전속도를 선택하면 가버너는 선택한 엔진속도를 유지하기 위하여 블레이드 각을 자동으로 조절한다. 만약 엔진 출력이 증가하여 엔진속도가 증가하면 가버너가 이를 감지하여 블레이드 각을 크게 하도록 반응한다. 프로펠러의 블레이드 각이 커지면 프로펠러 회전에 따른 블레이드 단면적이 증가하며, 이로 인해 공기저항이 증가하기 때문에 프로펠러 회전속도가 줄어들어 다시 운전자가 선택한 회전수로 복귀하여 일정한 회전수가 유지된다. 이 상태에서 프로펠러 블레이드는 더 큰 블레이드 각을 가지기 때문에 비행속도는 증가한다. 따라서 엔진의 출력 증가는 곧바로 비행속도 증가로 연결된다. 이와 반대로 엔진 출력이 감소하여 엔진속도가 줄어들면 가버너는 블레이드 각을 작게 만들어 다시 엔진속도가 증가하도록 해준다. 따라서 운전자가 주어진 조건에서 가장 효율적인 엔진속도를 선택하면 가버너는 선택한 회전수가 유지될 수 있도록 자동적으로 프로펠러 블레이드 각을 조정한다. 이런 원리를 이용하여 정속프로펠러는 그림 9.33에 나타나 있는 것처럼 넓은 엔진 회전속도 및 비행속도 영역에서 엔진 동력을 추력으로 가장 많이 변환시킨다.

정속프로펠러에 있어서 블레이드 각이 가장 커지는 지점을 고피치정지, 블레이드 각이 가장 작아지는 지점을 저피치정지라 한다. 정속프로펠러는 저피치정지와 고피치정지 사이에서만 블레이드 각이 자동적으로 조정되며, 이 두 피치 사이의 영역을 프로펠러 정속영역이라 한다. 정속영역 내부에 있으면 운전자가 선택한 엔진의 회전수는 항상 일정하게 유지된다. 그러나 프로펠러 블레이드가 일단 피치정지 위치에 도달하면 엔진 회전수는 비행속도 및 프로펠러 부하에 적합하도록 증가하거나 감소한다. 예를 들면, 일단 어떤

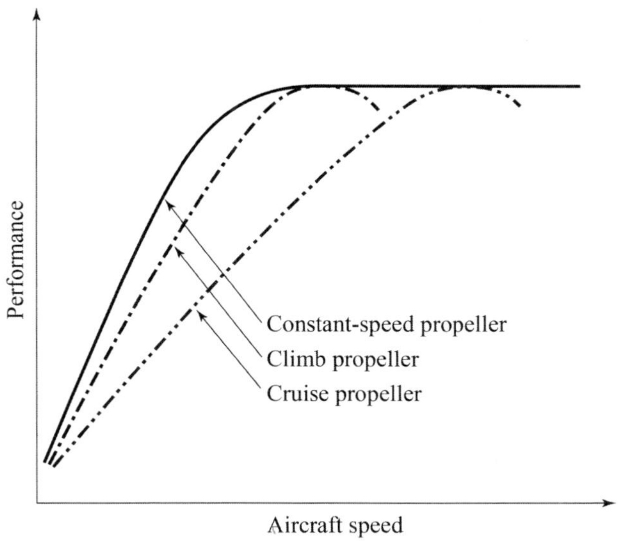

그림 9.33 ▸ 비행속도에 따른 프로펠러 성능

회전수를 선택한 후에 비행속도를 줄여서 프로펠러가 저피치정지에 도달한 후에 여기서 추가적으로 비행속도를 더 줄이면 정속프로펠러는 마치 고정프로펠러가 설치되어 있는 것처럼 엔진 회전수가 줄어든다. 이와 반대로 정속프로펠러가 장착된 항공기를 더 빠른 비행속도로 가속시키면 고피치정지에 다다를 때까지는 선택된 엔진 회전수를 유지시키기 위하여 프로펠러 블레이드 각이 커진다. 그 후에 항공기를 계속해서 가속시키면 블레이드 각은 더 커질 수 없기 때문에 엔진 회전수가 증가한다.

정속프로펠러를 장착한 항공기의 엔진 출력은 스로틀에 의해 조정되며, 매니폴드압력게이지에 의해 지시되어 진다. 한편 프로펠러 블레이드 각은 프로펠러 컨트롤레버에 의해 조정되고 그 결과 나타나는 블레이드 각 변화에 의해 야기되는 엔진 회전수 변화는 회전계에 의해 지시되어 진다. 이렇게 운전자가 엔진출력과 블레이드 각을 조정할 수 있도록 함으로써 다양한 비행조건에서 블레이드 각과 엔진출력의 가장 효과적인 조합이 유지되어질 수 있다. 예를 들어 이륙 시에 엔진은 최대 출력을 발휘해야 한다. 그러므로 스로틀과 프로펠러 컨트롤레버는 앞으로 최대한 밀어서 엔진이 최대로 회전되도록 한다. 한편, 항공기가 순항비행에 다다르면 스로틀을 후진시켜서 엔진을 보다 경제적인 회전수로 운전되도록 하고 더 빠른 비행을 위해서 프로펠러 효율이 증가되도록 프로펠러 블레이드 각을 증가시킨다.

대부분의 정속프로펠러 가운데 페더링 기능이 없는 정속프로펠러는 유압과 원심력을 이용하여 블레이드 각을 조정한다. 가버너에서 발생하는 고압의 오일은 블레이드 각을

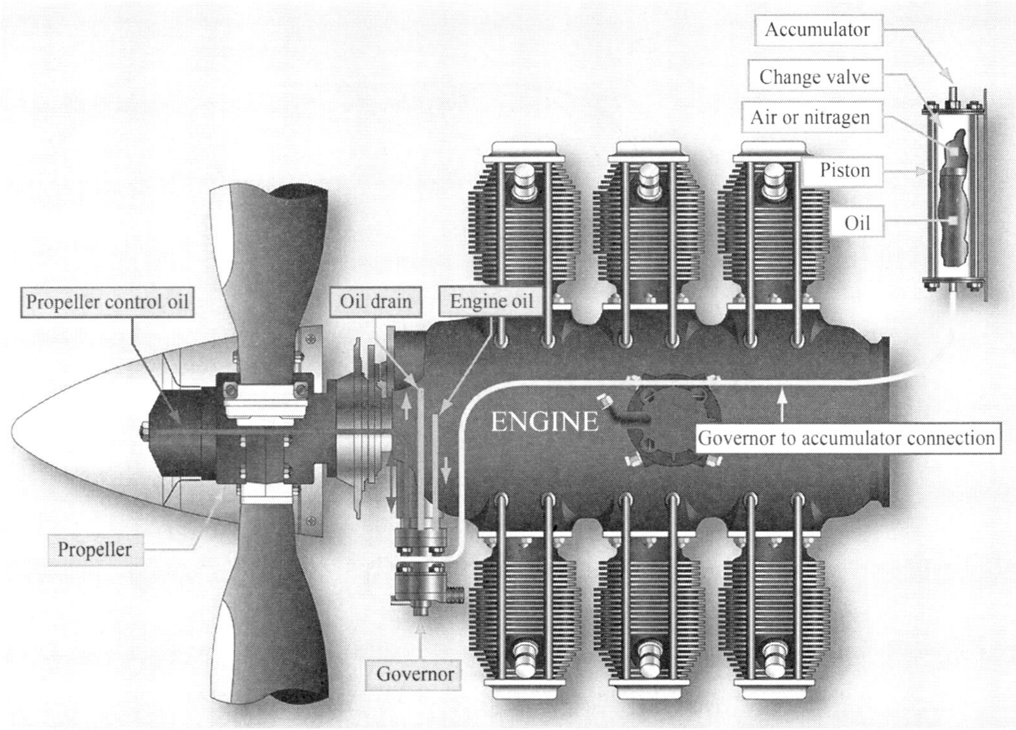

그림 9.34 • 비페더링 프로펠러 피치조정 계통

크게 하는데 사용하며, 비틀려 있는 프로펠러의 회전에 따른 원심력으로 인하여 블레이드 각이 스스로 작아지려는 특성은 블레이드 각을 작게 하는데 사용된다. 이와는 달리 페더링 프로펠러의 경우 블레이드를 고피치로 하기 위하여 카운터웨이트와 원심력을 이용하고 저피치로 하기 위해서 오일압력을 이용한다. 여기서는 페더링 프로펠러와 비페더링 프로펠러의 운전에 따른 혼란을 방지하기 위하여 비페더링 프로펠러에 대해서만 살펴보기로 한다.

그림 9.34에 비페더링 프로펠러의 프치조정 계통이 나타나 있다. 여기서 프로펠러 피치조정에 관련된 핵심적인 역할을 하는 것이 흔히 조속기라고 불리는 가버너이다. 가버너는 프로펠러에 공급하는 고압의 오일을 조절하는 장치로서 프로펠러 축 가까운 엔진 앞쪽이나 엔진 보조케이스에 장착한다. 가버너는 세 가지 중요한 구성품, 즉 기어형 부스트펌프, 파일럿밸브, 플라이웨이트로 구성되어 있다. 그림 9.35에 나타나 있는 것처럼 기어형 부스트펌프는 엔진오일이 프로펠러 허브에 들어가기 전에 엔진오일의 압력을 높여 주는 역할을 수행한다. 파일럿밸브는 프로펠러로 유입/유출되는 오일의 양과 방향을 조절하는 역할을 담당한다. L자 형태로 만들어진 플라이웨이트는 엔진의 회전속도를 감지한다.

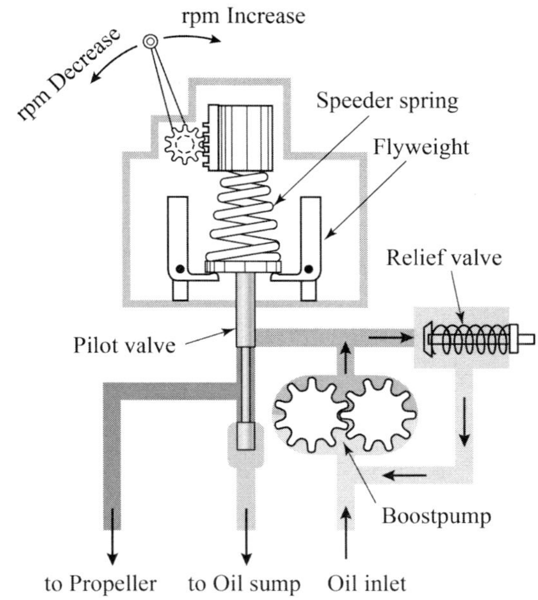

ON SPEED

그림 9.35 ‣ 프로펠러 가버너

대개의 경우 부스트펌프는 가버너 베이스에 설치되어 있으며, 시스템 요구조건에 따라 180 ~ 300 psi 사이의 오일압력이 형성되도록 가압시킨다. 부스트펌프 구동력은 엔진으로부터 전달받는데, 펌프 구동축이 엔진구동기어와 만나는 지점까지 뻗어있어 동력을 전달 받는다. 경우에 따라서 구동축은 중공 형태로 되어 있어 엔진으로 들어가고 나오는 오일통로 역할을 수행한다. 대부분의 펌프는 등용적형펌프(constant displacement pump)이기 때문에 엔진을 고속으로 운전하는 경우에는 과도한 압력이 발생한다. 따라서 실(seal)과 다른 구성품의 손상방지를 위하여 스프링 힘으로 작동하는 릴리프밸브를 설치한다. 이렇게 하면 오일압력이 릴리프밸브에 작용하는 스프링 압력보다 커지는 경우 밸브가 개방되고 과다한 오일은 부스트펌프 입구로 되돌아간다.

파일럿밸브는 오일의 양과 흐름 방향을 바꾸어주는 역할을 수행한다. 파일럿밸브의 설계는 제작자에 따라 약간의 차이는 있지만 기본적인 기능은 모두 동일하다. 가장 대표적인 파일럿밸브는 셔틀형 밸브인데, 오일통로를 열거나 닫아서 프로펠러 허브로 오일이 들어가거나 나오게 한다.

플라이웨이트는 플라이웨이트 헤드에 원주방향을 따라 설치되어 회전하면서 엔진속도를 감지한다. 플라이웨이트 헤드는 부스트펌프를 구동하는 구동축에 연결되어 있기 때문에 엔진과 함께 회전한다. 플라이웨이트는 어떤 정해진 속도 이상으로 회전하면 원심력

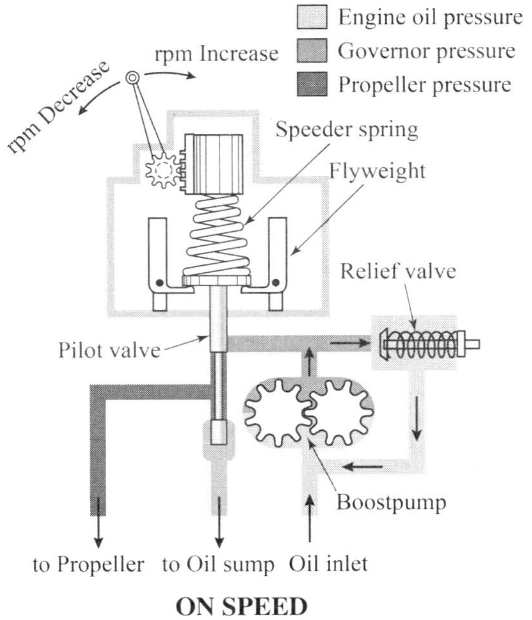

그림 9.36 ‣ Overspeed 조건

에 의하여 피봇점을 중심으로 바깥쪽으로 기울어지며, 반대로 회전수가 작아지면 스피더 스프링 힘에 의해 안쪽으로 기울어진다. 파일럿밸브는 구동축 내부에 있으며 각각의 플라이웨이트 토(toe)에 놓여 있는 플라이웨이트 어셈브리 안쪽으로 뻗어있다. 이렇게 함으로써 플라이웨이트가 바깥쪽과 안쪽으로 기울어짐에 따라 파일럿밸브는 각각 위쪽이나 아래쪽으로 움직인다. 운전자가 요구하는 블레이드 각을 선택하거나 맞출 수 있도록 하기 위하여 스피더스프링을 설치한다. 스피더스프링은 플라이웨이트에 작용하는 힘의 크기를 조절하는 기능을 수행한다.

정속프로펠러는 일단 어떤 하나의 엔진 회전수를 선택하면 가버너는 그 선택한 회전수를 유지시키기 위하여 자동적으로 프로펠러 피치를 조정한다. 따라서 비행속도 또는 프로펠러 부하에 어떤 변화가 생기면 프로펠러 블레이드 피치가 바뀐다. 예를 들어 수평비행 상태에서 하강비행 상태로 변했을 경우를 살펴보자. 이 경우 수평비행속도와 하강비행속도가 합쳐져서 항공기 속도가 증가하기 때문에 받음각이 작아져서 프로펠러에 작용하는 부하가 작아지기 때문에 엔진의 회전수가 증가한다. 엔진 회전수가 증가하면 플라이웨이트에 작용하는 원심력이 증가하기 때문에 그림 9.36에 나타나 있는 ‘overspeed’ 조건이 되어 플라이웨이트가 바깥쪽으로 기울어진다. 플라이웨이트가 바깥쪽으로 기울어지면 파일럿밸브가 위로 움직이고 프로펠러로 향하는 엔진오일 통로가 열려서 부스트펌

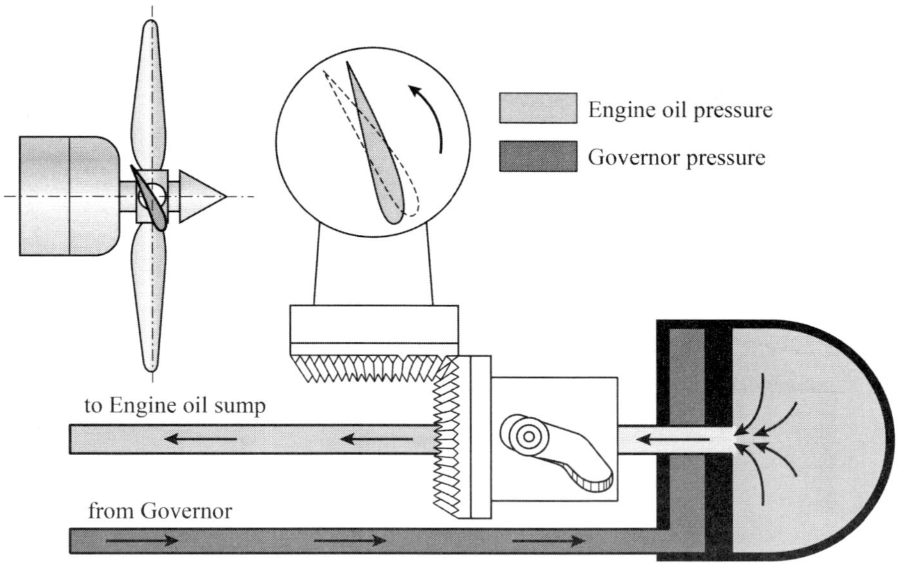

그림 9.37 • Overspeed시 블레이드 각 조절

프에서 가압된 엔진오일이 프로펠러 허브로 공급된다. 프로펠러로 공급된 높은 압력의 엔진오일은 그림 9.37에서와 같이 피스톤을 밀어내서 블레이드 각을 크게 만든다. 이렇게 블레이드 각이 커져서 프로펠러 피치가 증가하면 프로펠러에 작용하는 부하가 증가하기 때문에 엔진속도가 줄어든다. 엔진속도가 줄어들면 플라이웨이트에 작용하는 원심력이 작아지기 때문에 플라이웨이트는 안쪽으로 기울어지며 가버너는 다시 스피더스프링 압력과 플라이웨이트에 작용하는 원심력이 균형을 이루는 'on-speed' 상태로 되돌아온다. On-speed 상태에서는 그림 9.36에서 볼 수 있는 것처럼 프로펠러 허브로 연결된 통로가 파일럿밸브에 의해서 막혀서 프로펠러 허브를 채우고 있는 오일의 상태가 변하지 않고 그대로 유지된다. 따라서 블레이드 각도 변하지 않고 그대로 유지된다.

이제 위에서 살펴본 것과 반대로 수평비행 상태에서 상승비행 상태로 변했을 경우를 살펴보자. 상승비행의 경우 비행속도는 감소하기 때문에 받음각이 커져서 프로펠러에 작용하는 부하는 커지고 엔진 회전수는 감소한다. 엔진 회전수가 감소하면 플라이웨이트에 작용하는 원심력도 감소하여 그림 9.38에 나타나 있는 것처럼 플라이웨이트는 스피더스프링 힘에 의해 안쪽으로 기울어진다. 이를 'underspeed' 조건이라 한다.

이처럼 플라이웨이트가 안쪽으로 기울어지면 파일럿밸브는 아래로 움직여서 부스터펌프에서 프로펠러로 향하는 엔진오일 통로는 계속해서 닫혀 있고 엔진오일 섬프로 향하는

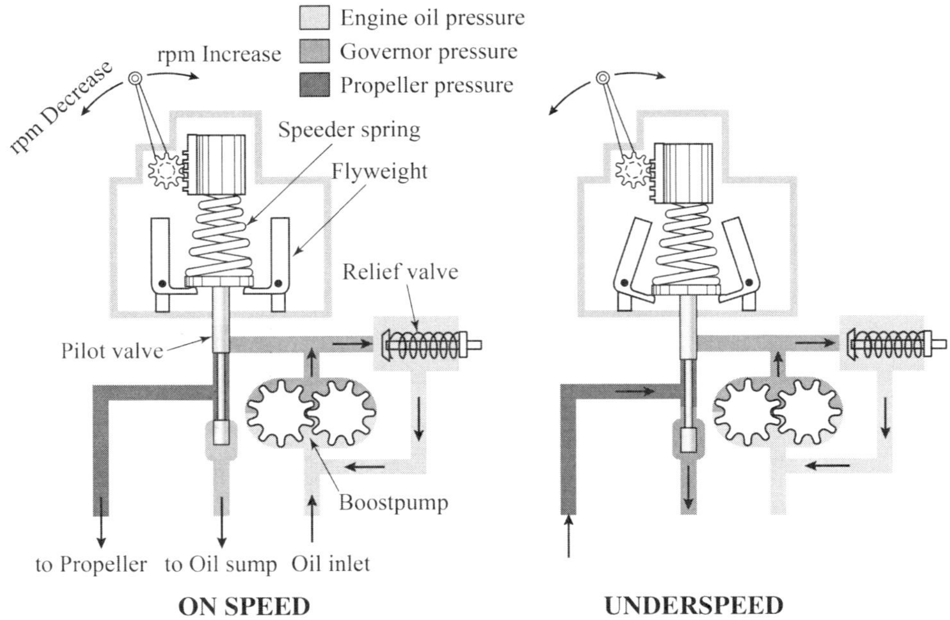

그림 9.38 • Underspeed 조건

오일통로는 열려서 프로펠러에 있는 엔진오일이 빠져나간다. 프로펠러에서 엔진오일이 빠져나가면 그림 9.39에서와 같이 피스톤이 당겨지고 블레이드 각은 작아진다. 이렇게 블레이드 각이 작아지면 프로펠러에 작용하는 부하도 작아져서 엔진속도가 증가한다. 엔진속도가 증가하면 플라이웨이트에 작용하는 원심력이 커져서 플라이웨이트는 바깥쪽으로 기울어지며 가버너는 다시 스피더스프링 힘과 플라이웨이트에 작용하는 원심력이 균형을 이루는 'on-speed' 상태로 되돌아간다.

여기서 정속프로펠러의 운전원리를 더욱 자세하게 이해하기 위하여 항공기 이륙에서 순항고도에 도달한 후까지의 가버너 운전상태를 살펴보기로 한다. 항공기 이륙 시에는 엔진의 최대 출력을 이용하기 위하여 고속회전이 요구되기 때문에 프로펠러 블레이드 각은 저피치 상태를 유지시켜야 한다. 이 경우 조종사는 프로펠러 컨트롤레버를 저피치 위치인 앞쪽으로 완전히 밀어준다. 그러면 스피더스프링이 완전히 압축되면서 파일럿밸브를 아래로 밀어 내려서 프로펠러 허브로 유입되는 오일통로를 차단시키며, 이와 동시에 엔진오일 섬프로 향하는 오일통로를 열어준다. 이 경우 프로펠러 피치변경장치에 작용하는 오일의 압력이 없어지기 때문에 프로펠러가 회전하면서 자연적으로 발생하는 원심비틀림 힘이 블레이드를 저피치 상태가 되도록 해준다.

항공기 이륙 후에 순항고도에 도달하면 엔진속도를 줄이기 위해서 조종사는 프로펠러

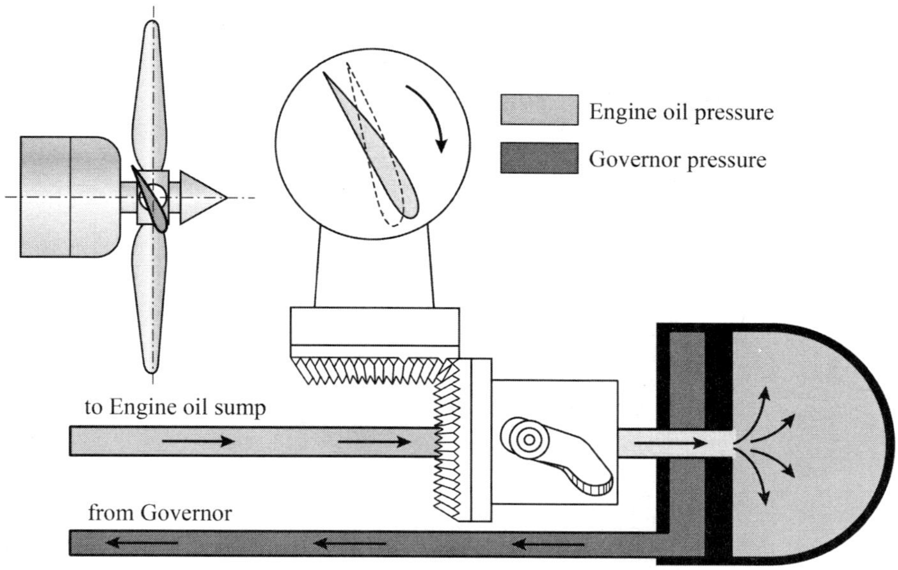

UNDERSPEED

그림 9.39 ‣ Underspeed시 블레이드 각 조절

컨트롤레버를 뒤로 움직인다. 이때 스피더스프링의 압력이 줄어들기 때문에 휼라이웨이트는 원심력으로 인하여 바깥쪽으로 기울어진다. 플라이웨이트가 바깥쪽으로 기울어지면서 파일럿밸브는 위쪽으로 올라가고 가버너 오일은 프로펠러 허브 쪽으로 흘러가서 프로펠러 블레이드 각이 커진다. 블레이드 각이 커짐에 따라 엔진 회전속도가 줄어들고 플라이웨이트에 작용하는 원심력도 작아진다. 이렇게 되면 플라이웨이트는 다시 안쪽으로 기울어지기 시작하고 프로펠러 허브로 유입되는 오일의 흐름을 막을 때까지 파일럿밸브는 아래로 내려간다. 플라이웨이트가 똑바로 선 상태가 되면 다시 스피더스프링에 작용하는 힘과 플라이웨이트에 작용하는 원심력이 균형을 이루는 'on-speed' 상태가 된다.

현재 많이 사용하는 정속프로펠러에는 맥컬리 정속프로펠러, 해밀턴표준 정속프로펠러, 하첼 정속프로펠러 등이 있다. 이들 모두 비페더링 프로펠러와 페더링 프로펠러를 모두 가지고 있다.

9.7.5 페더링 프로펠러

비행 중에 엔진이 정지하면 블레이드 사이로 공기가 흘러 지나감에 따라 프로펠러는 마치 풍차처럼 회전한다. 이 경우 비행특성에 반대효과를 나타내는 큰 항력이 발생할 뿐

그림 9.40 • 페더링 프로펠러

만이 아니라 엔진이 손상될 우려가 있다. 이렇게 프로펠러의 풍차작용에 의해 발생하는 원하지 않는 회전력을 없애주기 위해 그림 9.40에 나타나 있는 것처럼 프로펠러 블레이드 각을 90° 회전시키는 방법을 개발하였다. 이렇게 프로펠러 블레이드 각을 90°까지 회전시키는 것을 프로펠러 페더링이라 하는데, 페더링 운전 시 앞에서 불어오는 바람에 대해 프로펠러 형상을 가장 작게 유지할 수 있기 때문에 프로펠러 블레이드로 인해 발생하는 항력이 최소가 된다. 또한 페더링 운전 시 블레이드 면와 블레이드 등에 작용하는 압력이 같아져서 풍차효과가 없어지기 때문에 프로펠러는 회전을 멈춘다. 오늘날 모든 현대식 다발 프로펠러 항공기는 페더링 프로펠러를 장착하고 있다.

앞에서 논의한 정속프로펠러에 대한 운전원리는 페더링 프로펠러에도 역시 적용된다. 그러나 조종실에 있는 프로펠러 컨트롤 레버에 페더링을 위한 추가적인 위치를 마련하여 페더링을 선택하였을 때 프로펠러 블레이드가 페더링 위치로 회전하도록 되어 있다. 대부분의 경우 블레이드를 페더링시키기 위해서는 프로펠러 컨트롤 레버를 뒤에서 잡아당긴다. 만약 프로펠러가 블레이드 각이 작은 상태로부터 페더링 되어지는 경우에는 페더링 위치에 도달하기 이전에 블레이드 각이 작은 상태로부터 큰 상태로 움직인다. 한편, 블레이드 각이 큰 상태에서 페더링 되는 경우 블레이드는 고피치 상태에서 곧바로 페더링 위치로 이동한다.

대부분 항공기에서 페더링 기능은 정속운전과 관계없다. 즉 운전자는 언제든지 프로펠러를 페더링시키기 위하여 정속계통을 작동하지 않게 할 수 있다. 실제로 일부 항공기는 엔진이 회전하지 않는 상태에서도 프로펠러를 페더링 상태로 만들 수 있다.

9.7.6 역피치 프로펠러

그림 9.41에 나타나 있는 것처럼 블레이드 받음각이 음(−)이 되면 항공기 진행 반대 방향으로 추력이 발생한다. 역피치 프로펠러는 항공기 착륙 시 고의적으로 역추력을 발생시켜 공기역학적 브레이크로 작용하도록 해준다. 이 경우 착륙거리가 단축된다.

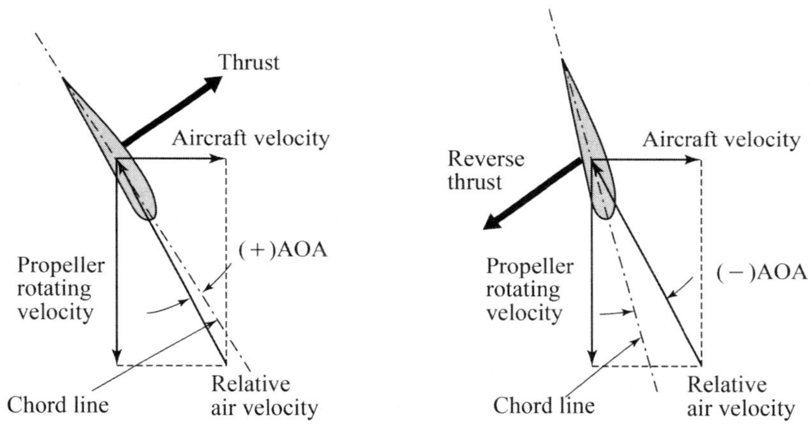

그림 9.41 • 역피치 프로펠러 원리

9.8 • 프로펠러 검사

프로펠러 트랙킹(propeller tracking)이란 지상에서 엔진 정지 시 손으로 프로펠러를 회전시킬 때 한 개의 블레이드 팁의 정점이 그리는 원주 궤적과 다른 블레이드 것과의 기축방향 차이를 조사하는 것을 말한다. 프로펠러 트랙킹은 프로펠러에 진동이 발생했을 경우 진동문제를 해결하기 위하여 수행한다. 이 밖에도 프로펠러 밸런싱을 수행한 후와 재장착 후에 프로펠러를 정확하게 설치하였는지를 조사하기 위해 최종검사로서 수행한다.

프로펠러 트랙킹은 그림 9.42에 나타나 있는 것처럼 프로펠러 회전궤도 아래에 판재를 놓고 프로펠러를 회전시키면서 프로펠러 팁이 판재와 만나는 지점의 위치를 찾아내는 것이다. 이때 프로펠러 팁과 판재 사이의 거리는 1/4인치 이내에 있어야 한다. 소형 항공기에 사용하는 직경 6피트 이내의 금속 프로펠러의 기축방향 차이는 1/16인치보다 작아야 한다. 이에 반해 목재 프로펠러는 1/8인치보다 작으면 된다. 만약 이 값들보다 큰 값이 나왔다면 프로펠러가 휘었거나 축에 직각으로 조립하지 못했다는 증거이다. 따라서 이런 경우에는 문제의 원인을 규명하고 규정값 이내에 들도록 조치해야 한다. 문제를 해결할 수 있는 가장 간단한 방법은 프로펠러 고정 볼트의 토크를 점검하는 것이다. 만약 모든 볼트의 토크가 규정값대로 적절하게 조여져 있다면 프로펠러를 떼어내서 손상 여부를 조사해야 한다. 아울러 필요한 경우에는 크랭크축과의 정렬상태를 점검해야 한다.

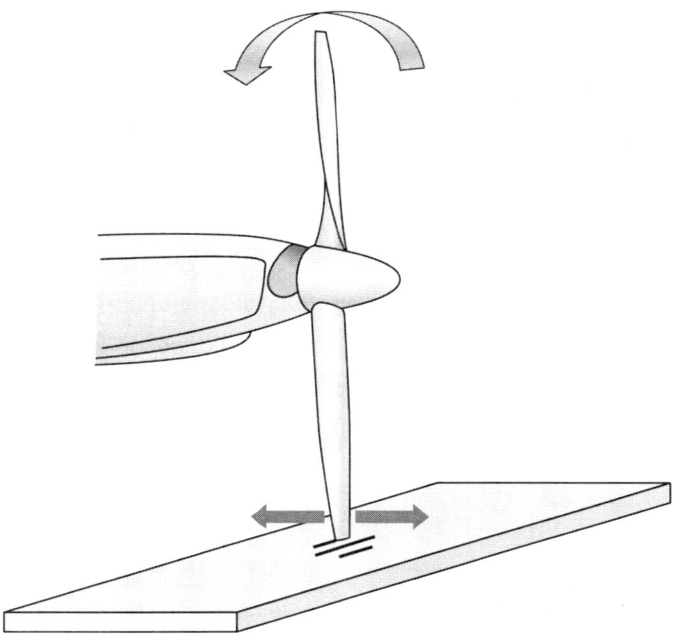

그림 9.42 • 프로펠러 트랙킹

실 • 전 • 문 • 제

1. 기하학적 피치(geometric pitch)란?
   가. 프로펠러를 1바퀴 회전시켜 실제로 전진한 거리
   나. 프로펠러를 2바퀴 회전시켜 전진할 수 있는 이론적인 거리
   다. 프로펠러를 2바퀴 회전시켜 실제로 전진한 거리
   라. 프로펠러를 1바퀴 회전시켜 전진할 수 있는 이론적인 거리

2. 프로펠러가 1회전할 때 실제로 전진한 거리를 유효피치라고 한다. 항공기 속도가 V, 회전속도가 n인 프로펠러의 유효피치는?
   가. $\dfrac{V}{(60/n)}$　　나. $V \times \left(\dfrac{60}{n}\right)$　　다. $V^2 \times \left(\dfrac{60}{n}\right)$　　라. $V \times \left(\dfrac{60}{n}\right)^2$

   해설 차원해석을 수행하면 거리[m]가 나오는 것이 하나밖에 없다.

3. 프로펠러 깃 각이 스테이션 40 in에서 20°이면 기하학적 피치는 몇 inch인가?
   가. 68.58　　나. 77.63　　다. 91.47　　라. 174.27

   해설 $GP = 2\pi r \times \tan(\text{blade angle}) = 2\pi \times 40 \times \tan(20°) = 91.47$

4. 항공기용 프로펠러의 블레이드 각(blade angle)을 측정하는 기구는?
   가. 다이얼 게이지　　나. 프로트랙터(protractor)
   다. 마이크로미터　　라. Blade angle 측정기

5. 프로펠러 브레이드 면(Propeller blade face)은?
   가. 프로펠러 깃의 뿌리 끝　　나. 프로펠러 깃의 평평한 쪽
   다. 프로펠러 깃의 캠버된 면　　라. 프로펠러 깃의 끝 부분

6. 회전하는 프로펠러에 발생하는 추력은 무엇에 기인하는가?
   가. 프로펠러의 슬립
   나. 프로펠러 깃 뒤쪽의 저압부
   다. 프로펠러 깃 앞쪽에 감소된 압력부
   라. 프로펠러의 상대풍과 회전속도의 각도

7. 프로펠러 가운데 저피치와 고피치 사이에서 피치각을 취하며 항상 일정한 회전속도를 유지하여 가장 좋은 프로펠러 효율을 가지게 하는 것은 무엇인가?

가. 고정피치 프로펠러 나. 조정피치 프로펠러

다. 정속 프로펠러 라. 가변피치 프로펠러

8. 조속기가 달린 프로펠러를 장착한 왕복엔진에서 피치변경이 자유롭게 변화가 가능한 프로펠러는?

가. 페더링 프로펠러 나. 정속프로펠러

다. 고정피치 프로펠러 라. 역피치프로펠러

9. 정속프로펠러에 관한 설명 중 맞는 것은?

가. 3 Way valve를 사용하여 고피치로 조절한다.

나. 고피치와 저피치만을 조절한다.

다. 지상에서 한 개의 피치각으로 고정한다.

라. 저피치와 고피치 사이의 무한한 각을 취할 수 있다.

10. 지상에서 기관이 작동하지 않을 때에만 비행목적에 따라 피치를 조정할 수 있는 프로펠러는?

가. 고정피치 프로펠러(Fixed pitch propeller)

나. 조정피치 프로펠러(Adjustable pitch propeller)

다. 가변피치 프로펠러(Controllable pitch propeller)

라. 정속피치 프로펠러(Constant speed propeller)

해설 정확한 답은 Ground adjustable pitch propeller 이다.

11. 프로펠러를 장착한 경비행기에서 감속기어를 사용하는 가장 큰 이유는 무엇인가?

가. 블레이드 길이를 짧게 하기 위하여

나. 블레이드 팁 부분에서 실속을 방지하기 위하여

다. 연료소모율을 감소시키기 위하여

라. 프로펠러 회전속도를 증가시키기 위하여

해설 블레이드 팁에서의 속도가 음속에 가까워지면 충격파가 발생하며, 프로펠러 효율이 급격히 저하된다. 따라서 감속기어를 사용하여 프로펠러 블레이드 회전속도를 줄여주어야 한다. 최근에는 감속기어 사용에 따른 무게증가를 피하기 위하여 감속기어를 더 이상 사용하지 않는다. 이는 엔진 회전속도를 줄여서 가능하게 되었다. 참고로 항공기용 왕복엔진의 rpm은 2600을 초과하지 않는다. 자동차용 왕복엔진의 최대 rpm이 6000 정도인 것을 감안하면 쉽게 이해할 수 있다.

12. 프로펠러의 트랙(track)이란?

가. 프로펠러의 피치각이다.

나. 프로펠러 블레이드 선단 회전궤적이다.

다. 프로펠러 1회전하여 전진한 거리이다.

라. 프로펠러 1회전하여 생기는 와류(vortex)이다.

13. 프로펠러 깃(Blade) 트랙킹(Tracking)은 무엇을 결정하는 절차인가?

가. 항공기 세로축(Longitudinal axis)에 대해서 프로펠러의 회전면을 결정하는 절차

나. 진동을 방지하기 위하여 각 깃 받음각을 동일하게 결정하는 절차

다. 각 깃각(Blade angle)을 특정한 범위 내에 들어오게 하는 절차

라. 각 프로펠러 깃의 회전 선단(Tip) 위치가 동일한지 여부를 결정하는 절차

14. 회전하고 있는 프로펠러에 사람이 접근하면 치명적인 상해를 입을 수 있는데, 이를 방지하기 위하여 가장 올바른 것은?

가. 블레이드 팁에 위험표식(Warning strip)을 해준다.

나. 프로펠러 전체를 밝은 색상을 칠한다.

다. 프로펠러 돔(Dome)에 위험표식을 해둔다.

라. 블레이드 허브에 눈(eye) 모양을 그려 넣는다.

15. 프로펠러 깃 선단(Tip)이 회전방향의 반대방향으로 처지게(lag)하는 힘으로 가장 올바른 것은?

가. 추력 - 굽힘 력 나. 공력 - 비틀림 력

다. 원심 - 비틀림 력 라. 토크 - 굽힘력

해설

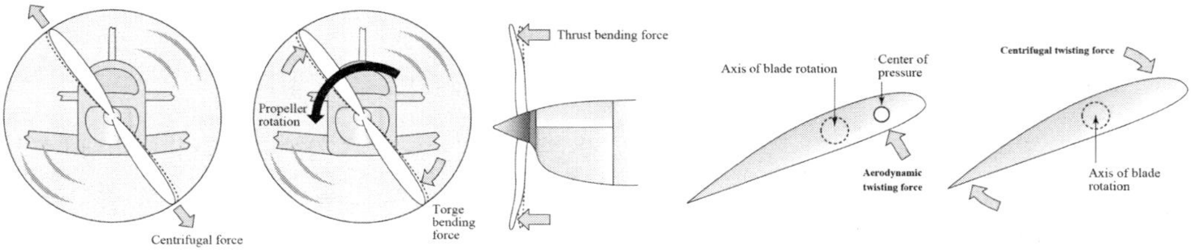

(a) (b) (c) (d) (e)

(a) 원심력(Centrifugal force): 블레이드에 길이방향의 인장응력 발생
(b) 토크굽힘력(Torque bending force): 블레이드가 회전하면서 공기저항으로 인하여 회전 반대방향으로 굽힘력 발생
(c) 추력굽힘력(Thrust bending force): 추력으로 인하여 블레이드가 진행방향으로 굽힘력을 받게 됨
(d) 공기역학적 비틀림 힘(Aerodynamic twisting force): 블레이드에 작용하는 압력중심점이 앞전 쪽에 있기 때문에 비틀림 힘 작용. 블레이드 각을 크게 하는 힘으로 작용한다.
(e) 원심 비틀림 힘: 블레이드가 트위스트 되어 있기 때문에 원심력에 의해서 블레이드가 트위스트 상태에서 벗어나려고 발생하는 비틀림 힘. 블레이드 각을 작게 하려는 방향으로 작용한다.

16. 프로펠러가 고속으로 회전할 때 발생하는 응력 가운데 추력에 의해서 발생하는 응력은?
가. 인장응력　　나. 전단응력　　다. 비틀림응력　　라. 굽힘응력

17. 정속프로펠러에서 프로펠러 피치 레버(Propeller pitch lever)를 조작했는데 프로펠러가 피치변경이 되지 않는 결함이 발생되었다. 가장 큰 원인은 무엇인가?
가. 조속기(Governor)의 릴리프 밸브가 고착되었다.
나. 파일럿밸브(Pilot valve)의 틈새가 과도하게 크다.
다. 조속기의 스피더스프링(Speeder spring)이 파손되었다.
라. 페더링 스프링(Feathering spring)이 마모되었다.

18. 고출력용에 사용되는 중공(hollow) 프로펠러의 재질은?
가. 알루미늄 합금(25ST, 75ST)　　나. 크롬-니켈-몰리브덴 강 (Cr-Ni-Mo강)
다. 스테인리스 강(Stainless steel)　　라. 탄소강(Carbon steel)

19. 프로펠러 깃 각(Blade angle)에 대해서 가장 올바르게 설명한 것은?
가. 깃 전길이에 걸쳐 일정하다.
나. 깃 뿌리(hub)에서 깃 끝(tip)으로 갈수록 작아진다.
다. 깃 뿌리(hub)에서 깃 끝(tip)으로 갈수록 커진다.
라. 일반적으로 프로펠러 중심에서 60%되는 위치의 각도를 말한다.

해설 프로펠러가 회전하는 경우 tip으로 갈수록 회전속도가 증가한다. 그러나 비행속도는 일정하다. 따라서 프로펠러 받음각을 일정하게 유지하기 위해서는 tip으로 갈수록 블레이드 각이 작아지도록 만든다.

20. 정속프로펠러 깃을 고피치(high pitch)로 이동시켜 주는 힘은 어느 것인가?

가. 프로펠러 피스톤-실린더에 작용하는 기관오일 압력

나. 프로펠러 피스톤-실린더에 작용하는 기관오일 압력과 평형추에 작용하는 원심력

다. 평형추에 작용하는 원심력

라. 프로펠러 피스톤-실린더에 작용하는 조속기 오일 압력

21. 정속프로펠러에서 블레이드 깃 각을 작게(저피치)하는 것은 어떤 구성품의 기능인가?

가. 가버너 펌프(Governor pump)의 유압

나. 카운터웨이트(Counter weight)의 회전관성

다. 페더링(Feathering) 펌프의 유압

라. 가버너(Governor)의 원심력

22. 2포지션 프로펠러(2-position propeller)의 깃 각(blade angle)을 증가시키는 힘은?

가. 엔진오일 압력 나. 스프링

다. 원심력 라. 거버너 오일압력

23. 트랙터 프로펠러(Tractor propeller)에 대해서 가장 올바르게 설명한 것은?

가. 기관의 뒤쪽에 장착되어 있는 프로펠러 형태이다.

나. 수상항공기나 수륙양용 항공기에 적합한 프로펠러 형태이다.

다. 날개 위와 뒤쪽에 장착되어 있는 프로펠러 형태이다.

라. 기관의 앞쪽에 장착되어 있는 프로펠러 형태이다.

24. 다음 중에서 프로펠러의 회전속도가 증가하게 되는 요인이 아닌 것은?

가. 비행고도의 증가

나. 감속기어를 삽입하는 경우

다. 비행자세를 강하로 취할 경우

라. 기관의 스로틀 개폐 증가에 의한 기관출력 증가

25. 프로펠러 커프(Cuff)의 목적은?

가. 방빙 작동유 부분

나. 프로펠러 강도 보강

다. 공기를 유선형으로 하여 항력을 줄이기 위해

라. 엔진 낫셀로 냉각공기를 흐르게 하기 위해

26. 정속 프로펠러를 장착한 왕복엔진의 출력을 감소시키기 위한 작동순서로 올바른 것은?

가. rpm을 감소시킨 다음에 흡기다기관 압력을 감소시킨다.

나. rpm을 증가시킨 다음에 프로펠러 컨트롤을 조정한다.

다. 흡기다기관 압력을 감소시킨 다음에 프로펠러로 rpm을 감소시킨다.

라. 흡기다기관 압력을 증가시킨 다음에 스로틀(throttle)을 줄인다.

27. 프로펠러의 역추력은 어떻게 발생시키는가?

가. 프로펠러를 시계방향으로 회전시킨다.

나. 프로펠러를 반시계방향으로 회전시킨다.

다. 부(negative)의 블레이드 각으로 회전시킨다.

라. 정(positive)의 블레이드 각으로 회전시킨다.

정답

1. 라 2. 나 3. 나 4. 나 5. 나 6. 다 7. 다 8. 나 9. 라 10. 나
11. 나 12. 나 13. 라 14. 가 15. 라 16. 라 17. 다 18. 나 19. 나 20. 다
21. 가 22. 다 23. 라 24. 나 25. 라 26. 다 27. 다

참고문헌

references

김응서, 《내연기관》, 일진사

조용욱 · 최태원 · 강지일, 《항공기관》, 도서출판 청연.

Chapman, G.E., *A preliminary investigation of the icing characteristics of a large rectangular throat pressure type carburetors*, NACA MR No. E6G11, 1946.

Coles, W.D, *Investigation of icing characteristics of typical light-airplane engine induction systems*, NACA TN No. 1790, 1949.

Coles, W.D, V.G. Rollin, and D.R. Mulholland, *Icing-protection requirements for reciprocating-engine induction systems*, NACA-Report-982.

Crane, D., *Powerplant*, 3rd. Ed., Aviation Supplies & Academics, Inc., 2011.

Kroes, M.J. and T.W. Wild, *Aircraft powerplants*, 7th Ed., McGraw-Hill, 1994.

Teledyne, *Overhaul Manual TSIO_360*

찾 아 보 기

index

ㅅ

ㅇ

제3판
항공기용 왕복엔진

지은이 이병은
펴낸이 조경희
펴낸곳 경문사
펴낸날 2025년 3월 3일 1판 3쇄
등 록 1979년 11월 9일 제1979-000023호
주 소 04057, 서울특별시 마포구 와우산로 174
전 화 (02)332-2004 팩스 (02)336-5193
이메일 kyungmoon@kyungmoon.com

값 23,000원

ISBN 979-11-6073-183-5